Barbara Leisner

Bertha Benz

Für Reinhard,
dessen Veteranenbegeisterung mich angesteckt hat.

Barbara Leisner

Bertha Benz

Eine starke Frau am Steuer
des ersten Automobils

Casimir Katz Verlag

Die deutsche Bibliothek – CIP-Einheitsaufnahme

Leisner, Barbara
Bertha Benz: Eine starke Frau am Steuer des ersten Automobils / Barbara Leisner
Gernsbach: Katz, 2014
ISBN: 978-3-938047-68-2

Umschlaggestaltung: Jörg Schumacher, Casimir Katz Verlag
Umschlagbild: Bertha Benz mit ihren Söhnen Eugen und Richard während der Fernfahrt von Mannheim nach Pforzheim im Jahr 1888. Zeitgenössische Darstellung, © Daimler AG, Stuttgart.
Satz: Claudia Wild, Konstanz
Druck: Stückle Druck und Verlag, Ettenheim
ISBN: 978-3-938047-68-2

Inhalt

I. Pforzheim

II. Mannheim

III. Ladenburg

Anhang

I. Pforzheim

1. „Leider wieder ein Mädchen“

Bertha Benz kam am 3. Mai 1849 als drittes Kind des Zimmermeisters Karl Friedrich Ringer und seiner Ehefrau Auguste Friederike auf die Welt. Berthas Vater hatte erst vier Jahre zuvor – am 24. März 1845 – seine 22 Jahre jüngere Frau geheiratet.[1] Ihre erste Tochter Emilie Auguste Louise wurde neun Monate später geboren. Knapp anderthalb Jahre danach folgte ihr Elise Mathilde.[2] Als dann mit Cäcilie Bertha, wie Bertha Benz mit vollem Namen hieß, das dritte Mädchen auf die Welt kam, war die Enttäuschung groß, dass wieder nichts aus dem ersehnten Stammhalter geworden war. In die Familienbibel, in der sie die wichtigen Ereignisse des Lebens für die Nachwelt festhielt, trug die Mutter ein, dass ihnen „leider wieder ein Mädchen“ geboren worden sei.[3]

Damit befand sie sich ganz im Einklang mit der herrschenden Meinung. Als Beispiel dafür seien hier die Überzeugungen von Elise Polko angeführt, die ein in ihrer Zeit sehr bekanntes Erziehungsbuch für die Mütter von Töchtern mit dem Titel „Unsere Pilgerfahrt von der Kinderstube bis zum eigenen Herd“ veröffentlichte. Der Ratgeber kam 1862 zum ersten Mal heraus und wurde bis zum Beginn des 20. Jahrhunderts immer wieder aufgelegt. Er fängt mit den Worten an:

> „Wird einem Lande ein K r o n p r i n z geboren, erschüttern über hundert Kanonenschüsse die Luft, erblickt aber ein Prinzeßchen das Licht der Welt, so begnügt man sich mit einundzwanzig. Bei der Geburt eines gewöhnlichen kleinen Mädchens … pflegen Empfang und Begrüßung im Verhältnis eben so bescheiden zu sein. Aber die Freude ist doch da.“[4]

Und weiter unten heißt es dann noch zu dem Unterschied zwischen Jungen und Mädchen:

> „Keiner alten echten Kinderwärterin wird es in den Sinn kommen, um des Weinens eines kleinen Mädchens willen auch nur einen Schritt schneller zu gehen; rührt sich aber der künftige Ge-

bieter nur, so eilt sie, was sie eilen kann, um den Schreihals zu beruhigen."[5]

Die Sorge von Auguste Ringer um einen zukünftigen Stammhalter ist im Übrigen nicht ganz von der Hand zu weisen. Immerhin war ihr Mann bei Berthas Geburt schon 48 Jahre alt und damit in einem Alter, in dem Männer damals als ältere Herren galten, die den größten Teil ihres Lebens hinter sich hatten. Doch sie hätte sich keine Sorgen machen müssen, zwei Jahre später kam der ersehnte männliche Nachfolger zur Welt, der bei der Taufe die Vornamen seines Vaters erhielt.[6]

Selbstverständlich wurden, so wie es damals in allen christlichen Familien der Stadt üblich war, die Kinder einige Tage nach der Geburt in der Schlosskirche getauft, wo die Eltern Ringer eingepfarrt waren.[7] Die Familie wuchs noch weiter an: Fünf Jahre nach Berthas Geburt folgte als vierte Tochter Marie Louise; ein Jahr danach der zweite Sohn Gustav Wolf; wieder nach einem Jahr die fünfte und letzte Tochter Thekla Julie. In den folgenden Jahren vermehrte sich die Kinderzahl dann noch um Herrmann August und Julius Oskar.[8] Als die Familie mit neun Kindern schließlich vollzählig war, ging der Vater auf Mitte sechzig zu und die Mutter war knapp über vierzig Jahre alt. Bertha feierte kurz vor der Geburt ihres jüngsten Bruders ihren dreizehnten Geburtstag.

Schon aufgrund dieser Aufzählung kann man sich leicht vorstellen, dass ihre Kindheit von den ständigen Schwangerschaften und Entbindungen der Mutter und dem Babygeschrei der jüngeren Geschwister bestimmt gewesen sein muss. Wahrscheinlich wurde sie auch schon früh dazu herangezogen, auf ihre jüngeren Geschwister aufzupassen und für sie zeitweise die Mutterrolle zu übernehmen. Spätestens bei der Geburt des jüngsten Bruders dürfte Bertha alt genug gewesen sein, um sich nicht nur um die Geschwister, sondern zusammen mit ihren großen Schwestern auch um die Mutter und das Baby zu kümmern. Insgesamt ist also anzunehmen, dass sie von klein auf mit Geburt und Kinderaufzucht vertraut war. Entbindungen waren in Pforzheim damals nämlich noch eine rein häusliche Angelegenheit, zu der höchstens eine Wehmutter und nur, wenn es ganz schlecht lief, auch ein Arzt hinzugezogen wurde.[9]

Die Stadt am Rande des Schwarzwalds war in Berthas Kinderzeit ein Ort, dessen Einwohner hauptsächlich vom Holzhandel und der

Herstellung von Schmuckwaren lebten. Kurz vor ihrer Geburt gingen die blutigen Aufstände der Revolutionsjahre von 1848/49 über das Land. In den Folgejahren wanderten zahlreiche Bewohner nach Amerika aus; die einen, um sich der Strafverfolgung durch die Behörden zu entziehen, die anderen, weil sie mit der politischen Restauration nicht einverstanden waren. Während der Revolutionszeit war die Fabrikation von Schmuckwaren in der Stadt fast zum Erliegen gekommen. Doch danach erholte sich die Wirtschaft wieder und die Auswanderer eröffneten der heimischen Industrie in 1850er Jahren sogar ganz neue Absatzgebiete in Amerika, so dass die Zahl der Fabriken deutlich anwuchs. 1854 gab es in der Stadt 82 Schmuckhersteller, die etwa 3000–4000 Arbeiter beschäftigten. Jährlich wurden circa 60 Zentner Gold verbraucht bei einem Jahresumsatz von acht Millionen Gulden, wie der erste Geschichtsschreiber der Stadt, der Mädchenschullehrer Johann Pflüger, zu berichten wusste. Er schreibt weiter:

> „Alles das nahm in den folgenden Jahren noch ansehnlich zu, und im Jahr 1859 hatte die Menge der Bijouteriefabriken und ihrer Zweiggeschäfte, trotz der 1857 eingetretenen Handelskrisis, die Zahl 206 mit 6000–7000 Arbeitern erreicht.“[10]

Diese Arbeiter waren zum großen Teil junge Männer, die aus den benachbarten Dörfern stammten. Aber auch Mädchen und junge Frauen arbeiteten in den Manufakturen und brachten zum Beispiel als Poliseusen die gepressten Schmuckstücke auf Hochglanz. Alle zusammen wanderten täglich nach Pforzheim. Man nannte sie „Rassler“, weil sie mit Nägeln beschlagene Schuhe trugen, die man am frühen Morgen und abends auf dem Straßenpflaster hörte, wenn die Pendler kamen beziehungsweise nach Hause gingen. Mit der wachsenden Zahl der Fabriken brauchte man immer mehr Arbeiter. Bald hatten viele so lange Wege, dass sie den Fußmarsch nach Hause nur noch am Wochenende schafften und während der Woche Schlafstellen brauchten, wenn sie nicht ganz nach Pforzheim zogen. Solche Schlafstellen waren einfach nur Betten, die einzeln vermietet wurden. Immerhin hatte die Obrigkeit festgelegt, dass die Vermieter ihre Betten in demselben Haus entweder nur männlichen oder nur weiblichen Schlafgängern überlassen durften.[11]

Solche Regelungen wurden im örtlichen Adressbuch veröffentlicht, das immer wieder neu aufgelegt wurde. Seine wichtigste Aufgabe war es natürlich, die Namen und Berufe der Bewohner zu verzeichnen. Berthas Vater wird darin unter den Zimmerleuten aufgeführt, von denen es insgesamt nur fünf in der ganzen Stadt gab.[12] Da mit dem Anwachsen der Industrie immer mehr Wohnungen gebraucht wurden, konnte der Zimmermeister Karl Ringer zusammen mit einem Kompagnon wahrscheinlich dadurch ein ordentliches Vermögen erwerben, dass er auf eigene Rechnung einfache Häuser errichtete und verkaufte.

Die Familie Ringer selbst besaß ein eigenes Haus in der Ispringer Straße Nr. 82, welche in der langsam anwachsenden Vorstadt Brötzingen lag. Wie der Name schon sagt, führt diese Straße den Berg hinauf zu dem gleichnamigen Dorf.[13] Auf dem Stadtplan, der dem Adressbuch von 1859 beigegeben ist,[14] kann man sehen, dass sich dort noch fast keine Bebauung befand. Am Berghang, wo sich die aus der Stadt kommende Leopoldstraße in die Ispringer, Friedrichs- und Brötzinger Straße aufgabelte, stand das Fabrikgebäude des Neusilberfabrikanten Louis Maler und des Bijouterie-Fabrikanten Grisanowky. Etwas weiter oben folgte das Haus von Berthas Vater, dann kam erst in einiger Entfernung, also etwa in der Mitte der Straße, das nächste Haus, das der Reitbahnaktiengesellschaft gehörte. In seiner Nähe befand sich das Anwesen eines Zieglers und ganz oben, wo die neue, in Bau befindliche Eisenbahnlinie von Durlach nach Pforzheim schon die Ispringer Straße kreuzte, gab es noch eine Bauhütte für vier Aufseher und einen Hüttenwächter.[15] Das Gelände auf der anderen Straßenseite wurde ganz von dem weitläufigen Park des sogenannten Bohnenberger Schlösschens eingenommen. Diese vornehme Villa mit großer Freitreppe hatte sich der Bijouteriefabrikant Theodor Bohnenberger 1826 erbauen lassen.[16]

Der Hausstand der Ringers zählte 1859 zwar zusammen mit den Eltern schon neun Köpfe, doch bewohnten sie ihr zweistöckiges Haus nicht allein. Im Adressbuch ist der Bijouterie-Fabrikant Wilhelm Grumbach als Mitbewohner eingetragen. Auch wenn die Wohnlage noch sehr ländlich war und Felder und Wiesen an die Ispringer Straße grenzten, lebten die Ringers doch ganz in der Nähe der Stadt. Der Weg die Straße hinunter und durch die Leopoldstraße zum Marktplatz hinüber dauerte höchstens zehn Minuten. Dabei lag auch die Leopoldstraße selbst noch weitgehend im Grünen. Erst hinter dem Bohnenberger Schlösschen wurde sie von einer dichteren städtischen Bebauung gesäumt.

Doch noch war die kleine Bertha nicht alt genug, um schon allein in die Stadt gehen zu können. Sie blieb in ihren ersten Lebensjahren wie alle bürgerlichen Kinder zu Hause unter der Aufsicht der Mutter. Dabei ist allerdings anzunehmen, dass diese sich ihren Kindern und deren Spielen kaum widmete. Sie dürfte genug damit zu tun gehabt haben, alle Münder mit Essen zu versorgen und alle Kinderkörper sauber zu halten und ordentlich zu kleiden. Allein der Waschtag, an dem die Bett- und Leibwäsche gereinigt wurde, war damals ein Ereignis, das jede Hausfrau am Abend müde und zerschlagen zurückließ. Am Tag zuvor wurde die schmutzige Wäsche der ganzen Familie in einem großen Bottich eingeweicht; am nächs-

Kleine Mädchen im Kinderzimmer beim Spielen. Titelvignette aus Elise Polkos Ratgeber zur Mädchenerziehung von 1872.

ten Morgen musste sie auf einem geriefelten Waschbrett mit Seife sauber geschrubbt werden, wobei man sie immer wieder neu ins Wasser eintauchen und auswringen musste, anschließend wurde sie in dem Waschbottich aufgekocht und dabei immer wieder umgerührt. Zum Schluss wurden alle Teile mehrfach gespült und einzeln ausgewrungen bzw. durch eine Wringmaschine gekurbelt und draußen – oder im Winter auf dem Dachboden – auf die Leine gehängt, um an der Luft zu trocknen.

Auch wenn Frauen in der Position von Auguste Ringer mit ziemlicher Sicherheit ein oder zwei Dienstmädchen und wohl auch noch eine Zugehfrau für die schwereren Arbeiten beschäftigen konnten – Dienstmädchen bekamen in dieser Zeit so geringen Lohn, dass keine Bürgersfrau auf ihre Hilfe zu verzichten brauchte –, so musste Berthas Mutter doch die Arbeiten beaufsichtigen und hatte daneben immer noch genug mit der Versorgung ihrer vielköpfigen Familie zu tun. Aber es war in dieser Zeit auch nicht üblich, dass Eltern mit ihren Kindern spielten oder sich um die kindlichen Belange kümmerten. Man war zufrieden, wenn es gelang, die eigene Nachkommenschaft an die Normen und Sitten der Zeit anzupassen und zu aufrechten Menschen zu erziehen, und das wurde meistens einfach mit einer gewissen Strenge und im Notfall auch mit Schlägen durchgesetzt.

Bertha und ihre Schwestern wurden sicherlich schon früh dazu ermutigt, im Haushalt mit anzufassen und sich von klein auf in der „Urbestimmung des Weibes", dem „Dienen", zu üben, so wie es das schon genannte Erziehungsbuch beschreibt:

> „Rührend ist es, zu beobachten, wie früh und anmuthig sich bei dem kleinen Mädchen der Hang zum D i e n e n zeigt, jener Urbestimmung des Weibes. Wie glücklich ist sie, wenn dem Brüderchen ein Strumpfband losgegangen, das s i e wieder zu befestigen vermag, oder ein Knopf aufgesprungen, den s i e zuknöpfen darf. Wie schnell lernen die Hände die Kunstgriffe des Zuschlingens, Bindens, Einhakens und Knöpfens … Fußbänke im Schweiß des Angesichts herbeischleppen, den schweren Schlafrock dem Papa mit Mühe und Noth zureichen, Nachtschuhe und Stiefelknecht, Brille und Zeitung holen, und womöglich Alles dies auf einmal, damit ja keine anderen unberufenen Hände sich an diesen lieben

Gegenständen vergreifen, – das ist die größte Herzerquickung für das kleine Mädchen. Eine kluge Mutter wird auch solchem Diensteifer nimmer steuern, sondern ihm im Gegentheil möglichst reichliche Nahrung geben, eingedenk des Göthe'schen Spruches:

'D i e n e n lerne bei Zeiten das Weib nach ihrer Bestimmung,
Denn durch Dienen allein gelangt sie zum Herrschen,
Zu der verdienten Gewalt, die doch ihr im Hause gebühret.
Dienet die Schwester dem Bruder doch früh, sie dienet den Eltern,
Und ihr Leben ist immer ein ewiges Gehen und Kommen
Oder ein Heben und Tragen, Bereiten und Schaffen für andre.
Wohl ihr, wenn sie daran sich gewöhnt, daß kein Weg ihr zu sauer
Wird, und die Stunden der Nacht ihr sind wie die Stunden des Tages,
Daß ihr niemals die Arbeit zu klein und die Nadel zu fein dünkt,
Daß sie sich ganz vergißt und leben mag nur in andern!'"[17]

Nebenbei gab es natürlich – besonders für die ganz Kleinen, die noch nicht zur Schule gingen – genug Zeit zum Spielen und zur Erkundung der häuslichen Welt und der näheren Umgebung. Bei den vielen Geschwistern hatte Bertha sicher keinen Mangel an Spielgefährten. Wahrscheinlich liefen sie einfach auf die Ispringer Straße hinaus. Der Straßenverkehr spielte zu jener Zeit noch keine große Rolle. Tagsüber fuhren einige Bauern auf ihren Pferdefuhrwerken in die Stadt, um einzukaufen oder ihre Waren zu vertreiben, und es kamen Reiter und Fußgänger vorbei. Noch gab es außer Fuhrwerken und Kutschen keine weiteren Verkehrsmittel. Sicher hielten sich die ganz Kleinen auch in Hof und Garten auf, die langgestreckt hinter dem Haus lagen. Vielleicht wurde dort Gemüse gezogen, blühten Blumen und trugen Obstbäume Früchte. Möglicherweise wurden auch ein paar Hühner oder Kaninchen gehalten. Auf jeden Fall gab es im Hof einen größeren Schuppen, vielleicht zusammen mit einem Pferdestall und einer Wagenremise, da eine breite Durchfahrt unter dem Haus hindurchführt.[18]

Im Freien spielten kleine Mädchen damals Seilhüpfen mit dem Springseil, Fangen und Werfen mit dem Ball oder sie ließen zusammen mit den Brüdern Murmeln in ein flaches Erdloch rollen. Sie fütterten die Tiere und kümmerten sich auch einmal um einen verletzten Vogel. Insgesamt bot die noch weitgehend unberührte Natur, in der sie lebten, immer wieder neue Möglichkeiten zu Entdeckungen und Beschäftigungen. Wahrscheinlich lief die kleine Bertha, kaum dass sie sicher auf ihren Beinen stand, einfach ihren beiden größeren Schwestern nach. Später dann, als sie anfing ihren eigenen Willen zu behaupten, kam schon ihr kleiner Bruder zur Welt, der als Kronprinz alle Aufmerksamkeit der Eltern und Geschwister für sich beanspruchen durfte. Mit ihm verband Bertha auch im Alter noch ein inniges Verhältnis.[19]

Regnete es draußen oder war die Witterung zu unwirtlich, um im Freien zu spielen, dann beschäftigten sich bürgerliche kleine Mädchen in der Kinderstube mit ihrem Spielzeug. Sie besaßen Puppen, Puppenstuben, Kaufläden und Küchen. Im Spiel sollten sie die weiblichen Arbeiten im Haushalt kennenlernen, während kleine Jungen mit Steckenpferden herumspringen und mit Trommeln Krach machen durften, aber auch mit Zinnsoldaten und Heldengeschichten auf kriegerische Zeiten vorbereitet wurden.

Zahlreiche Aussagen im 19. Jahrhundert zielen auf die Kindererziehung besonders des weiblichen Geschlechtes ab. Bei der schon genannten Elise Polko heißt es:

> „Thätig sein mit Freuden und nicht mit Seufzen, das ist die wahre, echte, segenbringende Thätigkeit, – und der Grund dazu wird allezeit in der Kinderstube gelegt. – Ein Mädchen, das von der Mutter angehalten wurde, jedes Puppenkleid zierlich und accurat zu nähen, wird gewiß späterhin keinen schiefen Saum an einem Kinderhemdchen legen, noch einen Knopf mit einem schwarzen Faden annähen, der einen weißen verlangt oder umgekehrt.“[20]

Mit ähnlichem Inhalt vernimmt man die Stimme des Zeichners Oscar Pletsch, der zu seiner Zeit mit Kinderbildern und -büchern sehr berühmt wurde. Seine Werke wurden in mehrere Sprachen übersetzt. In seinem Buch „Hausmütterchen“ findet sich die Widmung:

> „‚Hausmütterchen‘, so grüßt ich gern
> Euch Mägdlein alle – nah und fern!
> Denn in des Hauses enge Welt
> Hat Gott zur Arbeit Euch gestellt,

Damit Ihr in dem kleinen Kreis
Mit strenger Zucht und treuem Fleiß
Des heiligen Berufes waltet
Und reich an Segen Euch entfaltet.
Unscheinbar wohl ist, was Ihr thut
In Eurer Mütter treuer Hut,
Doch ist der Nutzen auch gering,
Der Fleiß gibt Wert dem kleinsten Ding.
Bestellen lernt bei Zeit das Haus,
Von ihm geht aller Segen aus."

Auf diese Vorrede folgen zwölf Bilder mit kurzen Texten, die von einem kleinen Mädchen erzählen, das seiner Mutter im Haushalt hilft: Der Tag geht frühmorgens mit dem Staubwischen los; darauf

Wäschewaschen, Grafik aus „Hausmütterchen" von Oscar Pletsch, 1882.

schickt die Mutter es auf den Markt zum Einkaufen; es folgt eine Nähstunde; dann wird Wäsche gewaschen, aufgehängt, gebügelt, zusammengelegt und im Schrank verstaut; am Nachmittag wird der Kaffee zubereitet; das Kind darf ihn mahlen und dann dem Vater auftragen; später müssen noch die Blumen im Garten gewässert werden und am Abend sitzt es mit dem Strickstrumpf in der Gartenlaube, bis schließlich die Zeit zum Schlafengehen gekommen ist, das selbstverständlich nicht ohne das tägliche Abendgebet abläuft.[21]

Wie Bertha selbst auf diese Erziehung reagierte und wie sie als Kind war, ist leider nicht bekannt. Erzählungen oder Anekdoten aus ihrer Kinderzeit sind nicht überliefert und ihre eigenen frühen Erinnerungen, die sowieso nur spärlich bekannt geworden sind, beginnen erst mit ihrem zehnten Lebensjahr. Man kann sich aber vorstellen, dass sie ein lebhaftes, intelligentes und wissbegieriges Kind war, das zwar einerseits die weiblichen Erziehungsnormen akzeptierte, sich andererseits aber mit deren engen Grenzen nicht immer abgefunden haben dürfte.

2. Schulzeit

Im Großherzogtum Baden, zu dem Pforzheim damals gehörte und das relativ fortschrittlich regiert wurde, galt schon seit 1832 für alle Kinder die Schulpflicht. Sie begann mit dem sechsten Lebensjahr und endete für Jungen mit der Vollendung des vierzehnten, für Mädchen mit dem dreizehnten Lebensjahr.[22] Bertha muss entweder schon Ostern 1854, also kurz vor ihrem fünften Geburtstag, oder ein Jahr später in die erste Klasse der Volksschule für Mädchen eingeschult worden sein. Zusammen mit ihren Schwestern lief sie von da an jeden Tag den Weg von der Ispringer Straße durch die Leopoldstraße bis zum belebten Leopoldplatz, bog in die Karl-Friedrichs-Straße ein und kam hinunter zum Marktplatz, wo jeden Montag, Mittwoch und Samstag vormittags der Wochenmarkt abgehalten wurde. Sicher kannte sie diesen Weg schon vor ihrem ersten Schulbesuch und hatte an den Ständen der Marktfrauen schon so manches Mal zusammen mit der Mutter oder an der Hand ihrer ältesten Schwester etwas eingekauft, denn der Wochenmarkt war der Ort, wo die Landleute aus der Umgebung ihre Erzeugnisse feilboten und die Hausfrauen sich mit frischen Lebensmitteln versorgten.[23] Von dort war es nicht weit bis zu dem großen Schulhaus.

Der preußische Lehrplan für Volksschulen von 1854 sah sechs Wochenstunden Religion, zwölf Wochenstunden Lesen und Schreiben, fünf Wochenstunden Rechnen und drei Wochenstunden Gesang vor.[24] Ähnlich dürfte auch der Unterricht in Pforzheim konzipiert gewesen sein, da sich die Lehrpläne damals nur wenig voneinander unterschieden. Grundlage des Unterrichts war das Lesebuch mit seinen einfachen Texten; sein Inhalt sollte verarbeitet und angeeignet, also mündlich und schriftlich wiedergegeben werden. Im Rechenunterricht standen die vier Grundrechenarten im Mittelpunkt sowie das Rechnen mit Münzen, Maßen und Gewichten. Der Gesangsunterricht betonte die Einübung der wichtigsten Kirchenlieder; gute Volkslieder und insbesondere Vaterlandslieder durften ebenfalls gesungen werden. In allen Fächern aber stand der evangelische Glauben im Vordergrund, denn inhaltlich basierte der Stoff häufig auf biblischen Geschichten und christlichen Themen. Bertha kann es nicht schwergefallen sein, Lesen und Schreiben zu lernen, und auch das Rechnen wird ihr keine Mühe gemacht haben. Ob sie gern gesungen hat oder nicht, ist allerdings nicht bekannt.

Mädchen erhielten im Allgemeinen nur eine minimale Ausbildung zugebilligt. Sie sollten keine „Blaustrümpfe“ werden, die ihre Zeit mit Lesen von Romanen und – o Schreck – vielleicht sogar mit dem Schreiben derselben oder gar mit einer wie auch immer gearteten wissenschaftlichen Tätigkeit verbrachten und damit den Männern auf ihrem ureigensten Feld Konkurrenz machten. Mädchen sollten dazu erzogen werden, für ihre Männer zu sorgen, ihnen möglichst viele Kinder zu gebären, sich liebevoll um ihre Familie zu kümmern und das Haus in Ordnung zu halten.

Doch mit den Revolutionsjahren von 1848/49 und ihrem Ruf nach Freiheit und Gleichheit aller Bürger und nach einer demokratischen Verfassung des Staates setzte ein gewisses Umdenken ein. Besonders unterstützt wurde es von den überall neu entstehenden Freien Gemeinden, in denen die Gleichberechtigung von Männern und Frauen praktisch erprobt wurde. Ein solcher Zusammenschluss – damals noch unter dem Namen einer „deutsch-katholischen Gemeinde“ – war in Pforzheim schon 1845 gegründet worden. Möglicherweise trug er dazu bei, dass dort vier Jahre später die lang geplante Einrichtung einer höheren Bildungsanstalt für Mädchen verwirklicht wurde.[25] Auf jeden Fall gehörte Pforzheim mit zu den ersten Orten in Deutschland, deren Bürger eine solche weiterführende „Höhere Töchterschule“ einrichteten.[26]

Wie man die Lernfähigkeit und Intelligenz des weiblichen Geschlechtes in dieser Zeit beurteilte, zeigt recht gut ein Tagebucheintrag des schon genannten Lehrers und Historikers Johann Georg Friedrich Pflüger, dessen Unterricht Bertha bald genießen sollte, da er zum Gründungsdirektor des neuen Töchterinstituts wurde. Als junger Lehrer schrieb er 1839:

> „Ich weiß nicht, ob ich mich irre, wenn ich die Behauptung aufstelle, daß es im allgemeinen schwerer hält, den Mädchen Orthographie und Interpunktion (besonders letzteres) beizubringen, als den Knaben. [Es] ist ... zu sagen, daß die Orthographie doch schon einigermaßen zur gelehrten Bildung gehört, da sie schon eine teilweise wissenschaftliche Sprachforschung, besonders in Betreff der Wortbildung erfordert ... Die Interpunktion hält teilweise noch schwerer: Es mag die Bemerkung Fechts in seinen ‚Briefen über Töchterbildung‘ wohl ganz richtig sein, daß der Fluß der weiblichen Feder ganz ohne Punkt und Komma auch ganz dem ungehemmten Flusse der weiblichen Zunge gleiche und daß die ganze Strenge der Interpunktion, die nichts anders als eine Gedankenzersplitterung und wiederum Gedankenarbeit sei, wohl eher den Musen als den Huldinnen zugemuthet werden könne.“[27]

Immerhin war sich Pflüger seiner Behauptung nicht ganz sicher, obwohl er das Zitat, das den anmutigen Frauen – das ist die Bedeutung der Bezeichnung Huldinnen[28] – mit ihrem „ungehemmten Redefluss“ die Fähigkeit zu logischer Gedankenarbeit abspricht, durchaus zustimmend wiedergab.

Der Besuch der Höheren Töchterschule kostete selbstverständlich Schulgeld. Es erhöhte sich sogar mit den Klassenstufen. Berthas Vater brachte es nicht nur für eine, sondern für alle seine Töchter auf. Während die drei Ältesten zur Schule gingen, zahlte er für den Besuch der ersten Klasse 12 Gulden, der zweiten und dritten schon 15 Gulden und der vierten Klasse dann 18 Gulden.[29] Die Schule erhielt allerdings auch einen Zuschuss von der Stadtkasse, so dass

„nun nicht bloß den vermöglichsten Eltern, sondern auch den weniger bemittelten möglich gemacht ist, ihren Töchtern eine umfassendere Bildung angedeihen zu lassen, als jene ist, welche in der allgemeinen Volksschule erlangt wird."

Der Lehrer der Schule, der dies geschrieben hat, meinte weiter: „Die Summen, welche die Gemeindekasse bei dieser Einrichtung der Erziehung opfert, sind allerdings bedeutender als sie bei höherem Schulgelde geworden wären; allein diese Opfer sind auch für einen größeren Teil der weiblichen Jugend, resp. für alle, welche Anlagen und Lust zur Weiterbildung haben und nicht allein für eine besondere Klasse gebracht. Eine Grundlage der häuslichen wie der nationalen Wohlfahrt ist eine gesunde die Massen durchdringende Bildung, namentlich auch des weiblichen Geschlechts. Denn will man haben, daß die Töchter einst ihre so bedeutungsvolle Aufgabe in der Familie als Mutter, als Vorsteherinnen eines Hauswesens recht erfassen sollen und geschickt zu lösen verstehen, so muß ihnen eine entsprechende, allseitige Ausbildung gegeben werden. Je mehr überhaupt der Geist geweckt, der Verstand gebildet, die Denk- und Urteilskraft angerecht, das Gefühl für das Schöne und Erhabene verfeinert ist, desto würdiger wird einer seine künftige Stellung, sei es in der Familie, in der Gemeinde oder im Staat, einzunehmen imstande sein."[30]

In der Einrichtung dieser Schule lag also eine gewisse Demokratisierung der Gesellschaft, denn jetzt durften nicht mehr nur die Töchter der obersten Gesellschaftsschichten eine umfassendere Bildung genießen, sondern diese wurde auch den Kindern der oberen Mittelschicht zugänglich gemacht. Selbstverständlich reichte dieser Unterricht noch lange nicht an die Inhalte heran, die den Jungen in den unterschiedlichen höheren Schulen vermittelt wurden. Und immer noch verließen arme Kinder die Schule mit einer minimalen Bildung, die zu einem großen Teil aus religiöser Indoktrination bestand, bevor sie auf dem Bauernhof, im städtischen Haushalt oder in einer Fabrik ihren bescheidenen Lebensunterhalt verdienten.

Die Höhere Töchterschule befand sich in den ersten Jahren zusammen mit allen anderen Schulen der Stadt in dem alten Schulhaus, das Bertha schon so gut kannte. Neben den beiden nach Jungen und Mädchen getrennten evangelischen Volksschulen gab es dort die Gewerbeschule, in der die Jungen in praktischen Tätigkeiten unterrichtet wurden; die höhere Bürgerschule, auf die jene Jungen gingen, die kaufmännische oder technische Berufe erlernen sollten und dafür keine alten Sprachen brauchten; und schließlich die – „Pädagogium" genannte – Lateinschule, auf die jene männliche Elite überwechselte, die später studieren sollte.[31]

In dem Jahrzehnt nach den Revolutionsjahren zogen immer mehr neue Bewohner nach Pforzheim, so dass der schon genannte erste „Vorstand" der höheren Töchterschule 1859 mit Stolz vermelden konnte, die Zahl seiner Schülerinnen sei um 130 % angestiegen.[32] Da das kein Einzelfall war, platzte das alte Schulhaus bald aus allen Nähten. Die beiden obersten Klassen der Töchterschule mussten zeitweise sogar im Rathaus unterrichtet werden, bis ihre Klassenräume so vergrößert worden waren, dass alle Mädchen darin Platz hatten.[33] Um der drangvollen Enge ein Ende zu bereiten, wurde ein Neubau geplant.

Während der ersten Jahre, die Bertha in der Schule verbrachte, müssen die Klassen allerdings noch unerträglich überfüllt gewesen sein. Auch als sie Ostern 1858 in die Höhere Töchterschule überwechselte, teilte sie ihren Klassenraum mit insgesamt 43 weiteren neun- bis elfjährigen Mädchen. Ihr eigener neunter Geburtstag stand zu diesem Zeitpunkt kurz bevor.[34] Wahrscheinlich fiel ihr das Lernen außerordentlich leicht. Der Stoff dieses ersten Schuljahrs in der höheren Schule ist in der gedruckten „Einladung zu der am 14. und 15. April dieses Jahres stattfindenden öffentlichen Prüfung" von 1859 überliefert.[35] Betrachtet man die Angaben dort, so steht Religion an erster Stelle, gefolgt von Deutsch und Französisch. Vergleicht man allerdings die Zahl der jeweiligen Wochenstunden miteinander, dann nehmen die „weiblichen Arbeiten" mit insgesamt neun Wochenstunden den größten Teil der Unterrichtszeit ein.

Bertha und ihre Mitschülerinnen lernten bei dem jungen Fräulein Schnaiter, das vor wenigen Jahren noch als Schülerin in denselben Bänken gesessen hatte, „Näh=, Strick=, Stick=, Häkel= und verschiedene andere Arbeiten", wie es lapidar in dem Bericht heißt. Diese Kürze fällt besonders auf, weil in allen anderen Unterrichtsfächern der Stoff ausführlich erläutert wird. Die „weiblichen Arbeiten" waren es offensichtlich nicht wert, sich näher damit zu befassen, auch wenn die Schülerinnen fast ein Drittel der 35 wöchentlichen

Schulstunden über dem Strickstrumpf saßen, Topflappen oder Deckchen häkelten, Kissenbezüge einsäumten, Kleidungsstücke nähten oder Taschentücher bestickten; Fertigkeiten, die den späteren Hausfrauen und Müttern helfen sollten, ihren Haushalt zu führen. Kochen war damals allerdings noch kein Unterrichtsfach.[36] Ging man davon aus, dass die bürgerlichen Mädchen später nicht selber kochen mussten, sondern sich entsprechende Dienstboten leisten konnten?

Wahrscheinlich war der Vormittag mit den wichtigeren „wissenschaftlichen" Fächern ausgefüllt, während die Handarbeitsstunden nachmittags abgehalten wurden. Immerhin lernte Bertha schon in der untersten Klasse der Töchterschule fünf Wochenstunden lang Französisch. Anhand des weitverbreiteten Lehrgangs „zur schnellen und leichten Erlernung der französischen Sprache" von Doktor Ahn wurde anfangs wochenlang die Aussprache der Vokale, der „Nasenvokale", der Konsonanten und des „geschleiften N und L" geübt. Dann lernten sie die lautlosen Konsonanten kennen sowie die Regeln von der Bindung und Betonung der Wörter. Erst nach den Sommerferien wurde mit mündlichen und schriftlichen Übungen begonnen. Der größte Teil der Lektionen in ihrem Buch bestand aus einzelnen zusammenhangslosen Sätzen, die bestimmte grammatikalische Regeln verdeutlichen sollten. Diese Regeln erklärte die Lehrerin stets, bevor sie sie mit ihnen einübte. Danach musste jede Schülerin einen Satz vorlesen und ins Deutsche übersetzen. Die Übersetzung der deutschen Sätze ins Französische bekamen sie meistens als Hausaufgaben auf. Bis zum Jahresende waren sie bei der 60. Übung angelangt und hatten auch schon einige Geschichten, die das Buch am Schluss enthielt, durchgenommen, in denen es zum Beispiel um „demoiselle Caroline" ging, die auf einem Schloss wohnte und grausamen Kindern aus Mitleid einen kleinen Hund abkaufte, um ihm das Leben zu retten. Die Moral war, dass gute Taten positive Folgen haben, denn der Hund warnte das junge Fräulein vor einem Räuber, der sie umbringen wollte.[37] Den Französisch-Unterricht erteilte offiziell der Vorstand der Schule, Johann Georg Friedrich Pflüger, allerdings wurde er in der ersten Klasse von Fräulein Schnaiter vertreten.

Nach Französisch kam die Deutschstunde dran. Sie arbeiteten mit dem 3. Teil des Lesebuchs von Lüben und Nacke, in dem eine Vielzahl von Geschichten und Gedichten damals bekannter Autoren abgedruckt war.[38] Natürlich fehlten darunter weder so berühmte deutsche Dichter wie Goethe und Schiller noch antike Klassiker wie Homer. Daneben enthielt das Buch Fabeln, Märchen, Sagen, Erzählungen, Parabeln, Schilderungen und weitere Prosa-Lesestücke, die immer wieder darauf abzielten, den kleinen Mädchen die bürgerliche Moral der Zeit nahezubringen.

Herr Zachmann, der dritte Lehrer der Schule, der sie in fast allen anderen Fächern unterrichtete, legte dabei besonderen Wert auf die grammatikalischen Kenntnisse seiner Schülerinnen. Anhand der Sammlung von Mustersätzen für die deutsche Sprache, die der spätere Direktor Pflüger 1850 erstmals herausgegeben hatte,[39] lernten sie im ersten Jahr „einfache und einfach erweiterte Sätze" zu unterscheiden. Pflüger zielte mit seinem Buch darauf ab,

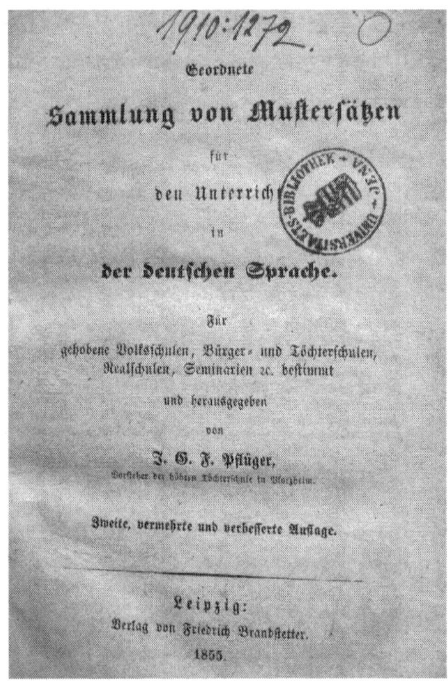

Geordnete

Sammlung von Mustersätzen

für

den Unterricht

in

der deutschen Sprache.

Für

gehobene Volksschulen, Bürger- und Töchterschulen, Realschulen, Seminarien ꝛc. bestimmt

und herausgegeben

von

J. G. F. Pflüger,

Vorsteher der höhern Töchterschule in Pforzheim.

Zweite, vermehrte und verbesserte Auflage.

Leipzig:

Verlag von Friedrich Brandstetter.

1855.

Titelseite aus Johann G. F. Pflügers Sammlung von Mustersätzen für den Unterricht in der deutschen Sprache aus dem Jahr 1855, dem Lehrbuch, aus dem auch Bertha lernte.

„das Sprachgefühl der Schüler zu bilden. Manches, wozu ein bloß instinktartiges Sprachgefühl nicht genügt, ins Sprachbewußtsein zu erheben, und überhaupt das Sprachvermögen zu erweitern und die Sprachgewandtheit zu steigern. Außer diesem allgemeinen Zwecke gestatten die Mustersätze auch im Besonderen vielseitige Benutzung, so namentlich zu Uebungen im Schönlesen, das nach denselben eigentlich methodisch betrieben werden kann, in der Interpunktion, an welche sich die Schüler durch Zergliedern und freies Niederschreiben von Mustersätzen und Lesestücken wohl am sichersten gewöhnen, im Diktierschreiben, wo solches an den Schulen noch üblich ist, und endlich gewähren die Mustersätze manchen geeigneten Stoff zu Schönschreib- und Gedächtnisübungen."[40]

Zugleich sah er sein Buch als eine Möglichkeit an, den Schülern die Literaturgeschichte nahezubringen, hatte aber auch

„Sprichwörter nicht verschmäht, da dieselben nicht nur manche kernige Wahrheit enthalten, sondern auch in sprachlicher Beziehung gewöhnlich ein scharfes Gepräge zeigen", wie er in seiner Einleitung schrieb.[41]

Die ersten Sätze dieses Musterbuches, die auch in Berthas Klasse gelesen und ausführlich besprochen wurden, wirken wie das Fanal jener bürgerlichen Anschauungen von Gut und Böse, mit denen die Kinder ohne Unterlass konfrontiert wurden:

„1. Lust und Liebe sind Fittiche zu großen Thaten. *Göthe*
2. Grobheit und Stolz / Wachsen auf e i n e m Holz. *Sprichwort*
3. Gott fürchten und vertrauen erfüllet alle Gebote. *Luther*
4. Stiller Mund und treue Hand / Gehen durch das ganze Land. *Sprichwort*
5. Schmerz und Freude liegt in einer Schale; / Ihre Mischung ist der Menschheit Loos. *Seume*
6. Freude, Mäßigkeit und Ruh' / schließt dem Arzt die Thüre zu. *Logau*
7. Der Jugend schönste Blüthe / Sind Demuth, Unschuld, Güthe. *Chr. Schmidt*

8. Kleider, Komplimente, Lachen und Gang melden den Menschen an. *Hippel*
9. Die vornehmsten Tugenden sind: Ehrfurcht und Liebe gegen Gott, Mäßigung und Beherrschung seiner Begierden, Gerechtigkeit und Liebe gegen die Menschen, Fleiß und Arbeitsamkeit im Berufe, Gelassenheit und Geduld im Unglücke, Demuth und Vertrauen auf die göttliche Vorsehung und Ergebung in ihre Schicksale. *Gellert*“[42]

Herr Zachmann legte besonderen Wert auf das „Memorieren“. Das heißt, dass Bertha und ihre Klassenkameradinnen alle Sprichwörter sowie viele weitere Mustersätze und mindestens einmal in der Woche ein neues Gedicht auswendig lernten. Am Beginn jeder Deutschstunde musste eine von ihnen das Gedicht, das gerade dran war, vortragen. Immer wieder wurden sie ermahnt, diese Verse „deutlich, schön und fließend“ auszusprechen. Dazu kamen Schreibübungen. Meistens schrieben sie Sätze aus Pflügers Buch ab. Aber sie mussten auch schwierige Wörter auswendig buchstabieren oder nach dem Diktat aufschreiben. Oft bekamen sie neben dem Auswendiglernen noch ein Stück aus dem Lesebuch oder aus den Mustersätzen zum Abschreiben als Hausaufgabe auf. Zur öffentlichen Prüfung konnten sie fast alle Gedichte ihres Lesebuches hersagen und hatten selbstverständlich die Namen und Lebensdaten der betreffenden Dichter im Kopf.

Sie lernten aber nicht nur für die Deutschstunden Gedichte auswendig, auch in Religion und im Gesangsunterricht wurde größter Wert darauf gelegt, dass sie die Lieder – besonders die Choräle aus dem Gesangbuch – fehlerfrei im Kopf hatten. Mindestens 16 neue Gesangbuchlieder nahmen sie in einem Schuljahr bei Pfarrer Bock durch. Dazu wurden die schon früher erlernten Lieder wiederholt und aus dem „Landeskatechismus alle Sprüche und die leichten Antworten von Frage 1-106 erklärt und eingeübt“[43]. Bei Herrn Jäck kamen noch besonders ausgewählte Volkslieder aus dem – ebenfalls von Pflüger herausgegebenen – „Liederbuch für Schule und Leben“ dazu.

Im Winterkursus hatten sie bei Pfarrer Bock dann Bibellesen. Neben dem Markus-Evangelium beinhaltete das auch einige Psalmen, von denen sie wiederum vier auswendig lernten. Da war die eine Stunde, in der sie mit Herrn Zachmann das Alte Testament lasen, die reinste Erholung. Sie kamen in ihrem ersten Jahr immerhin von der Erschaffung der Welt bis zur Rückkehr der Juden aus der babylonischen Gefangenschaft. Vor hohen Feiertagen erklärte ihnen der Lehrer zudem diejenige biblische Geschichte, die sich auf den Festtag bezog.

So war der ganze Schulunterricht, den Bertha genoss, darauf angelegt, ständig das Gedächtnis zu fordern und zu stärken. Denn selbstverständlich war auch in den vier wöchentlichen Rechenstunden wieder Kopfarbeit gefordert: Sie wiederholten die vier Grundrechenarten und addierten, subtrahierten beziehungsweise multiplizierten und dividierten dabei auch größere Zahlen stets im Kopf.

In Geschichte erzählte ihnen Herr Jäck einmal in der Woche von den großen historischen Persönlichkeiten. Er fing mit den Kimbern und Teutonen an, hielt sich lange bei Hermann dem Cherusker auf, brachte ihnen Karl den Großen besonders nahe und hörte am Ende des Jahres mit Luther und der Reformation auf. Herr Zachmann nahm in Geographie zuerst ihre nähere Umgebung durch, wobei er zwischendurch gerne in die badische Geschichte abschweifte. Als sie damit fertig waren, kam Deutschland mit seinen Grenzen, Staaten, Gebirgen, Flüssen und größeren Städten dran. Selbstverständlich mussten sie auch diese Namen auswendig hersagen und auf der großen Landkarte, die Herr Zachmann jedes Mal in der Klasse aufhängte, zeigen können. Er unterrichtete auch Naturgeschichte und ging im Sommer sogar mit ihnen nach draußen, um wildwachsende Pflanzen zu bestimmen. Im Winter besprachen sie die Gattung der Wirbeltiere. Auch dazu brachte er große Bildtafeln mit in den Klassenraum.

Bei ihm hatten sie außerdem eine Wochenstunde Zeichenunterricht und zwei Stunden „Schönschreiben". In ihrem ersten Jahr übten sie nur ihr Augenmaß mit dem „freien Nachzeichnen gerad- und krummliniger Figuren unter Benützung methodisch geordneter Vorlagen" und malten die Buchstaben des deutschen und des lateinischen Alphabets „nach ihren gleichartigen Schriftzügen" auf das Papier und zwar zur „Erzielung einer correcten und gefälligen Handschrift vermittelst der Taktirmethode." Zum guten Schluss sei nicht vergessen, dass sie eine Stunde Musikunterricht bei Herrn Jäck genossen, in der neben dem Einüben von Volksliedern auch theoretische Übungen auf dem Plan standen. Zusammen mit allen anderen Klassen sangen sie eine weitere Stunde im Chor. Dort übte Herr Jäck mit ihnen hauptsächlich die Choralmelodien zu den im Religionsunterricht erlernten Kirchenliedern ein.

Als Mitte April 1859 Berthas erste öffentliche Schulprüfung in der höheren Töchterschule stattfand, konnten die Eltern in den großen Saal des Schulhauses kommen und zuhören, ob ihre Kinder richtig antworteten und gelobt wurden, beziehungsweise ob das Gegenteil eintrat, was sehr selten geschah. Ihre Klasse kam gleich am ersten Morgen an die Reihe und wurde in jedem Fach eine halbe Stunde lang geprüft. Man begann mit der Religion, bei der die ersten Fragen des Katechismus zu den Zehn Geboten abgefragt wurden. Darin heißt es zum Beispiel: „Wo findest du das Gesetz Gottes?" und die richtige Antwort lautet: „In den heiligen zehn Geboten, wie sie von Gott durch Mose gegeben und von unserm Heiland in der Bergpredigt erklärt sind." – „Worauf haben wir bei jedem Gebote zu achten?" „Auf Zweierlei: auf das Böse, welches darin verboten und auf das Gute, welches darin geboten wird." Und so weiter und so fort.[44] Danach ging es gleich mit Deutsch weiter, gefolgt von Französisch und den übrigen Fächern.

Nach den mündlichen Prüfungen konnten die Eltern noch im Lehrerzimmer die Leistungen ihrer Töchter in den praktischen Fächern begutachten. Dort waren die besten Ergebnisse der „weiblichen Handarbeiten" zusammen mit „Schreib- und Zeichenproben, sowie deutsche und französische Aufsätze" zur Einsicht ausgelegt. Am folgenden Nachmittag fand um drei Uhr der Schlussakt des Schuljahres statt. Er begann mit einem gemeinsamen Choral, darauf folgte die Ouvertüre aus „Jean de Paris" von Boieldieu; einem Stück vom Anfang des Jahrhunderts, das immer noch modern war. Wie alle Klavierstücke wurde es vierhändig vorgetragen. Danach wies der Schulvorstand Herr Pflüger stolz darauf hin, dass seine Anstalt in diesem Jahr ihr zehnjähriges Bestehen feierte; er freute sich über das kräftige Anwachsen der Schülerzahlen; beschrieb die Entwicklung der Schule; nannte die Namen der Lehrer, die an ihr unterrichteten, und wies ausführlich auf ihre pädagogischen Grundsätze hin:

> „So müssen wir zwar auf der einen Seite das Banner einer allgemeinen Geistes- und Gemüthsbildung hochhalten und dürfen

> uns nie von den materiellen Rücksichten allein leiten lassen; wir können uns aber auf der andern Seite auch nicht verhehlen, daß die Schule sich von dem vorhandenen Boden gegebener realer Verhältnisse nicht losreißen darf, um einen allzu idealen Flug zu nehmen, sondern sich eng an das Leben anschließen muß."[45]

Verschlüsselt drückte er damit aus, dass er seinen Schülerinnen gern mehr Unterricht in geisteswissenschaftlichen und naturkundlichen Fächern zukommen lassen würde, aber einsah, dass man den Mädchen nicht allzu viel Bildung eintrichtern durfte, um sie nicht als Hausfrauen zu verderben. Zum Schluss kündigte er an, dass sie alle im Laufe des bevorstehenden Sommers

> „so Gott will, die geräumigern und zweckmäßiger eingerichteten Lokalitäten beziehen können, welche im neuen Mädchenschulhause für unsere Anstalt bestimmt sind. Es wird dadurch nicht nur einem in den letzten Jahren immer dringender gewordenen Bedürfniß entsprochen, sondern auch unserer Schule eine weitere äußere Entwicklung möglich gemacht werden."

Noch einmal erklangen Klaviermusik und mehrstimmige Lieder. Mit dem Schlusschoral „Großer Gott, wir loben Dich!" wurden die Schülerinnen in die wohlverdienten Osterferien entlassen.

Das neue Schuljahr begann zwei Wochen später, am Montag den 2. Mai 1859, wenige Tage vor Berthas zehntem Geburtstag. Der Unterricht setzte sich wie im vorigen Jahr in seinem gewohnten Gang fort,[46] wobei sich die Anforderungen in jedem neuen Schuljahr natürlich weiter erhöhten. Wie immer lernten die Schülerinnen auswendig, was das Zeug hielt: In der zweiten Klasse kamen neben den Gedichten und den Mustersätzen auch noch kleine Prosastücke hinzu, die viel schwieriger im Kopf zu behalten waren. Außerdem mussten die Mädchen das Erlernte aus dem Gedächtnis heraus richtig niederschreiben können. Jeder Schreibfehler und jedes falsche Satzzeichen zählten einen Minuspunkt! Sie übten Bruchrechnen und mussten – selbstverständlich auch das immer im Kopf –die Gulden, Kreuzer und Heller, mit denen sie zu bezahlen gewohnt waren, in Taler, Groschen und Pfennige umrechnen, die anderswo in Deutschland als Zahlungsmittel üblich waren. Am besten gefiel

Bertha wahrscheinlich, dass sie im Zeichnen endlich nicht mehr nur Formen auf das Papier malten, sondern Blumen und verschiedene andere Figuren „nach leichten Vorlagen" abzeichneten. Und natürlich hatten sie immer noch neun Wochenstunden lang weibliche Handarbeiten. Im zweiten Jahr fertigten sie verschiedene Mustertücher als Vorlagen für ihre spätere Tätigkeit im Haus an.

Am 4. Oktober, dem ersten Tag nach den Herbstferien, zog die Höhere Töchterschule endlich um, natürlich nicht ohne die entsprechende Schulfeier für die Lehrer, Eltern und Schülerinnen.[47] Da das Mädchenschulhaus, in dem nun auch die Volksschülerinnen unterrichtet wurden, an das alte Gebäude angebaut worden war, blieb der Schulweg für Bertha und ihre beiden älteren Schwestern derselbe. Emilie, die Älteste, ging jetzt in die „Obere Abteilung" der vierten Klasse und sollte im folgenden Jahr die Schule verlassen. Die ein Jahr jüngere Mathilde besuchte dementsprechend die untere Abteilung derselben Klasse.

3. Alltag und Feiertag

Schon vor diesem Umzug bereiteten die Lehrer alle Klassen auf einen zweiten besonderen Festtag vor: den überall im Land begangenen 100. Geburtstag des Dichters Friedrich Schiller. Schiller war in dieser Zeit, als in Deutschland nach einer Phase der Unterdrückung das politische Leben wieder mehr Raum bekam, zu einer nationalen Integrationsfigur geworden, die man sozusagen posthum zum Führer gegen die Obrigkeit stilisierte. Denkmäler wurden errichtet; seine Dramen auf die Bühne gebracht und seine Gedichte in den Schulen auswendig gelernt. Die Schillerfeiern zu dem runden Geburtstag des Dichters gerieten dabei vielerorts zu mehr oder weniger politischen Demonstrationen.

In Pforzheim memorierten die „höheren" Schülerinnen fleißig Gedichte und Szenen aus Schillers Werken und wetteiferten in jeder Klasse darum, als Vortragende für die Feier ausgewählt zu werden. Endlich war es so weit: Am 10. November 1859 versammelten sich Schülerinnen und Eltern in festlicher Kleidung im großen Saal des Schulgebäudes, um – wie Pflüger schrieb – „den Manen des großen Dichters auch von unserer Seite das Opfer dankbarer Verehrung" darzubringen.[48] Der Pforzheimer Schmuckfabrikant und Dichter Ludwig Auerbach hatte eigens ein Festlied nach einer Volksweise gedichtet. Seinen Text hatte man gedruckt ausgelegt, so dass zu Beginn der Feier alle dieses Lied gemeinsam singen konnten. In den folgenden Gedichtrezitationen und Spielszenen, die von den Schülerinnen auf die Bühne gebracht wurden, fehlten natürlich die zahlreichen Hinweise auf die „Bestimmung des Weibes“ nicht, die zu Schillers Lebzeiten zum Teil noch belächelt worden waren, jetzt aber den jungen Mädchen und Frauen als Vorbild für ihr eigenes Leben vorgehalten wurden, selbstverständlich standen die Zeilen aus dem „Lied von der Glocke“ an erster Stelle:

„Und drinnen waltet
Die züchtige Hausfrau,
Die Mutter der Kinder,
Und herrschet weise
Im häuslichen Kreise,
Und lehret die Mädchen
Und wehret den Knaben
Und reget ohn’ Ende
Die fleißigen Hände,
Und mehrt den Gewinn
Mit ordnendem Sinn,
Und füllet mit Schätzen die duftenden Laden,
Und dreht um die schnurrende Spindel den Faden,
Und sammelt im reinlich geglätteten Schrein
Die schimmernde Wolle, den schneeigten Lein,
Und füget zum Guten den Glanz und den Schimmer,
Und ruhet nimmer.“

Dazwischen hielt der Direktor Pflüger seine obligate Ansprache. Er entwarf das Lebensbild des berühmten Dichters, nicht ohne mehrmals dessen große Bedeutung „namentlich für die Jugend und das weibliche Geschlecht“ hervorzuheben.

Feierstunden, wie die Einweihung der neuen Mädchenschule oder die Schillerfeier, bildeten stets eine Ausnahme im alltäglichen Trott von Schule und Hausarbeit. Denn insgesamt ging das Leben in Pforzheim einen eher ruhigen und gleichmäßigen Gang. Es wurde hauptsächlich vom Ablauf der Jahreszeiten bestimmt, der durch die christlichen Feiertage gegliedert war. Sonntags ging man in die Kirche und hörte die Predigt. Zuhause feierte man die Geburtstage der Kinder mit einem Geburtstagskuchen und Kerzen am Morgen und manchmal auch mit einem gemütlichen Nachmittagskaffee. Viermal im Jahr – im März, Juni, Oktober und Dezember – freuten sich Eltern und Kinder auf den Krämermarkt. Dann kamen fremde Händler in die Stadt und füllten die Buden auf dem Marktplatz, die Säle der Gaststätten und die Stände in der Rathaushalle mit allen möglichen Gebrauchswaren, Stoffen und Bekleidungsstücken.[49] Manchmal schlug auch ein Zirkus oder eine andere Attraktion auf den Bleichwiesen die Zelte auf und dann strömten die Menschen dorthin, um sich zu amüsieren.

Die bürgerliche Welt in Pforzheim lebte in engen familiären Bindungen. Die meisten waren hier irgendwie miteinander verwandt oder verschwägert. So finden sich auch die Namen Ringer und Kollmar – Berthas Mutter war die Tochter des Schlossermeisters und Waisenrichters Heinrich Gottlieb Kollmar und seiner Ehefrau Juliane, geborene Mürrle[50] – mehrfach in den Pforzheimer Adressbüchern.[51] Bertha traf in der Schule nicht nur ihre beiden älteren Schwestern, sondern auch einige ihrer Cousinen. In der Liste der Schülerinnen ihrer Klasse folgt auf ihrem Namen der von „Marie Ringer", bei der es sich nicht um Berthas zwar gleichnamige, aber fünf Jahre jüngere Schwester handeln kann. Weiter oben ist dort der Name Sophie Mürrle verzeichnet, die mit Berthas Großmutter verwandt gewesen sein dürfte. Lisette Mürrle besuchte eine Klasse darüber und Mathilde Mürrle ging mit Berthas Schwester Mathilde zusammen in eine Klasse.[52]

Aus den Pforzheimer Adressbüchern lässt sich außerdem entnehmen, dass Berthas Vater 1867 neben seinem Wohnhaus in der Ispringer Straße noch Miteigentümer eines weiteren Hauses war, dessen Besitz er sich mit Berthas Onkel, dem „Partikulier" Gottlieb Kollmar, teilte.[53] Partikulier bedeutete damals, dass man als Privatmann von seinen Einkünften lebte, also aus dem aktiven Berufsleben ausgeschieden war. Dieser Onkel, der im Adressbuch von 1859 noch zusammen mit Ernst Kollmar als Vorsteher der „vereinigten Schlosser-, Winden- und Büchsenmacher Stadt- und Land-Zunft" genannt wird[54], hatte auch bei Berthas Taufe Pate gestanden.[55]

Der Name Ringer selbst ist in dem genannten Adressbuch mit insgesamt sieben verschiedenen Einträgen vermerkt,[56] bei denen aber unklar ist, wie eng die Träger dieses Namens mit Karl Ringer verwandt waren. Berthas Schwestern Marie und Thekla heirateten übrigens später zwei Söhne der Familie Hoheisen, mit der die Eltern offenbar gut befreundet waren: Jakob Hoheisen, der Vorsteher der Stadt- und Landzunft der Glaser, ist als Berthas zweiter Taufpate im Kirchenbuch eingetragen.[57]

Wenn man bedenkt, dass bürgerliche Familien meist mit sechs bis neun Kindern gesegnet waren, dann kann man sich vorstellen, in welchem großen Kreis von Verwandten und Bekannten die kleine Bertha aufwuchs und wie selbstverständlich es ihr gewesen sein muss, ständig die neuesten Neuigkeiten zu hören, die sich bei Verwandten, Freunden und Bekannten zugetragen hatten. Denn damals besuchte man sich häufig untereinander und wahrscheinlich machten die Ringers im Sommer auch gemeinsam mit Verwandten und Freunden den einen oder anderen Ausflug in die schöne Umgebung der Stadt. Schließlich lag der Schwarzwald direkt vor ihren Toren.

An größere Unternehmungen aber, wie zum Beispiel eine Reise nach Karlsruhe, die nahe Hauptstadt des Landes, oder sogar in das benachbarte Ausland, war damals für die kleine Bertha noch nicht zu denken. Man konnte die Stadt nur zu Fuß, zu Pferde oder in der Kutsche verlassen, sofern man nicht wie die Flößer den Wasserweg über die Enz zum Rhein hin benutzte. Andere Reisemöglichkeiten gab es nicht. Auch sonst war die Verbindung zur Außenwelt noch recht bescheiden: Erst im Jahr 1855 wurde eine Telegraphenleitung nach Pforzheim geführt, so dass man seitdem wenigstens Nachrichten in kurzer Zeit verschicken und empfangen konnte. Zwei Jahre später eröffnete man eine neue Straße längs der Nagold nach Calw. Das erleichterte zwar das Reisen,[58] aber trotzdem war man immer noch auf Pferdewagen oder die eigenen Füße als Verkehrsmittel angewiesen.

Bertha selbst hat später nur ein Ereignis aus ihrer Jugendzeit erwähnt, das ihr im Gedächtnis geblieben ist. Sie scheint sich allerdings eher zufällig daran erinnert zu haben, als sie im Pforzheimer Anzeiger las, dass die Fürstengruft der Schlosskirche geöffnet und besichtigt worden war. Kurz darauf erzählte sie in einem Interview:

„Als die Großherzogin Stephanie gestorben war, wurde die Gruft geöffnet. Man stellte fest, daß einige Maurerarbeiten notwendig waren. Mein Vater, Zimmermeister Ringer aus der Ispringerstraße, musste den Gang unter der Kirche verspreißen, damit die Maurer arbeiten konnten. Da nahm er uns Kinder mit. Wir haben die vielen großen und kleinen Särge mit Verwunderung und einem leichten Gruseln betrachtet. Besonders interessierte uns der ‚lederne General'. Auch von den Gängen, die vom Schloß herausführten, hat uns der Vater erzählt."[59]

Die Großherzoginwitwe Stéphanie war als Französin und Adoptivtochter Napoleons am badischen Hof nicht willkommen gewesen, als sie aus politischen Gründen mit dem Thronfolger und späteren Großherzog Karl verheiratet wurde. Anfangs hatte sich ihr Ehemann kaum um sie gekümmert. Erst spät lernte das Paar sich lieben und bekam mehrere Kinder. Doch die beiden kleinen Erbprinzen starben nicht lange nach ihrer Geburt. Oder wurde der eine sogar gegen ein todkrankes Baby vertauscht? Auch die zehnjährige Bertha dürfte schon von dem Findelkind Kaspar Hauser gehört haben, von dem gemunkelt wurde, er sei der Erbprinz von Baden gewesen, den man beiseite geschafft habe, um einer Nebenlinie die Thronfolge zu ermöglichen.

Jedenfalls hatte das Unglück der jungen Großherzogin mit dem Tod ihrer Kinder nicht aufgehört. Schon mit neunundzwanzig Jahren war sie Witwe geworden. Sie zog sich damals ganz vom Hofleben zurück und widmete sich der Kunst und Kultur, aber auch der Wohltätigkeit. Am 29.1.1860 war sie hochgeehrt in Nizza gestorben. Ihr Leichnam sollte nach Pforzheim überführt und dort in der badischen Fürstengruft bestattet werden, wo auch ihr Mann und ihre Kinder beigesetzt worden waren.

Die Nachricht, dass die Gruft zur Aufnahme des fürstlichen Sarges geöffnet werden sollte, dürfte Anfang Februar nach Pforzheim gekommen sein, so dass der Besuch, an den Bertha sich später immer noch erinnerte, bald darauf stattgefunden haben muss. Der Zugang zur Gruft befindet sich noch heute an der Nordseite des Chorraumes im Boden. Der unterirdische Begräbnisraum besteht aus zwei Teilen, die nördlich und südlich unter den Seitenkapellen ausgemauert und durch einen Gang verbunden sind. Die Särge standen dort auf dem Boden. Sicher waren bei Berthas Besuch einige schon zerfallen; zerbrochene Bretter dürften in einer Ecke auf dem Haufen gelegen haben und auch Knochen werden zu sehen gewesen sein. Als „Lederner General“ wurde die Mumie des Markgraf Karl Gustav von Baden-Durlach bezeichnet, der damals schon über hundertfünfzig Jahre unter der Erde lag. Auch die kleinen Kinder der gerade verstorbenen Großherzogin waren in der Gruft beigesetzt.[60]

Für die elfjährige Bertha muss der Besuch sehr eindrucksvoll gewesen sein, besonders da sie am Ende desselben Jahres wahrscheinlich zusammen mit ihren älteren Schwestern wieder an einem Grab gestanden hat, an dem sie sicher nicht nur jenen kurzen gruseligen Schauer empfand, der ihr und ihren Geschwistern beim Anblick des mumifizierten Generals über den Rücken gerieselt war. Der Tod hatte eine ihrer Mitschülerinnen getroffen: Marie Reuß, die eine Klasse unter Bertha besuchte, war kurz vor Weihnachten gestorben, nachdem sie vorher eine Zeit lang an das Krankenlager gefesselt gewesen war. Die Mitschülerinnen folgten „ihrem Sarge und sangen ihr am Grabe den letzten Scheidegruß“, wie Pflüger in seinen gedruckten Jahresbericht schrieb.[61]

An ein weiteres Ereignis in diesem Jahr muss sich Bertha sehr viel später gegen Ende ihres Lebens erinnert gefühlt haben. Sie sorgte nämlich anlässlich ihres 85. Geburtstages dafür, dass die Stadt Ladenburg einen Konzertflügel erhielt.[62] Der Anlass dafür könnte gewesen sein, dass die Schülerinnen und Eltern der Höheren Töchterschule aufgrund „der Freude und des Dankes, welche der stattliche Bau hervorrief“, soviel Geld sammelten, dass sie für ihre „Anstalt ein vortreffliches Piano“ anschaffen konnten.

> „Unsere dermaligen Schülerinnen haben sich in solcher Weise ein Denkmal gestiftet,“ vermerkte der Schulvorstand, „das nicht nur sie selbst, sondern auch ihre Eltern, die das Unternehmen so bereitwillig unterstützten, in gleich hohem Grade ehrt.“[63]

Wie im Jahr zuvor wurde Berthas zweites Schuljahr mit den üblichen Prüfungen und der Entlassungsfeier beschlossen. Da Ostern in diesem Jahr sehr früh lag, endete es schon am 30. März 1860. Und wie in jedem Jahr wurde der Unterricht nach den beiden Osterferienwochen wieder aufgenommen. Mit der dritten Klasse rückte Bertha in die oberen Klassen der Höheren Töchterschule auf, in denen der – inzwischen zum Direktor ernannte[64] – Herr Pflüger und der erste Lehrer nach dem Direktor, Herr Jäck, den größten Teil der Stunden erteilten. Während sie in Religion vieles von dem wiederholten, was sie in den beiden Jahren zuvor durchgenommen hatten, schritten sie in den übrigen Fächern in ihren Lehrbüchern weiter vor, übten in Deutsch immer wieder, Texte „mit Ausdruck und Verständnis" vorzulesen und nicht einfach herunterzuleiern, zergliederten weiter die einzelnen Sätze, mussten aber danach das Gelesene jeweils in einen Aufsatz mit eigenen Worten zusammenfassen. Neu war jetzt, dass sie Briefe, darunter sogar leichtere Geschäftsbriefe, zu schreiben übten. Auch im Rechenunterricht bewegten sie sich mit Gewinn- und Verlust-, Durchschnitts- und Warenrechnungen schon in Richtung auf eine kaufmännische Ausbildung.

An den Geschichtsunterricht, den jetzt Direktor Pflüger erteilte, erinnerte Bertha sich auch später noch gern.[65] Anscheinend konnte dieser Lehrer besonders lebendig erzählen und versetzte seine jungen Zuhörerinnen dadurch direkt in die Antike zurück, die sie jetzt bei ihm genauer kennenlernten. Auch Naturgeschichte war in diesem Winterhalbjahr besonders interessant. Herr Jäck behandelte ein Thema, das für den Unterricht in Mädchenschulklassen noch ganz ungewöhnlich war. „Der Mensch, seinem Körper nach" stand auf dem Stundenplan und ihr Lehrer entwickelte daraus eine ausführliche Gesundheitslehre. Selbstverständlich vermied er es, auf den Unterschied zwischen Männern und Frauen einzugehen. Das war ein Thema, das damals in der Erziehung noch vollkommen tabuisiert war. Im Zeichnen waren sie inzwischen bei Figuren, leichten Ornamenten, Blumen, Häusergruppen, kleinen Landschaften und Köpfen in Umrissen und einfacher Schattierung in Blei angekommen. In Musik lernten sie Notenschreiben, während die weiblichen Handarbeiten durch Filet-, Blumen- und Perlenstickerei verfeinert wurden. Von nun an wurde beim Handarbeiten auch französische Konversation geübt, was bei ihren Plaudereien sicher oft zu Missverständnissen und Gelächter führte.[66]

Nachdem die Schillerfeier so erfolgreich verlaufen war, wurde am 10. Mai 1860 auch der 100. Geburtstag des berühmten alemannischen Dichters Johann Peter Hebel festlich begangen. Wie gewohnt trugen die Schülerinnen Gedichte und Erzählungen vor, diesmal zum Teil in Mundart wie das berühmte Gedicht „Der Mann im Mond“, dessen Verse fast jedes Kind in Pforzheim auswendig kannte:

„Lueg, Müetterli, was isch im Mo?“
He, sisch´s denn nit, e Ma!
„Jo wegerli, i sieh en scho.
Er hät e Tschöpli a.

Was tribt er denn die ganzi Nacht,
er rüehret jo kei Glied?“
He, siehsch nit, aß er Welle macht?
„Jo, ebe dreiht er d´Wied.“[67]

Wieder entwarf der Direktor zwischen den Gedichten, Texten und Liedern „ein Lebensbild des Gefeierten und machte auf die Bedeutung desselben als Dichter sowie als Schriftsteller für die Jugend und das Volk aufmerksam.“[68]

Sehr zum Leidwesen der Schülerinnen verließ sie die erste Lehrerin, Fräulein Anna von Oberkamp, am Ende von Berthas drittem Schuljahr. Der Direktor bescheinigte ihr, sie sei eine „Lehrerin mit reichen Gaben des Geistes und Gemüthes und einer vielseitigen Bildung“ und verfüge über „ein ausgezeichnetes Lehrtalent und eine gewinnende Behandlung der Kinder“. An ihrer Stelle wurde Fräulein Luise Rochlitz aus Karlsruhe eingestellt, die allerdings nicht lange blieb, weil sie sozusagen vom Fleck weg geheiratet wurde. Schon zu Pfingsten folgte ihr Fräulein Klara Morgenroth, die ebenfalls aus Karlsruhe kam. Für den Fortbildungskurs wurde mit Fräulein Emma Eichler aus Durlach eine weitere Lehrerin eingestellt, die allerdings erst vor der Großherzoglichen Oberschulkonferenz ihre Prüfung ablegen musste.[69]

4. Die Einweihung der Eisenbahn

Ein Jahr später hielt das nächste große Ereignis die Schülerinnen in Bann: Die neue Eisenbahnlinie und mit ihr der Pforzheimer Bahnhof sollten eingeweiht werden. Zehn Jahre zuvor, beim Bau der ersten Verbindungslinie von Stuttgart nach Bruchsal, hatte man noch den Weg über Maulbronn anstatt über Pforzheim genommen. Nun wurde „die schlimme Führung der Bahn … mit Umgehung unserer Stadt endlich korrigiert", wie es der Stadthistoriker Näher ausdrückte.[70]

1858 hatte die Regierung mit dem Bau der Strecke begonnen, die von Durlach aus durch das Pfinztal nach Pforzheim führte. Der erste Abschnitt bis Wilferdingen war ein Jahr später dem Verkehr übergeben worden, jetzt stand die Fertigstellung des neuen Verkehrsweges bis Pforzheim kurz vor dem Abschluss. Die Fortführung der Strecke nach Mühlacker sollte im folgenden Jahr vollendet werden. Dann würde man von Berthas Heimatstadt nach Osten weiter bis nach Stuttgart fahren können und im Westen war der Weg über Durlach nach Karlsruhe gebahnt. Damit war zugleich die Verbindung zur Badischen Hauptbahn hergestellt, die von Mannheim über Heidelberg, Karlsruhe, Offenburg, Freiburg i. Br. nach Basel und weiter bis nach Konstanz verlief. Mit der neuen Eisenbahn fand Pforzheim also Anschluss an das sich immer mehr ausdehnende Eisenbahnnetz in Deutschland, Frankreich und der Schweiz und damit sozusagen Anschluss an die Welt.

Am 3. Juli 1861 sollte die Bahnlinie feierlich eröffnet werden. Sogar der Landesfürst, Großherzog Friedrich I., und seine Gattin, die Großherzogin, hatten ihren Besuch angekündigt. Die Höhere Töchterschule war erstmals aufgefordert worden, ebenfalls an dem festlichen Aufzug teilzunehmen, der aus diesem Anlass stattfinden sollte. Wochen vorher übten die Schulmädchen den Hofknicks für den Fall, dass sie mit der Aufmerksamkeit des Fürstenpaars beehrt werden würden. Im Handarbeitsunterricht nähten sie sich alle die gleichen weißen Kleider, denn die Mädchen wollten – wie die Turner – ein einheitliches Erscheinungsbild abgeben. Im Musikunterricht übte Herr Jäck mit allen Klassen nur noch jene Lieder, die sie an dem großen Tag im Chor mehrstimmig zu Gehör bringen sollten.

Der Pforzheimer Beobachter berichtete lange vorher von den Vorbereitungen und veröffentlichte das Festprogramm. Eine Woche vor dem Fest wurde die Beleuchtung – Gaskandelaber wurden am Bahnhof aufgestellt – ausführlich beschrieben und über die ersten Dekorationen berichtet, die aus Laubgewinden und „den badischen und deutschen Fahnen (sonstige Fahnen dürfen nicht am Platze sein)" bestanden, sowie darüber informiert, dass man auf dem

Rennfeld mit dem „Aufschlagen der Wirthschaftshütten und des Pavillons, sowie der beiden Tribünen für die Musiken eifrigst beschäftigt" war.[71]

Am Festtag selbst stand die „ganze Stadt in schönstem Festschmuck da ... Je näher der Augenblick heranrückte, in dem der Eröffnungszug erwartet wurde, desto dichter gestaltete sich das Menschengewühl in den Straßen, namentlich denjenigen, die zum Bahnhof führten, und Tausende standen bei letztern schon von 10 Uhr an erwartungsvoll."

Auf dem Vorplatz der neuen Güterhalle nahmen die Feuerwehr, die Turner und die Schuljugend Aufstellung. Zuerst kamen die Jungen, die breite Schleifen über ihren weißen Hemden trugen und ihre Schülermützen mit Eichenlaub bekränzt hatten. Ihnen folgten die Mädchenschulen – also die Höhere Töchterschule und die Mädchenvolksschule, in denen zusammen immerhin fast 250 Kinder lernten. In ihren weißen Kleidern, die mit rot-gelben Schärpen, also in den badischen Nationalfarben, geschmückt waren, machten die Mädchen einen weitaus festlicheren Eindruck als die Jungen.

Während sie warteten, trafen jene Pforzheimer Honoratioren ein, die als Ehrengäste zu der Eröffnungsfeier eingeladen waren, und nahmen in der „äußerst prachtvoll dekorierten" Güterbahnhalle ihre Plätze ein. Dann – endlich – brauste kurz nach 11 Uhr „der beflaggte und mit Kränzen geschmückte Eisenbahnfestzug heran u. wurde mit tausendstimmigem Jubelruf, mit Musik und Böllerschüssen begrüßt."[72]

Auf dem Bahnsteig wartete schon eine Abordnung der Stadt Pforzheim, um den Großherzog zu empfangen, der an der Spitze aller Festgäste ausstieg. Mitglieder des Staatsministeriums und die Spitzen anderer hoher Behörden aus Karlsruhe begleiteten den Fürsten an diesem besonderen Tag. Gemeinsam verließ man das Bahnhofsgebäude und trat zu der Menschenmenge auf den Vorplatz der Güterhalle.

Bertha war also dabei, als der Großherzog mit seinem ganzen Gefolge – ehrerbietig geführt von Bürgermeister Zerenner – aus dem Bahnhof heraustrat, um „dem Sangesgruß und dem begeisterten Hochruf der Schuljugend zu lauschen und durch dieses erste Festmoment die freundlichsten Eindrücke zu erhalten" – wie am nächsten Tag in der Zeitung zu lesen war. Das Hochgefühl dieses Tages und die allgemeine Freude über den fürstlichen Besuch dürfte

Großherzog Friedrich von Baden bei der Einweihungsfeier der Bahnlinie nach Pforzheim. Zeitgenössische Grafik nach einer Zeichnung von Lallemand.

auch sie angesteckt haben. Direktor Pflüger vermerkte am Schuljahresende mit Stolz, dass es ein „freudiges Doppelfest“ war, „zu dessen Verherrlichung die hiesige Schuljugend gewiß keinen geringen Theil beitrug.“[73]

Die hohen Herren schritten nach dieser Begrüßung über den Platz zur Festhalle hinüber. Seiner Königlichen Hoheit scholl beim Eintritt noch einmal ein lauter Hochruf entgegen, der auch draußen zu hören war. Danach sang der große Männerchor, der aus den verschiedenen Gesangvereinen der Stadt zusammengestellt worden war und dem wahrscheinlich auch Berthas Vater angehörte. Mit einer ganzen Reihe von Ansprachen und dem anschließenden Defilee der Gäste vor Seiner Königlichen Hoheit wurde die offizielle Begrüßung drinnen fortgesetzt. Später fuhr der Großherzog mit seinem Gefolge zum Hotel zur Post am Leopoldsplatz hinunter.

Wahrscheinlich traf Bertha auf dem Nachhauseweg auch ihren Bruder Karl, der auf der Seite der Jungen gestanden hatte, während ihre beiden großen Schwestern Emilie und Mathilde zwar zum Bahnhof gekommen waren, aber nicht mehr zu den Schulmädchen gehörten: Nach Emilie war auch Mathilde Ostern dieses Jahres entlassen worden.

Am Nachmittag ordneten die Lehrer zum zweiten Mal an diesem Tag die Aufstellung der Schuljugend. Ein großer Festzug begann,

> „der vor der Post an S. K. Hoheit vorbei defilirte. Es war fürwahr ein stattlicher Zug, und das Auge Sr. K. Hoheit ruhte mit sichtlichem Wohlgefallen auf den einzelnen Abtheilungen desselben, so auf der blühenden Jugend, den schmucken Turnern, der stattlichen Feuerwehr und den übrigen dabei vertretenen Korporationen, die bei jedesmaligem Vorbeiziehen in weit hallenden Jubelruf ausbrachen."

Man zog zum Rennfeld hinunter, wo „ein fröhliches Treiben herrschte, dem die herrliche Witterung besondern Vorschub leistete". Auf den beiden Tribünen spielten abwechselnd die Musikchöre der Stadt, und zahlreiche Paare drehten sich schon im Tanz. An einer anderen Stelle stand ein hoher, mit Gaben behängter Kletterbaum, der dicht umlagert war. Nebenan amüsierten sich die Umstehenden über einen Schwebebaum,

> „namentlich wenn der Glückliche bereits im Besitz der sehnlichst begehrten Wurst zu sein glaubte und im Schnappen darnach wieder herunter fiel. Jenseits der Nagold lockten zwei Karoussels die fröhliche Jugend an. Manche Gewinnlustige strömten dem aufgestellten Glückstopf zu; ... Volkswitze aller Art wurden im Laufe des Nachmittags improvisiert und erregten zum Theil große Heiterkeit. Zur Stillung des Hungers und des Durstes boten die zahlreichen Wirthschafts- und andere Buden ... reichlich Gelegenheit", schrieb die Zeitung dazu.[74]

Später traf auch der Großherzog dort ein und nahm zusammen mit den anderen hohen Gästen im Pavillon seinen Kaffee ein, wo die Menge draußen immer dichter wurde und „alle Augenblicke in stürmischen Hochruf ausbrach"[75]. Auch am folgenden Tag ging das Fest noch weiter. Die Kinder hatten schulfrei und am Nachmittag traf sich wieder alle Welt auf dem Rennfeld, um sich zu amüsieren. Die Eisenbahneinweihung war das größte Ereignis in Pforzheim, das in Berthas Jugendzeit stattfand. Mit diesem Tag war die Welt um sie herum größer geworden und stand weiter offen als jemals zuvor.

Danach ging das Leben selbstverständlich wieder seinen gewohnten Gang weiter. Bertha kam in die vierte Klasse, in der die Zahl der Schülerinnen inzwischen etwas abgenommen hatte. Immerhin füllte sich ihre Schulstube immer noch jeden Tag mit 35 Schülerinnen, während in der oberen Abteilung der vierten Klasse nur noch 17 Mädchen die Schule besuchten. Sie hatten jetzt sechs Stunden Deutsch, in denen sie neben der Grammatik auch „vorzügliche Erzeugnisse deutscher Dichter oder von Bruchstücken daraus durch Lesen und Erklären derselben“ nahegebracht bekamen und Literaturperioden und Dichtergruppen kennenlernten. Im Französischen waren sie inzwischen soweit, dass sie Briefe schreiben konnten und verschiedene Lektüren durchnahmen. Dabei ging es zum Beispiel um das Letzte Abendmahl oder um den Topos vom „Herrscher und Bettler“, aber auch Chateaubriands Reisebericht aus dem vorderen Orient wurde in Kurzfassung gelesen sowie eine Erzählung über die Witwenverbrennung in Indien oder die Geschichte von einem Sturm auf den Antillen. Im Rechnen lösten sie immer mehr Aufgaben, die mit dem „weiblichen Wirkungskreise“ zu tun hatten, und widmeten sich auch der Zinsrechnung.

In den beiden wöchentlichen Geschichtsstunden schritt Pflüger systematisch vom Jahr 476 nach Christus, mit dem er das vorherige Schuljahr beendet hatte, durch das Mittelalter hindurch fort und gelangte bis zum Beginn der Neuzeit. Gern hielt er sich bei einzelnen ausgezeichneten Persönlichkeiten auf und zwar namentlich bei den Frauengestalten. Offenbar ging er dabei nach dem „Lehrbuch der Weltgeschichte für Töchterschulen und zum Privatunterricht heranwachsender Mädchen“ von Friedrich Nösselt vor, dessen zweiter Band mit dem Jahr 476 und dem „Untergange des abendländischen Kaiserthums bis zu Karls des Großen Tod“ beginnt und mit der Eroberung Südamerikas endet.[76]

Es muss in diesem Schuljahr gewesen sein: Vier weitere Kinder waren im Hause Ringer seit Berthas Geburt zur Welt gekommen. Dem Stammhalter Karl waren Berthas erste jüngere Schwester Marie Louise, dann der zweite Bruder Gustav und schließlich die kleine Thekla gefolgt. Jetzt – nach einer Pause von sechs Jahren – kam am 8. Juli 1862 Herrmann, Berthas dritter Bruder, auf die Welt. Sie selbst war inzwischen dreizehn Jahre alt geworden und kam gerade in die Pubertät. Natürlich hatte sie bei jeder Geburt miterlebt, wie die Mutter voller Stolz den Namen des neuen Familienzuwachses in die Familienbibel einschrieb. Bisher hatte sie sich anscheinend nicht weiter dafür interessiert. Diesmal jedoch muss Bertha das Heilige Buch noch einmal in die Hand genommen und dabei zum ersten Mal „von der energischen Hand der Mutter, die das Erziehen sehr ernst nahm, die Eintragung ihrer Geburt" gefunden haben.

> „Da war zu lesen: ‚Heute ist uns – l e i d e r w i e d e r e i n M ä d c h e n geboren, das in der heiligen Taufe den Namen Bertha erhielt. Heiße Tränen tropften in das Buch: So hatte man ihr Kommen gewertet? N u r ein M ä d c h e n! Waren die Mädchen eigentlich minderwertig? Damals überblickte sie den Zusammenhang noch nicht klar: daß die Mutter auf einen Erben zur Hilfe des Vaters und seines Geschäftes rechnet und nun derart ihrer Enttäuschung Ausdruck verliehen hatte. Aber in dem Kinde blieb ein Schmerz, und immer wenn sie daran dachte, nahm sie sich vor, der Mutter zu beweisen, daß a u c h e i n M ä d c h e n e t w a s l e i s t e n u n d t u n k o n n t e, das außergewöhnlich war, nicht nur ein Junge."[77]

So erzählt jedenfalls die Elisabeth Trippmacher, die Altersfreundin von Bertha Benz, diese Erinnerung, die sie sicher von der Freundin mehrfach gehört hatte. Denn Bertha sollte diesen Vorsatz ihr Leben lang nicht vergessen. Immer wieder ist sie später in Interviews auf diesen Eintrag in der Familienbibel zu sprechen gekommen und noch an ihrem 93. Geburtstag fand sie die Tatsache „spassig", dass „ihre Mutter kurz nach ihrer Geburt den damals üblichen Bibeleintrag mit folgenden abweisenden Worten vorgenommen hat: ‚Der liebe Gott hat uns wieder ein Kind geschenkt – aber leider war es wieder nur ein Mädchen'!"[78]

Doch auch wenn die Erinnerung an diesen Eintrag der Mutter in ihrem Leben offenbar für immer ein schmerzender Punkt blieb, so brach doch die Welt über der jungen Bertha Ringer damals nicht zusammen. Zu Hause und in der Schule merkte wahrscheinlich kaum jemand etwas von der großen inneren Erregung, welche diese Entdeckung in ihr hervorgerufen hatte. Wohlerzogene junge Mädchen, wie sie und ihre Schwestern, lernten schon früh im Leben,

Entrüstung und Wut, also im Grunde jegliche Art von Gefühlssturm, in sich zu unterdrücken und sich selbst davon abzulenken. Darauf war ihre ganze Erziehung angelegt. Als Beleg sei dazu noch einmal Elise Polko zitiert:

> „In seinen keimenden Fehlern und Tugenden ist das Kind der künftige Mensch, der jetzt unter der mild-strengen Zucht der Eltern für die Schule des Lebens vorbereitet werden soll, damit ihm ihr Zwang dermaleinst nicht allzuhart erscheine."[79]

Unterricht und Familienleben gingen also weiter wie zuvor und der viele neue Stoff, der in der vierten Klasse hinzukam, lenkte Bertha sicher bald von ihren traurigen und zugleich wütenden Gefühlen ab. In den Nebenfächern lernten sie in diesem Jahr die Grundzüge wissenschaftlicher Forschung kennen: neben der allgemeinen Erd- und Himmelskunde, der Übersicht über die „drei Naturreiche", mit denen Wasser, Luft und Schall gemeint waren, und der Gesundheitslehre brachte Pflüger ihnen sogar einfache philosophische Grundfragen nahe, für die er die Gespräche benutzte, die der berühmte Erzieher Joachim Heinrich Campe in seiner „Seelenlehre für Kinder" erstmals im Jahr 1780 veröffentlicht hatte.[80] Aber auch Nahrungsmittelkunde und die damit verbundene „Chemie der Küche" standen auf dem Lehrplan[81] sowie einzelne Bereiche der Physik, in denen es um Wärme, Licht, Elektrizität, Galvanismus und den Magnetismus ging.

Ab Ostern 1862 ging Bertha dann in die obere Abteilung des vierten Schuljahres und hatte damit die letzte Klassenstufe der Höheren Töchterschule erreicht. Der Unterricht bestand zu einem großen Teil aus Stunden, die ihre Klasse zusammen mit der unteren Abteilung erhielt, so dass sie mehr oder weniger nur noch den Stoff des letzten Jahres wiederholten. Immerhin schritt Direktor Pflüger mit ihnen in Geschichte noch fast bis zur Gegenwart voran und legte wie immer besonderen Wert darauf, ihnen etwas aus dem Leben berühmter Frauengestalten zu erzählen, die er der „Weltgeschichte für Töchterschulen" von Christian Oeser entnahm.[82]

So erfuhren sie, dass die Frauen in der Renaissance besonders in Italien hochgeehrt und anmutig im Umgang waren, gelehrte Kenntnisse hatten und Laute spielen und singen konnten und „ja sogar feierliche Reden und gelehrte Disputationen" zu halten verstanden. Besonders gerühmt wurden die beiden Italienerinnen Giovanna von Aragonien und ihre Schwester, die Marchese Vasto, die beide wegen „ihres Muthes, ihrer Klugheit und Gewandtheit in allen Geschäften eben sowohl, als ihrer Schönheit … und ihrer anmuthigen Sitten geradezu vergöttert" wurden und „Lobgedichte und einen eigenen Tempel" erhielten.[83]

Sie lernten auch die Hofdame Olympia Morata aus Ferrara kennen:

> „Sie verließ den glänzenden Hof um ihren kranken Vater zu pflegen, und ging dann mit einem deutschen Arzte, Andreas Gründler, der in Ferrara studiert hatte, als dessen Gattin nach Deutschland. Auch sie war … Protestantin, hatte aber in Deutschland, wo eben Albrecht, Markgraf von Brandenburg das Land verwüstete, … unsäglichen Jammer, Hunger, Frost, Gefängnis und Ketten zu dulden. Da zeigte sich's recht, wie sich ein hochgebildeter Geist auch in die ärmlichste Lage zu schicken verstehe, wenn die allverehrte Olympia, die zarte Hofdame aus Ferrara, barfuß, schlecht bekleidet, in schlechtem Wetter mit ihrem geliebten Gatten auf der Straße nach Hammelburg wandert und nicht verzagt, sondern ausharrt, bis sie nach Heidelberg gelangen, wo sie, vom Pfalzgrafen endlich gastlich aufgenommen, das Ende ihrer Leiden erreichen."[84]

In Deutschland trat zu Beginn der Neuzeit – wie es bei Oeser heißt – „das weibliche Geschlecht … durch Arbeitsamkeit und strenge Sittsamkeit in allen Ständen, vorzüglich in dem herrlich aufblühenden Bürgerthum, ganz wieder in die Rechte und Pflichten der altgermanischen Hausfrauen" ein. Selbstverständlich hob er auch deutsche Frauen hervor, so zum Beispiel würdigte er die Gelehrsamkeit Margaretha Welsers, der „würdigen Hausfrau des gelehrten Conrad Peutinger", der kaiserlicher Rat und Stadtschreiber in Augsburg war, und erwähnte ihren lateinischen Brief, „in welchem sie einen gewissen Georg Emser widerlegt, der da in einer deutschen Schrift behaupten wollte, daß die Gattinnen gelehrter Männer unglücklich seien."[85]

Doch hält der Verfasser diese Frau offensichtlich für eine Ausnahmeerscheinung, denn er betont die eigentliche Bestimmung der Frau:

> „Doch war es nicht Kunst und Wissenschaft, die unsern Frauen Werth und Würde verleihen sollten; die Krone der stillen Häuslichkeit war's, nach welcher sie strebten, mit einem Gott ergebenen Herzen, nur für den Gatten und die Kinder lebend … zum Muster strahlen denn Anna Reinhart und Katharina Bora, die edlen Gattinnen Zwinglis und Luthers … Kann man von der Gattin des großen Reformators mehr fordern als, daß sie sein treues Weib war, ihre Kinder fromm und liebreich pflegte und erzog, emsig und sorglich haushielt und – stolz war auf ihren Mann?“[86]

An anderer Stelle fährt er in diesem Sinne fort, wenn er von der Dichterin Anna Maria von Schurmann berichtet, dass sie zwar so berühmt war, „daß selbst Fürsten und Gelehrte sie feierten und viele Dichter von ihrem Ruhme sangen, … ihr doch Viel zu einem vollkommenen Weibe [fehlte], weil ihr Eins mangelte, daß sie – weder Gattin noch Mutter war.“[87]

Auch für das 18. und 19. Jahrhundert stellt er folglich fest:

> „Doch das häusliche Leben gestaltete sich am schönsten in den Bürgerfamilien und in den stillen Pfarrhäusern, wo noch immer die züchtige Hausfrau waltete, wie zu Luthers Zeiten, und die Kinder in Gottesfurcht und Sittsamkeit erzog, und des Gatten Gehülfin, Freundin und tägliche Gesellschafterin blieb. Es wäre leicht unzählige Beispiele solcher Frauen aufzuführen, die, wie Hallers Mariana, Klopstocks Meta und Radeners Charitas werth des Liedes geworden sind, das ihnen die Dichter sangen, und des Andenkens, das ihnen das deutsche Volk bis heute bewahrt.“[88]

Der Autor ließ dabei sogar die ersten weiblichen Emanzipationsbestrebungen nicht aus, konnte sie allerdings nur gutheißen, wenn die Frauen nicht die Grenzen ihrer weiblichen Bestimmung und der bürgerlichen Schicklichkeit überschritten:

> „Wer könnte die Frauen alle nennen, die da Ueberschwengliches gethan und als Vorbilder ihres Geschlechts mehr zur Veredlung der Frauen beitragen werden in allen Zeiten, als die *neuern Bestrebungen einer Dudevant* [das war der bürgerliche Name von George Sand] *und ihres Gleichen, die sogenannte Emancipation des weib-*

lichen Geschlechts, d.i. Gleichstellung mit dem männlichen in allen Rechten, zu bewerkstelligen. Diese Frauen wollen aus den Kreisen heraustreten, die ihnen die Natur hat angewiesen und wo sie so glücklich als beglückend sind, und die Natur wird sich rächen an ihnen und an dem Volke, das ihren Glauben hegt. Gerne gönnen wir auch solchen Frauen gerechten Beifall, die durch Empfindung und geistreiche Schriften ergötzen und belehren, ... die aber erst dann unsere ganze Verehrung einnehmen, wenn wir erfahren, daß sie in den parnassischen Lorbeer die Myrhte weiblicher Anmuth und Tugend verflochten haben."[89]

Man kann davon ausgehen, dass Berthas verehrter Lehrer die in Oesers Weltgeschichte niedergelegten Vorstellungen von der Bestimmung der Frau voll und ganz unterstützte und ihnen die hier zitierten Texte ganz im Sinne des Autors nahebrachte. Seine Schülerinnen unterrichtete er allerdings nur noch bis zu den Sommerferien dieses Jahres, da er am 9. August 1862 zum „Oberschulrath" berufen und damit Mitglied einer neuen badischen Behörde wurde, die man für die Beaufsichtigung der Volks- und Mittelschulen eingerichtet hatte. Zu seinem Abschied stand im Jahresbericht von 1863 zu lesen, dass „Pforzheims Bürger, besonders aber die Frauen und Jungfrauen, welche durch Herrn Oberschulrath Pflüger ihre Bildung erhielten, ... dem selben stets ein dankbares Andenken bewahren" würden.[90]

Eine große Abschiedsfeier aber scheint es nicht gegeben zu haben.

5. „Der Backfisch"

In der Zeit, die Bertha in der Höheren Töchterschule verbrachte, stieg die Zahl der Schülerinnen immer noch entsprechend der anwachsenden Einwohnerzahl an, jedoch nicht mehr so stark wie in den ersten Jahren nach der Eröffnung. Inzwischen machte ein Problem dem Schulvorstand Sorgen: Die älteren Mädchen hörten nämlich oft mit ihrer Konfirmation auf, zur Schule zu gehen, so dass besonders die obere Abteilung der vierten Klasse immer mehr ausdünnte. In die Klasse, die Bertha von Ostern 1862 bis Ostern 1863 besuchte, gingen so nur noch 21 Schülerinnen. In ihrem Jahrgang hatte also mehr als die Hälfte aller Mädchen die Schule vorzeitig abgebrochen.

Die Direktion beklagte, dass man so die Unterrichtsziele nicht erreichen könne:

> „Manche Eltern haben das Vorurtheil, welches die Kinder nur zu gerne theilen", steht im Jahresbericht von 1863 zu lesen, „dasz mit der Konfirmation auch der Schulbesuch aufhören müsse, und entziehen daher ihre Kinder der Schule gerade zu der Zeit, wo diese erst recht befähigt wären, einen weiter gehenden Unterricht aufzufassen. Manche Gegenstände können ja jüngern Kindern gar nicht mit Erfolg gelehrt werden, und ein Unterricht in den Jahren nach der Konfirmation wäre zur Erwerbung einer gründlichen Bildung von der höchsten Bedeutung. Lasse man doch die Kinder so lange als möglich Kinder sein, und raube man ihnen nicht das Glück, das eine unbefangene Jugend ihnen gewährt!"

Man appellierte wohl auch deswegen so dringlich an die Eltern, weil man noch unter Direktor Pflüger einen speziellen Fortbildungskurs für die jungen Schulabgängerinnen eingerichtet hatte. Pflüger hatte das Problem gesehen, dass für die dreizehn- bis vierzehnjährigen Mädchen mit der Schulentlassung „gar oft aller Unterricht und mit ihm fast alle geistige Weiterbildung auf einmal" abbrach, und er meinte, dass dieser Übergang zu einer „vorherrschend häuslichen Thätigkeit häufig nicht gehörig vermittelt" werde. Damit entstehe eine wesentliche Lücke in der Ausbildung, eine Leerstelle, die „gerade in jenen Jahren unausgefüllt" bleibe, „die – bei zweckmäßiger Leitung und sorgsamer Aufsicht – für eine entsprechende weitere Ausbildung auf der bereits gewonnenen Grundlage in der Regel am fruchtbarsten" seien.[91]

Möglicherweise hatten einige Eltern den Wunsch an ihn herangetragen, die jungen Schulabgängerinnen noch weiter zu unterrichten, wie er behauptete. Vielleicht wollte er aber auch seine Schule sukzessive vergrößern und an die Bürgerschule für Jungen angleichen. Auf jeden Fall beantragte er schon 1861 die Einrichtung eines neuen „Fortbildungsunterrichts", der sowohl von der zuständigen städtischen Behörde wie von der Oberschulbehörde ohne Umstände bewilligt wurde. Den Mädchen sollte dabei eine „größere Fertigkeit in weiblichen Handarbeiten“ vermittelt werden. Namentlich der Unterricht im Weißnähen und im Weißsticken spielte im Lehrplan eine große Rolle; also von Techniken, die für die Herstellung der eigenen Aussteuer besonders wichtig waren. Während dieser Arbeitsstunden sollten sich die Mädchen in der französischen Konversation üben und auch noch zusätzlich Unterricht im Französischen erhalten. Daneben waren wenige Stunden deutscher Lektüre, etwas Geschichte und Hauswirtschaft vorgesehen, da der Schulbesuch den Mädchen noch Zeit lassen sollte,

> „sich auch zu Hause unter Anleitung der Mütter und zur Unterstützung derselben nach und nach in häusliche Geschäfte einzuarbeiten und einzuleben und somit dieser für junge Mädchen hochwichtigen Aufgabe zu genügen.“[92]

Ganz unumstritten kann diese Erweiterung der Töchterschule allerdings nicht gewesen sein, denn Pflüger fühlte sich 1862 in seinem Jahresbericht bemüßigt darauf hinzuweisen, dass „bei veränderten Zeitverhältnissen“ neue Bedürfnisse auftauchten. Er bezog sich damit auf die Einführung der Gewerbefreiheit – in Baden mit dem Gesetz vom 20. September 1862 –, mit der seiner Ansicht nach „auch dem weiblichen Geschlecht ein umfassenderes Feld der Thätikgeit eröffnet“ werde. Für ihn ergaben sich daraus auch „erweiterte Anforderungen bezüglich des Mädchenunterrichts“. „Als unerschütterlichen Grundsatz“ betonte er zwar, „daß der Schwerpunkt des weiblichen Berufs im häuslichen Wirken“ liege und der Unterricht deshalb auf diese Aufgabe ausgerichtet sein müsse, aber im selben Atemzug wies er doch darauf hin, „daß die Verhältnisse in gar vielen Fällen Angehörigen des weiblichen Geschlechts jenen e i g e n t l i c h e n Wirkungskreis verschließen“. Deshalb müsse der Unterricht auch darauf ausgerichtet werden, dass durch ihn

> „die Gründung einer selbstständigen Existenz angebahnt und möglichst erleichtert und das weibliche Geschlecht … in den Stand gesetzt werde, auf denjenigen Gebieten des gewerblichen Lebens, die seinen Kräften und seiner Natur überhaupt angemessen erscheinen, mit dem männlichen Geschlecht mit Erfolg zu konkurriren.“

Und er schloss damit, dass es umso besser sei, wenn die Mädchen dann doch keinen Beruf ergriffen und ihre Schulkenntnisse als Hausfrauen praktisch anwendeten.[93]

Damit befand sich Pflüger sozusagen am Puls der Zeit, denn tatsächlich wurde es in der zweiten Hälfte des 19. Jahrhunderts immer deutlicher, dass nicht alle Töchter aus dem Bürgertum – und schon gar nicht jene Mädchen, die auf keine oder nur eine geringe Mitgift rechnen konnten – auch einen Ehemann abbekommen würden. Ohne jegliche Ausbildung und damit ohne Möglichkeit, einen der wenigen Berufe zu ergreifen, die Frauen damals offen standen, versauerten die unverheirateten Mädchen zu Hause bei den Eltern oder bei einem Geschwisterteil und wurden im besten Falle als „alte Jungfern" belächelt, oft aber auch als arme Verwandte ausgenutzt und sogar misshandelt.

Der erste Fortbildungskurs fand in dem Jahr statt, in dem Berthas zweite Schwester Mathilde aus der Schule entlassen wurde. 16 ehemalige Schülerinnen nahmen daran teil. Leider sind die Namen der Teilnehmerinnen nicht in dem Jahresbericht von 1862 verzeichnet, so dass man nicht weiß, ob Berthas ältere Schwestern dazugehörten. Allerdings waren die Kosten für diesen Kursus mit einer Jahresgebühr von 30 Gulden fast doppelt so hoch wie das normale Schulgeld der unteren Klassen.[94] Vermutlich war den Eltern Ringer das Schulgeld für das zusätzliche Schuljahr doch zu hoch, denn immerhin fiel in den folgenden Jahren ja noch der Schulbesuch von Berthas vier jüngeren Geschwistern an.

So erhielt sie bei der jährlichen Schlussfeier Ostern 1863 ihr Abgangszeugnis und wurde zu dieser Zeit auch in der Schlosskirche konfirmiert. Möglicherweise hat ihre Konfirmationspredigt ganz ähnlich geklungen wie die Worte des Pastors Flügge in Hannover, der den jungen Mädchen nichts anderes predigte als das, was ihnen von allen Seiten her entgegenschallte: Demut, Opferbereitschaft und Selbstverleugnung:

> „Wie schön ist diese Zeit, festlich wie ein Sonntagsmorgen im Frühling … Nie fühlt man sich seinem Gott und seinem Jesus näher, nie vernimmt man deutlicher das Flügelrauschen der Engel. – Nur fromme Gedanken, heilige Vorsätze blühen wie Blumen auf. – Die Mutter hat ja ihr Kind von frühester Jugend an vor-

Porträt der jungen Bertha Ringer; die Kette mit dem Kreuz weist darauf hin, dass es sich um ihr Konfirmationsfoto handeln dürfte, um 1863.

> bereitet für jene wunderbar feierliche Zeit, ... der Vater hat manch ernstes tiefes Wort zu ihr gesprochen. – Mit Schauern der Andacht naht sich jetzt das junge Geschöpf dem Altar und faltet an der Schwelle eines neuen Lebens die zarten Hände, um aus dem Munde des geweihten Priesters unvergeßliche Worte zu vernehmen, Worte der Ermahnung und Liebe.
> Es ist noch nie vergeblich gewesen, sagt der mildblickende Diener des Herrn, wenn eine Jungfrau sittig und züchtig ihren Wandel geführt hat, geschmückt mit Demuth, mit fröhlichem aber reinen Sinn, fleißig zu guten Werken, voll Selbstverleugnung, und bereit zu manchem Opfer der Pflicht; es ist noch nie vergeblich gewesen, wenn ein Weib in der Furcht des Herrn gewandelt und in Glauben und Hoffnung und Liebe gewirkt und geduldet hat. Nie vergeblich!"[95]

Mit der Konfirmation endete im 19. Jahrhundert die Kinderzeit. Mädchen und Jungen traten fast übergangslos in das Erwachsenenleben ein. In den ärmeren Schichten war es üblich, dass von diesem Tag an lange Hosen und Röcke, also die Kleidung der Erwachsenen, getragen wurden und die Jugendlichen zu fast allen Arbeiten herangezogen werden konnten. Auch in bürgerlichen Kreisen durften die Mädchen die kurzen Kinderröcke mit den langen Röcken der Frauen vertauschen, doch galten sie ab dem Alter von „vierzehn Jahr und sieben Wochen" als sogenannte Backfische und erhielten in den folgenden zwei bis drei Jahren den sogenannten letzten Schliff, bevor sie als junge Damen in die Gesellschaft eingeführt wurden.

Elise Polko beschreibt das Mädchen in diesem Lebensalter als „Flüchtling aus der Kinder- und Schulstube" und „knospenhaft, reizendes Geschöpf". „Draußen lockt der Frühling mit seinen tausend süßen Stimmen, und drinnen im jungen Herzen werden zahllose Gedanken und wunderliche Fragen wach". Die Mädchen sind für sie „jugendliche Wesen, die mit sehnsuchtsvollen Blicken und leisen Seufzern an den Gitterthoren jener verschlossenen Garten stehen, in welchen die siebzehn- und achtzehnjährigen Rosen blühen". Die Erziehungsratgeberin kritisiert aber zugleich, dass es vielleicht ein Zeichen der Zeit sei,

> „daß wir einem Alter die g e r i n g s t e Sorgfalt, das o b e r f l ä c h l i c h s t e Interesse zuwenden, dem gerade die unausgesetzteste und liebevollste Beachtung so dringend Noth tut, ja, daß wir dasselbe nur als eine etwas langweilige Uebergangsperiode betrachten, die möglichst a b z u k ü r z e n wir nach Kräften uns bemühen."[96]

Allerdings empfiehlt sie als einzige Form der Erziehung eine Vielzahl von sogenannten „guten Büchern" oder Auszügen aus dem Kanon der klassischen Literatur.

Tatsächlich führten die Mädchen bis zu ihrer körperlichen Reifezeit im 19. Jahrhundert manchmal ein ziemlich freies Leben und mussten nun erst lernen, wie man sich so benahm, dass man in der bürgerlichen Gesellschaft keinen Anstoß erregte. Gern schickte man sie zu diesem Zweck in eines der vielen Mädchenpensionate. Wenn das zu teuer war, konnten sie auch einige Zeit in einer verwandten oder befreundeten Familie verbringen. In Mädchenbüchern, wie „Backfischchens Leiden und Freuden. Eine Erzählung für junge

Mädchen“ von Clementine Helm, das 1863 zum ersten Mal erschien und viele Auflagen erlebte,[97] wird geschildert, dass es bei diesem „letzten Schliff“ um einfachste Hygienemaßnahmen ging – zum Beispiel das gründliche Waschen des Oberkörpers mit Wasser und Seife und das regelmäßige Zähneputzen –, aber auch darum, die Ellbogen beim Essen nicht auf den Tisch zu lehnen, heiße Getränke nicht zu schlürfen, Knochen und Kartoffelschalen nicht auf der Tischdecke abzulegen oder auch mit dem noch ungewohnten Alkohol richtig umzugehen.

Selbstverständlich übten die jungen Mädchen sich auch in ihrer zukünftigen Rolle als Hausfrau und Gastgeberin. Hierzu gehörte die Art und Weise, wie man jemandem etwas darbietet und zum Beispiel beim Tee die Tassen genau richtig vollschenkt, und ebenso, „dass man dem Gaste von der linken Seite etwas präsentiert, nicht aber von der rechten, denn sonst hat derselbe die rechte Hand nicht frei zum Zulangen.“[98] Auch das Benehmen innerhalb größerer Gesellschaften und auf Bällen zählte zu den Lernaufgaben sowie die Fähigkeit, vor Publikum mit eigenen Künsten und Fertigkeiten, sei es Klavierspiel, Gesang oder Schauspielkunst, aufzutreten.

Bertha selbst scheint ihr Elternhaus nach der Konfirmation nicht verlassen zu haben. Möglicherweise fehlte dazu das Geld oder es fehlten die Kontakte zu einer passenden Familie außerhalb Pforzheims. Die Mutter und wohl auch ihre beiden großen Schwestern sorgten für ihre weitere Erziehung. Sicher erhielt sie außerdem zusammen mit ihren Freundinnen und ehemaligen Klassenkameradinnen Tanzstunden, wozu meist französische Tanzlehrer in die kleineren Städte reisten. Wahrscheinlich beobachtete sie in dieser Zeit sehr genau, was ihre beiden älteren Schwestern taten. Auch für sie dürfte es aufregend gewesen sein, wenn einer der vielen Bälle bevorstand, an denen die ältere Schwester Emilie in diesem Jahr wahrscheinlich zum ersten Mal teilnehmen durfte – sie zählte 1863 immerhin schon 17 Jahre.

Natürlich rückten jetzt auch die jungen Männer stärker in Berthas Blickfeld, da sie sich in diesen Jahren auch körperlich zu einer jungen Frau entwickelte und damit so langsam in das Alter kam, in dem das Interesse am anderen Geschlecht erwacht und in dem umgekehrt auch die Männer sich nach ihr umzudrehen begannen. Insgesamt kann das Backfischalter für die jungen Mädchen damals allerdings nicht einfach gewesen sein: Sie wurden darauf gedrillt, sich überall zurückzuhalten, stets bescheiden und sittsam aufzutreten und auf keinen Fall außerhalb der eigenen vier Wände unnötige Aufmerksamkeit zu erregen. Sie mussten andernfalls befürchten, als Freiwild behandelt zu werden, wie es in dem folgenden Zitat aus dem Backfischroman der Frau Helm beschrieben wird, in dem die junge Protagonistin zum ersten Mal allein durch die Straßen von Berlin geht:

> „Voll Interesse trat ich … an das hellerleuchtete Fenster und studierte diese Kunstwerke … sowie auch die reiche Sammlung anderer Abbildungen, welche daneben lagen. Im Anschauen dieser Sachen vertieft, bemerkte ich nicht, wie ein junger Mann mich schon seit geraumer Zeit beobachtete, bis mir derselbe in sehr auffallender Weise nahe trat und mir höchst zudringlich unter den Hut blickte. – Ich erschrak und wandte mich schnell zur Seite, hoffend, der Lästige werde sich entfernen, wußte aber nicht, daß mein Verweilen am Schaufenster, und zwar bei beginnender Nacht, etwas durchaus Auffallendes war, und jener Herr sich meist nur in Folge hiervon die Zudringlichkeit erlaubte. Endlich redete er mich gar mit einigen faden Redensarten an, und nun gerieth ich in heftige Angst und Aufregung. Schnell lief ich die Straße hinab, um dem jungen Manne zu entfliehen, aber ich merkte wohl, daß derselbe mir dicht auf den Fersen folgte …“[99]

Berthas Vater war Mitglied in der „Eintracht“, die 1850 in Pforzheim als Unterhaltungs- und Geselligkeitsverein gegründet worden war.[100] Diese Gesellschaft besaß eine stattliche Bibliothek, aus der auch Bertha sich Bücher ausleihen und mit nach Hause nehmen durfte. Außerdem gab es dort einen Billardsaal, in dem sich die Herren abends zum Spiel trafen. Gleichzeitig war die „Eintracht“ aber auch, ebenso wie der später mit ihr zusammengeschlossene Verein „Frohsinn“, ein Männergesangsverein, dessen Sänger mindestens zweimal in der Woche miteinander probten. Damit die Geselligkeit nicht zu kurz kam, lud man im Winter und im Sommer zu einer Reihe von Veranstaltungen ein, an denen die ganze Familie teilnehmen konnte. Es wurden große Fastnachtsaufführungen organisiert oder Schlittenfahrten in die tief verschneiten Wälder der Umgebung, aber auch festliche Bälle und Abendunterhaltungen fanden statt. Im Sommer machte man zudem Ausflüge in die nähere Umgebung, die dem gleichförmigen Alltagsleben Glanzlichter aufsetzten.

Dieser Verein versammelte das gehobene Bürgertum der Pforzheimer Kaufleute und Handwerksmeister in seinen Reihen. Die Veranstaltungen dienten den Familien natürlich auch als eine Art Heiratsmarkt für ihre erwachsenen Kinder. Zugleich konnten sich dort jene jungen Männer in der einheimischen Frauenwelt umtun, die aus anderen Städten nach Pforzheim kamen. Denn in dieser Stadt gab es inzwischen in den zahlreichen Fabriken nicht nur für einfache Arbeiter, sondern auch für höhere Angestellte interessante berufliche Möglichkeiten.

Als Bertha alt genug geworden war, sozusagen den Backfischspeck abzuwerfen, kam auch für sie die Zeit heran, in der die Mütter nach einem Schwiegersohn Ausschau halten. Im Winter 1865/66 oder spätestens im folgenden Jahr durfte sie wahrscheinlich zum ersten Mal einen jener Bälle besuchen, die die „Eintracht" jedes Jahr veranstaltete. Ein solcher „erster Ball" war damals ein ganz besonderes Ereignis im Leben eines jungen Mädchens, denn in ihrem ersten Ballkleid wollte sich eine jede von ihrer schönsten Seite zeigen.

> „Wie die Stimmung, die Freude, der leichte Sinn, wie die leichten graziösen und schwebenden Bewegungen der Tänzer, so muß auch ein gewisses Loses, Luftiges dem Anzüge anzusehen sein. Zum Ballkostüm einer Dame eignen sich deshalb keine schweren und ebenfalls keine dunklen Stoffe, sondern sie müssen von heller Farbe und leicht sein. Zur Ausschmückung, welche je nach Phantasie und Geschmack geschieht, dienen Blumen, Federn, Schleifen, flatternde Bänder etc. Die Handschuhe, ob mit einem oder mehreren Knöpfen, ob Glacé oder Seide in Mode sind, bleiben immer entweder in weißer oder sonst lichter Farbe, zum Stoff des Kleides passend, ebenso wie Schuhe und Strümpfe von dazu passender Farbe sind. Ein Bukett aus frischen Blumen macht den Anzug komplett."[101]

Möglicherweise ist jenes helle, kariert gemusterte Kleid mit dem weiten Rock, das Bertha auf einem der frühesten Fotos trägt, die von ihr bekannt sind, tatsächlich ihr erstes Ballkleid gewesen. In dieser

Zeit musste man für eine solche Fotografie noch extra ein Atelier aufsuchen und so steht auch Bertha auf diesem Bild in ihrem leicht ausgeschnittenen und vor der Brust sorgfältig in Falten gelegten Kleid vor einer gemalten Staffage. Aus den weiten halblangen Ärmeln schauen gebauschte Batistärmel heraus. Eine dunkle lange Schärpe fällt vom Gürtel herab. Ganz offensichtlich hat die junge Frau sich schön gemacht. Sie hat eine feine Kette aus dunklem Stein umgelegt, trägt Ohrgehänge und hat die Haare kunstvoll hochgesteckt. Doch man kann erkennen, dass auf diesem Bild ein ganz junges Mädchen, dessen Wangen noch von ein wenig „Backfischspeck" gerundet sind, zum Fotografen hinüberschaut. Allerdings scheinen trotz der fast noch kindlichen Weichheit der Züge die leicht aufgeworfenen Lippen und der feste Blick schon eine gewisse innere Stärke zu verraten.[102]

Natürlich geschah an einem solchen Ballabend alles unter strenger Aufsicht der Eltern. Aber wenn diese auch jeden Schritt ihrer heiratsfähigen Töchter zu kontrollieren versuchten, so konnten und wollten sie sicher nicht verhindern, dass so mancher junge Mann seine Partnerin beim Walzer enger an sich zog und ihr heiße Worte ins Ohr flüsterte. Emilie und Mathilde Ringer haben in diesen Jahren jedenfalls ihre zukünftigen Ehemänner kennengelernt. Emilie fand bald mehr oder weniger heimlich mit Johannes Gustav Rümelin zusammen, dem ältesten Sohn eines Lederfabrikanten aus Reutlingen,[103] während Mathilde sich mit Oscar Miethe anfreundete, über dessen Herkunft leider nichts weiter bekannt ist.

Berthas Eltern haben offensichtlich gegen diese Beziehungen nichts einzuwenden gehabt, oder soll man schreiben: Berthas Mutter? Üblicherweise kümmerte sich die Mutter um das Wohl und Wehe ihrer Töchter und sie war es auch, die streng überwachte, dass kein männliches Wesen der Ehre und Unbescholtenheit ihrer Töchter zu nahe trat. Diese Unbescholtenheit und Jungfräulichkeit war das höchste Gut eines heiratsfähigen Mädchens; ein Schatz, den es sorgfältig zu bewahren galt. Bei den Ringers scheint die Mutter allerdings manchmal ein Auge zugedrückt und es zugelassen zu haben, dass die jungen Männer ihren Töchtern den Hof machten. War es vielleicht deswegen, weil sie selbst mit einem so wesentlich älteren Mann verheiratet war, ja sogar möglicherweise von ihren Eltern mit mehr als Überredungskunst in diese Ehe gedrängt worden war?

Die junge Bertha Ringer, möglicherweise in ihrem ersten Ballkleid, um 1865/68.

Auf jeden Fall hielten sowohl der junge Rümelin, der eine kaufmännische Ausbildung abgeschlossen und danach in Pforzheim eine Stellung angenommen hatte, wie der junge Miethe um die Hand der beiden ältesten Ringer´schen Töchter an. Dabei muss schon der Plan bestanden haben, so bald wie möglich zusammen nach Amerika auszuwandern. Offenbar wollten beide Paare ihr Glück in jenem fernen Land suchen, in dem nicht die Herkunft, sondern die eigene Leistung etwas zählte. Emilies 23-jähriger Verlobter verabschiedete sich schon im Sommer 1867 von seiner Liebsten in Pforzheim und von seiner Familie in Reutlingen. Er fuhr auf der „Cimbria" von Hamburg aus nach New York, wo er am 5. August glücklich ankam[104] und sich in Milwaukee (Wisconsin) niederließ. Emilie sollte nachkommen, wenn er dort Fuß gefasst hatte. Zuerst aber nahm noch im Oktober desselben Jahres die 20-jährige Mathilde

Abschied von ihren Eltern und Geschwistern. Sie hatte eine Passage von Bremen nach New York auf der „Hermann" gebucht, die am 3. November in New York ankam.[105] Als Ziel hatte sie New Orleans angegeben, wo ihr Verlobter Oskar Miethe anscheinend schon auf sie wartete. Ein Jahr später folgte ihr dann die 21-jährige Emilie, die auf der „Union" von Bremen aus losfuhr und am 25. September in Amerika ankam.[106]

Oskar und Mathilde blieben übrigens nicht im heißen Süden Amerikas, sondern zogen zur Schwester nach Milwaukee, wo sie zwei Jahre später heirateten. Emilie und Gustav waren zu diesem Zeitpunkt schon lange ein Ehepaar, denn sie waren sofort vor den Traualtar getreten, als Emilie in der neuen Heimat angekommen war.[107] So blieb Bertha als älteste Tochter zu Hause zurück. Sicherlich fiel ihr nun die Aufsicht über die jüngeren Geschwister und die Anleitung der kleineren Schwestern in häuslichen Angelegenheiten zu.

6. Carl Benz

Die Gegend um Berthas Elternhaus wurde mit der Zeit immer dichter bebaut. Während 1859 nur vier Häuser an der Westseite der Ispringer Straße gestanden hatten und das Gelände noch nicht von weiteren Straßen durchzogen war, nennt das Adressbuch von 1867 insgesamt zehn Wohnadressen und weist die dazwischen liegenden Hausnummern als Baugrundstücke aus. Der Plan von 1884 zeigt dann, dass zu diesem Zeitpunkt der ganze Hang zwischen dem Bahnhof und der Ispringer Straße überplant und mit einem rechtwinkeligen Straßennetz überzogen war. Zugleich wies die Straßenfront der Ispringer Straße von der Einmündung bis etwa in Höhe von Berthas Geburtshaus keine Baulücken mehr auf. Gegenüber auf der anderen Straßenseite aber lag weiterhin noch das weite – inzwischen mehr oder weniger verwilderte – Parkgelände, das zur Villa Bohnenberger an der Leopoldstraße gehörte.[108]

Pforzheim zog weiterhin Arbeitssuchende aus ganz Baden an. Die Stadt war nicht nur ein wichtiger Standort der Schmuckindustrie, sondern beherbergte auch die damals weithin bekannten „Eisenwerke und Maschinenfabrik Gebrüder Benckiser", die in Deutschland wegen ihrer neuartigen Eisengitterbrücken einen sehr guten

Ruf hatten, weil sich mit ihnen besonders im Eisenbahnbau breite Flüsse und Täler überspannen ließen. In dieser Firma nahm Carl Benz Anfang Januar 1869 eine Stellung an.

Der junge Mechaniker zählte zu diesem Zeitpunkt gerade erst 24 Jahre und war ein gutaussehender Mann: Er hatte dunkle, fast schulterlange Haare und braune Augen, war schlank und trug einen schmalen Schnauzbart. So jedenfalls zeigt ihn eines der wenigen Bilder aus der Zeit um 1870.[109] Bei Benckiser war er als Werkführer für die Brückenbauabteilung der Firma eingestellt worden. Bald aber wurde man auf sein Talent als Entwurfszeichner aufmerksam und setzte ihn im technischen Büro ein, allerdings nicht im Maschinenbauwerk, wofür er durch sein Studium eigentlich besonders qualifiziert war, sondern im Saal für Konstruktionsentwürfe von Eisenbrücken.[110]

Carl Benz stand, nachdem er in seiner Heimatstadt Karlsruhe zuerst das Lyzeum[111] und danach das Polytechnikum besucht hatte, schon seit vier Jahren im Berufsleben. Das Lyzeum war damals eine

Carl Benz als junger Mann, um 1870.

Schule, die dem mathematischen und naturwissenschaftlichen Unterricht den Vorzug gab und damit im Gegensatz zu den ehrwürdigen Gymnasien stand, in denen die Schüler mit Latein und Griechisch auf ein Universitätsstudium vorbereitet wurden. Das Karlsruher Lyzeum besaß sogar ein gut ausgestattetes „Physikalisches Kabinett", also einen speziellen Unterrichtsraum mit Versuchsmöglichkeiten. Carl Benz hatte dort in seinen höheren Schuljahren die freien Mittwochnachmittage verbracht, um als Assistent seines Professors in der „Giftbude", wie er sie später immer noch nannte, die Apparaturen und Experimente für die Physikstunden vorzubereiten.[112]

Schon vorher hatte er sich zuhause in einer Dachstube eine Art eigenes Labor eingerichtet, in dem er seiner Vorliebe für Chemie und Technik frönte. So nimmt es nicht wunder, dass er sein erstes Geld noch als Schüler verdiente: Nachdem er die von seinem Vater geerbten Taschenuhren auseinandergenommen und wieder zusammengesetzt hatte, konnte er Uhren reparieren und erprobte diese Fähigkeit bei Verwandten und Freunden im Schwarzwald. Bei ihnen übte er sich auch in der Herstellung von Porträtfotografien mit Hilfe einer einfachen „Kamera Obscura", deren Technik er sich ebenfalls selbst beigebracht hatte.[113]

Dem jungen Mann lag das Interesse für die neuesten technischen Entwicklungen im Blut. Seine Familie stammte aus dem Dorf Pfaffenrot, das in der Nähe von Marxzell im Nordschwarzwald liegt. Der Vater war dort als ältester Sohn des Dorfschmiedes aufgewachsen. Aber er hatte das väterliche Erbe verschmäht und seine Leidenschaft für die – damals hochaktuelle – Technik der Dampflokomotiven so hartnäckig verfolgt, dass er schließlich am 12. Juli 1843 die Stelle eines Lokomotivführers beim Eisenbahnamt Karlsruhe erhielt.[114]

In derselben Stadt lernte er auch die wenig jüngere Josephine Wailand[115] kennen und lieben. Ihr gemeinsamer Sohn Carl kam am 25. November 1844 unehelich auf die Welt, was damals noch als ein schwerer Makel galt. Das Kind erhielt erst mit der Eheschließung seiner Eltern, die knapp ein Jahr später in der katholischen Stadtpfarrkirche in Karlsruhe stattfand, den Namen seines Vaters. Da dieser sich aber schon im folgenden Jahr während seiner Arbeit schwer erkältete und kurz darauf an einer Lungenentzündung starb,[116] wuchs der kleine Carl vaterlos und in sehr einfachen Verhältnissen auf. Doch obwohl das Geld knapp war, ermöglichte ihm die Mutter den Besuch der höheren Schule[117] und im Anschluss daran sogar den der weiterführenden Maschinenbauschule, wie der Zweig des Polytechnikums ab 1863 genannt wurde, in dem Carl Benz vier Jahre lang Vorlesungen hörte und praktische Übungen absolvierte.

Diese Karlsruher Hochschule hatte einen außerordentlich guten Ruf. Sie war 1825 als erste technische Hochschule Deutschlands nach dem Vorbild der Pariser École Polytechnique gegründet worden. Von 1843 bis zu seinem Tod 1863 hatte der berühmte Professor Ferdinand Redtenbacher den Lehrstuhl für Mechanik und Maschinenlehre inne, dessen Lehrtätigkeit als Schlüssel zur wissenschaftlichen Grundlegung des Maschinenbaus galt.[118] Aber, wie es in einem Zeitungsartikel zur Einweihung des Carl-Benz-Denkmals in Mannheim heißt, gestattete die

> „Bedürftigkeit der Mutter ... Carl Benz ... nicht, seine Hochschulstudien zum Abschluß zu bringen; nach einigen Jahren verließ er das Polytechnikum in Karlsruhe, trat als einfacher Arbeiter bei der Maschinenbaugesellschaft Karlsruhe ein und arbeitete sich durch alle Abteilungen des Lokomotivbaues praktisch durch."[119]

In der „Lebensfahrt", den Erinnerungen des achtzigjährigen Carl Benz, wird diese Tatsache mit folgenden Worten umschrieben: „Um allen Anforderungen der Zukunft gerecht zu werden, um überragende Werte zu schaffen, muß man unten, ganz unten bei den Grundlagen anfangen".[120]

Zwei Jahre lang schuftete er von morgens bis abends als Schlosser an Schraubstock und Drehbank und ging durch alle Abteilungen hindurch, in denen Dampflokomotiven, Kesselanlagen, Dampfhammerschmiedestücke und Gusswaren aller Art hergestellt wurden. Danach hatte er das Gefühl, dass er seine praktische Grundausbildung im Maschinenbau vollendet habe und „auf Wanderschaft" gehen könne.[121] Im Herbst 1866 verließ er seine Heimatstadt und zog zusammen mit seiner Mutter nach Mannheim, wo er Arbeit „als Zeichner und Konstrukteur" in der Firma „Johann Schweizer sen." gefunden hatte. In dieser Fabrik stellte man Kräne, Waagen, Zentrifugen, Malzschrotmühlen, Tapetendrucktische, Tabakpressen und andere schwere Maschinen her. Schon nach einem halben Jahr stieg er dort zum „ersten Bürobeamten" des Zeichenbüros auf.[122] Allerdings hatte er weniger mit dem Maschinenbau als mit Bauplänen für ein neues und größeres Fabrikgebäude zu tun.

Mit Pforzheim war Carl Benz also in seine dritte berufliche Stellung übergewechselt. Seine Mutter machte diesen Umzug nicht mit. Es war abzusehen, dass ihr Sohn auch diese Stadt nach einiger Zeit wieder verlassen würde. Da es mit ihrer Gesundheit nicht zum Besten stand, fühlte sie sich weiteren Umzügen offenbar nicht mehr gewachsen und ließ sich bei ihrer Schwester in Gondelheim bei Bretten nieder.[123] Carl lebte also zum ersten Mal ganz allein in einer fremden Stadt. Natürlich suchte er nach Möglichkeiten, neue Menschen kennenzulernen, die seiner gesellschaftlichen Stellung entsprachen. Schon lange gehörte er nicht mehr zu den Arbeitern, die in Pforzheim inzwischen gewerkschaftlich organisiert waren und eigene kulturelle Strukturen ausgebildet hatten. So ließ sich der ledige junge Mann – wahrscheinlich schon bald nach seiner Ankunft – von einem seiner neuen Freunde in den Geselligkeitsverein „Eintracht" einführen, der viele Möglichkeiten zum gesellschaftlichen Verkehr mit den Einheimischen bot.[124]

Kaum waren die Wintermonate vorbei, wurde der junge Mechaniker in Berthas Heimatstadt zu einer bekannten Persönlichkeit. Aus Mannheim hatte er nämlich ein damals ungewöhnliches Gefährt mitgebracht: ein Zweirad, das nach „dem Muster des Urvelozipeds, der alten Drais'schen Laufmaschine – aber mit den von dem Schweinfurter Philipp Fischer erfundenen Tretkurbeln am Vorderrad" gebaut war. Diese Zweiräder waren ganz neu auf dem Markt. Erst 1868 hatte der Franzose Ernest Michaux damit begonnen, dieses Fortbewegungsmittel in Serie herzustellen, nachdem er damit auf der Pariser Weltausstellung des Vorjahres für Aufsehen gesorgt hatte. Sein „Velocipede" besaß statt eines oberen Verbindungsrohres eine Blattfeder, auf der direkt der Sattel montiert war. Die Räder waren aus Holz, das mit einem Eisenreifen zusammengehalten wurde. Zum ersten Mal war auch das Vorderrad etwas höher als das Hinterrad.[125] Werkstätten in Stuttgart, Offenbach und Frankfurt am Main ahmten den Prototyp von Michaux bald nach.

Carl Benz war in Mannheim in die Rudergesellschaft eingetreten und hatte dort Freunde gefunden. Über einen von diesen, den Sohn des Buchdruckereibesitzers Johann Philipp Walther, war er zu seinem ungewöhnlichen Gefährt gekommen. Der junge Walther hatte es in Stuttgart erworben. Da es ihm aber nicht gelungen war, beim Fahren das Gleichgewicht zu halten, hatte er den „eigenartigen Sport“ bald satt und verkaufte das Vehikel an Carl Benz, dessen ungeheures Interesse an allem Fahrbaren – seine „Schrullen“, wie es in dem Lebensbericht des Erfinders zu lesen steht – er gut kannte. Auch Carl Benz fiel es nicht leicht, das „Velociped“ in Gang zu bringen. Aber er gab nicht so schnell auf, wenn er sich etwas in den Kopf gesetzt hatte. So gelang es ihm nach intensivem Üben tatsächlich, das Ungetüm zu beherrschen und „auf Mannheims holperigem Pflaster das Gleichgewicht zu halten“. Der unermüdliche Radfahrer brachte es sogar fertig, größere Touren über Land zu machen, und fuhr damit mehrere Male von Mannheim bis nach Pforzheim, wie er in seiner Lebensfahrt berichtet.

„Der obere Hammer“, wo der junge Radfahrer arbeitete, also das ehemalige Hammerwerk, das die Gebrüder Benckiser zu einer großen Fabrikanlage ausgebaut hatten, lag ebenso wie Berthas Elternhaus auf der Brötzinger Seite der Stadt. Man musste von der Ispringer Straße nur ein Stück ins Tal und weiter in Richtung Brötzingen gehen, um daran vorbeizukommen. Es war für Bertha Ringer also im Grunde unmöglich, den jungen Mechaniker zu übersehen. Und dann gab es auch noch solche Anlässe wie etwa die Altstädter Kirchweih im Mai oder die öffentlichen Konzerte im Renz'schen Garten, wo man – mehr oder weniger zufällig – aufeinandertreffen konnte.[126]

Bertha wurde in diesem Frühjahr zwanzig Jahre alt. Wie Elise Polko es ausdrückte, war in diesem Alter der

> „lieblichste Traum eines Mädchenherzens ... – man träumt natürlich so vornehm wie möglich – ... folgender: v o r dem zwanzigsten Jahre in schwerem weißen Atlasgewande, mit wallendem Schleier und Myrthenkrönlein vor den Altar zu treten, aus der Kirche nach kurzem Abschied von Eltern, Geschwistern und bewundernden Freundinnen in den Reisewagen, oder mindestens in eine Coupé e r s t e r Klasse auf der Eisenbahn zu steigen, in eleganter Toilette, ... – dann einige Monate herumzuschwärmen in der schönen Welt, an der Seite des liebenswürdigsten, aufmerksamsten, freigibigsten aller Gatten, – um endlich in ein völlig eingerichtetes, pompös ausgestattetes Nestchen zurückzu-

> kehren, allwo man Alles findet … – Das schrecklichste Wort, das härteste Loos, in den Augen eines jungen Mädchens unserer Tage, ist das U n v e r h e i r a t h e t b l e i b e n. –"[127]

Es wurde also langsam Zeit, dass sie einen Mann fand, heiratete und versorgt war, wie man damals sagte. Andererseits aber gehörte es sich natürlich nicht, alle Welt sofort darüber zu unterrichten, dass man sich verliebt hatte. Denn für ein Mädchen galt es als höchst peinlich, sich zu einem wärmeren Gefühl für einen Mann zu bekennen, wenn sie sich nicht sicher sein konnte, dass es von der anderen Seite auch erwidert wurde. Und diese Erwiderung konnte in der bürgerlichen Welt nur in einer einzigen Form geschehen: als Heiratsantrag. So könnte auch Bertha sich in dieser Zeit so verhalten haben, wie es die hier gern zitierte Elise Polko beschreibt:[128]

> „Die wahre Liebe verklärt jedes weibliche Wesen, – und je sorgfältiger man das holde Geheimniß zu verhüllen strebt, je reizender erscheint die Liebende.
>
> Die w a h r e Liebe ist eben so bemüht ihre Glückseligkeit zu verbergen, als jene, welche Koketterie zur Mutter hat, begierig ist ihre Siege auszurufen. –
>
> …
>
> Nicht einmal der zärtlichsten Mutter öffnet sich in solchen Krisen das junge Herz – höchstens einer Freundin –, meist wählt man aber nur das verschwiegene Blatt Papier, auf das man verstohlen ein kleines Gedicht, oder einen Brief, der nie abgeschickt wird, hinwirft, zum Vertrauten seiner Empfindungen. –
>
> Dem geliebten Mann gegenüber wird freilich oft genug, all unsern Formen und strengen Anstandslehren zum Trotz, das süße Erröthen, eine leise Bewegung der Stimme, das leichte Beben der Hand, das gesenkte Auge den Sturm verrathen, den seine Nähe hervorruft. – …
>
> Trotz der kleinen Träumereien am hellen Tage, trotz des Hanges zur Einsamkeit, ist [die Verliebte] liebenswürdiger denn je, – geduldiger, sanfter mit den kleinen Geschwistern, gefälliger, anschmiegender gegen die älteren Brüder, zärtlicher, achtsamer gegen die Eltern, fleißiger und die Fortschritte im Clavierspiel und Zeichnen sind auffallend.

Auch das Aeußere des liebenden Mädchen wandelt sich im Sonnenschein jenes mächtigsten aller Gefühle, … das Angesicht … von einem Schimmer geheimnisvoller Schönheit, in dem Blick des Auges leuchtet ein heimliches Glück …
Und von Tag zu Tag wächst die Zaubermacht jener Augen, und dann kommen wohl die Tage des Hangens und Bangens in schwebender Pein – –
Wenn nämlich die erste berauschende Ahnung der Gegenliebe die Seele überfluthet und doch wieder Zweifel inmitten aller Seligkeit, dunkeln Wolken gleich, den blauen Himmel überfliegen …
Und so naht denn endlich die gesegnete ersehnte und doch gefürchtete Stunde, in der das entscheidende Wort fällt."

Es dauerte noch eine Weile, aber dann fiel auch für Bertha endlich „das entscheidende Wort". Carl war gerade erst ein halbes Jahr in Pforzheim, als der Geselligkeitsverein Eintracht im Juni wie jedes Jahr seine wichtigste jährliche Sommervergnügung im Pforzheimer Beobachter annoncierte:

„Unsere Gesellschaft beabsichtigt am Sonntag, den 27. c.[129] einen
Ausflug mit Musik nach Maulbronn
zu machen und werden die verehrlichen Mitglieder zu recht zahlreicher Betheiligung freundlichst eingeladen. Eine Liste zur Subscription auf das Mittagessen wird, soviel möglich, den einzelnen Mitgliedern zur Unterzeichnung vorgelegt werden, eine andere liegt im Gesellschaftslokale auf. Die Listen müssen kommenden Montag Abend geschlossen werden. Der Vorstand."[130]

EINTRACHT.
Unsere Gesellschaft beabsichtigt am Sonntag, den 27. c. einen
Ausflug mit Musik nach Maulbronn
zu machen und werden die verehrlichen Mitglieder zu recht zahlreicher Betheiligung freundlichst eingeladen. Eine Liste zur Subscription auf das Mittagessen wird, soviel möglich, den einzelnen Mitgliedern zur Unterzeichnung vorgelegt werden, eine andere liegt im Gesellschafts-lokale auf. Die Listen müssen kommenden Montag Abend geschlossen werden.
Der Vorstand. 2)1

Anzeige der „Eintracht" im Pforzheimer Beobachter vom 27. Juni 1867.

Das Kloster Maulbronn gehörte zu den beliebten Ausflugszielen der Pforzheimer. Mit der Eisenbahn brauchte man über Mühlacker eineinhalb Stunden, musste aber vom Bahnhof aus dann noch einmal eine dreiviertel Stunde bis zum Kloster gehen. In derselben Fahrzeit konnte man allerdings das Ausflugsziel auch bequem im Pferdewagen auf der Straße über Bauschlott erreichen. Die alte Klosteranlage mit seiner Kirche aus dem 12. Jahrhundert ist durch die Jahrhunderte erhalten geblieben und galt auch damals schon als eine Sehenswürdigkeit, die man gern seinen Besuchern zeigte. Zudem gab es dort eine „vortreffliche Wirtschaft vor dem Kloster", die ebenso geeignet war, „den Besuch … zu einem angenehmen zu gestalten."[131]

Die Familie Ringer trug sich in die Teilnehmerliste der „Eintracht" ebenso ein wie Carl Benz und so trafen Bertha und Carl in der Klosterkirche zum ersten Mal bewusst aufeinander. Ob es sich dabei wirklich um die „schicksalhafte Liebe auf den ersten Blick" handelte, sei dahingestellt. Elisabeth Trippmacher, die schon erwähnte Freundin aus den späten Lebensjahren von Bertha Benz, fasste jedenfalls das, was in Maulbronn damals geschah, zu deren 90. Geburtstag in den folgenden überschwänglichen Bericht:

> „Wie schön war es, als wir in M a u l b r o n n im Kloster standen und Sie uns mit leuchtenden Augen erzählten von jenem Sonntag voller Seligkeit, da Sie den Mann Ihrer Wahl anläßlich eines Ausfluges kennen lernten? Eine schicksalhafte Liebe auf den ersten Blick."[132] Und ein zweites Mal erinnerte sich die Autorin nach dem Tod ihrer Freundin an den Augenblick, „als die Mitschöpferin des ersten Autos, Frau Bertha Benz, im Kloster Maulbronn im Dämmern des geheiligten Raumes plötzlich meine Hand ergriff und sagte ‚H i e r sahen wir uns zum ersten Male.' Es war bei einem Ausflug, den Bertha Ringer mit einer Gesellschaft nach Maulbronn machte, bei der sich auch der junge Ingenieur Carl Benz befand, als sie sich zum ersten Male sahen, näher kennenlernten um nie mehr voneinander zu lassen. Der Ort war auch in hohem Alter für Bertha Benz eine geweihte Stätte, zu der sie [jeden] führte."[133]

Als sicher kann man jedenfalls annehmen, dass es sich bei der Begegnung in Maulbronn um jenen ersten und unvergesslichen

Moment im Leben der jungen Frau handelte, in dem sie und ihr zukünftiger Ehemann sich wirklich näherkamen. Erklärte Bertha ihm, dem Fremden, die Klosterkirche? Wies sie ihn auf die „eigenartigen Bildwerke des Lettners" hin, nämlich „einen Arm mit schwörender Hand, um den sich ein Strick schlingt, an einer Console einen listig lächelnden Mönch mit einem wilden Tier, und an einer anderen Stelle einen reichgewandeten Laien von edlem Gesichtsausdruck, vermutlich den Baumeister" und erzählte ihm dazu die Sage, wie die Mönche die Räuber überlisteten, die den Kirchenbau verhindern wollten, indem sie einfach den Schlussstein des Gewölbes am Boden liegen ließen?[134] Ließ er kein Auge von ihr und hörte ihren Worten voller Interesse zu? Wie es auch gewesen sein mag: Dieser Ausflug war auf jeden Fall der Beginn einer lebenslangen Verbindung.

7. Der Brautstand

Auf den nächsten Ausflügen und Festen der „Eintracht"[135] tanzte Carl – er war sein Leben lang ein begeisterter Tänzer[136] – nur noch mit Bertha. Bald pfiffen es die Spatzen von den Dächern, dass die beiden bis über beide Ohren ineinander verliebt waren. Schon wurde Bertha von ihren Freundinnen hinter vorgehaltener Hand gefragt, ob Carl sich ihr denn schon erklärt habe. Nach dem Ausflug nach Wildbad im August wollte auch die Mutter wissen, wann der junge Mann wohl seinen ersten offiziellen Einführungsbesuch bei ihnen abstatten wolle. Dieser Anstandsbesuch ließ auch nicht mehr lange auf sich warten. Ihm folgten eine Reihe gemeinsamer Mittagessen und abendlicher Zusammenkünfte im Familienkreis, so dass alle nur noch darauf warteten, dass Carl sich endlich seiner Bertha erklären und um ihre Hand anhalten würde.

Doch die Krankheit von Carls Mutter hatte sich inzwischen immer weiter verschlechtert. Vielleicht wollte er ihr keine neuen Aufregungen bereiten, vielleicht musste er auch erst einmal mit sich selbst ins Reine kommen, jedenfalls zögerte er, Bertha endgültig an sich zu binden. Im folgenden Frühling, am 12. März 1870, starb seine Mutter.[137] Sie war nur 58 Jahre alt geworden und hatte sich buchstäblich für ihren Sohn verausgabt. Er hatte es ihr stets gedankt.

In seiner eigenen Biographie kam er direkt nach der Schilderung des frühen Todes seines Vaters auf sie zu sprechen. Seinem Schwiegersohn, der diese Biographie verfasste, erzählte er: „So war ich denn mit zwei Jahren vaterlos geworden. Aber ich hatte ja noch eine Mutter. Sie war die beste Mutter von der Welt."[138]

Sein Leben lang bewahrte er ein Geschenk seiner Mutter auf. Es war eine Linse aus Glas, in der sich für ihn die Erinnerung an seine Mutter sozusagen fokussierte. Um ihrem technisch begabtem Knaben eine Freude zu machen, muss sie sich das Geld dafür vom Munde abgespart haben:

> „Wenn ich durch diese Linse schaue …, da sehe ich sie wieder vor mir, ganz wie sie war, groß wie ein Held. Nur ein Held konnte das traurige Schicksal, in das wir nach des Vaters frühem Tode geraten waren, so meistern, wie diese tapfere Frau es meisterte. Nichts ist im Kampfe gegen die Not so stark wie Mutterliebe … [Sie] kann … hungern und frieren, kann leiden, entbehren, sorgen, sparen und lachen unter Tränen, wenn nur das Kind lacht und fröhlich ist … Sie war groß, schlank, schlicht. Aus ihren Augen leuchtete die Herzensgüte. Aber auf ihrer Stirn lag ein Ausdruck von Kraft, von Willenskraft und Tatkraft."

Sie war eine „leidgebeugte, aber von ihrer Jugend her auch leidgestählte Frau", die sich zuerst „als Vorkämpferin, später als Mitkämpferin" neben ihn stellte und für seine Erziehung und Bildung „alles opferte, selbst ihr bescheidenes Vermögen", wie er es ausdrückte. Und man muss hinzufügen: Sie opferte offenbar auch ihre Gesundheit für ihn.

Aus allen diesen Worten spricht die große Verehrung und Liebe, die Carl Benz bis ins hohe Alter seiner Mutter entgegenbrachte. Man kann sich vorstellen, dass seine Trauer über ihren Verlust nur dadurch gelindert wurde, dass Bertha an seiner Seite stand. So wartete er nach der Beerdigung auch nur noch so lange, wie es gerade schicklich war, bis er endlich bei Zimmermeister Ringer um die Hand von dessen dritten Tochter anhielt.[139]

Den Eltern war er als Schwiegersohn willkommen, hatte er doch eine feste Position und gute Zukunftsaussichten. Da fiel es auch nicht besonders ins Gewicht, dass er katholisch getauft war. Sowieso gab es in Pforzheim häufiger sogenannte „gemischte" Ehen, so dass hier der „Kulturkampf" zwischen Staat, liberaler Öffentlichkeit und katholischer Kirche, der in Baden besonders früh eingesetzt hatte, nicht so erbittert ausgefochten wurde wie anderswo.[140] Und schließlich hatte man noch zwei weitere Töchter unter die Haube zu bringen. Die Eltern waren zufrieden, ihre Bertha – nun endlich – versorgt zu wissen. Und Carl war ja auch ein durchaus vorzeigbarer Schwiegersohn. Er hatte eine gute Ausbildung und kam wie Berthas Vater aus einer ordentlichen Familie, die dem besseren Bürgertum angehörte, selbst wenn seine Jugend nicht gerade mit Reichtümern gesegnet gewesen war. Aber auch Berthas Vater erinnerte sich an eine Jugend in einfachen Verhältnissen. Er selbst hatte aufgrund der unruhigen Jahre während der Franzosenzeit nicht auf die Universität gehen können, um Theologie zu studieren wie sein Vater, sondern absolvierte eine Zimmermannslehre. Mit seiner Hände Arbeit und einem gewissen Spekulationsgeschick sowie durch die gute Partie, die er mit Berthas Mutter gemacht hatte, war er zum Hausbesitzer und angesehenen Handwerksmeister in Pforzheim geworden.

Glücklich schmiedete das junge Paar Zukunftspläne. Sie wollten auf keinen Fall in Berthas Vaterstadt bleiben, wo Carls Möglichkeiten beruflich weiter aufzusteigen relativ beschränkt waren. Außerdem würde er seinen Lebenstraum, der ihn schon seit Langem umtrieb, dort kaum verwirklichen können: Carl war geradezu von der Idee besessen, dass es möglich sein musste, einen selbstfahrenden Wagen zu erfinden und auf die Straße bringen. Bertha hatte er natürlich schon bald, nachdem sie sich kennengelernt hatten, von diesem Traum erzählt. Später einmal sagte sie in einem Interview:

> „Ich bin wohl überhaupt der erste Mensch, der gewusst hat, ein Auto soll gebaut werden. Ende der 60er Jahre lernte ich meinen Mann in Pforzheim kennen … Zuerst sprach er davon, dass es mit Dampf angetrieben werden sollte. Eigentlich sollte es erst nur ein Fuhrwerk für ihn selbst werden. Aber in der Zeit dann haben wir doch nicht allzu oft vom selbstfahrenden Wagen gesprochen … (lachend) als Braut hat man ja schließlich anderes zu tun!"[141]

Sie war wohl nicht die Einzige, die von Carls hochfliegenden Plänen erfuhr. Wahrscheinlich erzählte er jedem, der genug Interesse dafür aufbrachte, von seiner Idee. Sie lag damals sozusagen in der Luft. Die Erfolgsgeschichte der Eisenbahn als Transportmittel von Menschen und Gütern war gerade geschrieben. Seit Langem experimentierte man auch schon mit dem Einsatz von Dampfmaschinen auf der Straße. In der ersten Hälfte des 19. Jahrhunderts waren außerdem Gefährte gebaut worden, die durch Muskelkraft oder mittels eines Segels angetrieben werden konnten, und bereits 1828 hatte es in England einen mehr oder weniger regelmäßigen Pendeldienst mit einem Dampfbus zwischen London und Bath gegeben. Zehn Jahre vor Berthas Verlobung hatte der Franzose Etienne Lenoir den ersten betriebsfähigen Gasmotor patentieren lassen. In Deutschland hatte Nikolaus August Otto vor kurzem seinen Viertaktmotor entwickelt und 1864 die Gasmotorenfabrik Deutz AG gegründet, und ein Jahr vor Berthas Verlobung unternahm der Deutsch-Österreicher Siegfried Marcus in Wien die ersten, allerdings nicht vom erwünschten Erfolg gekrönten Fahrversuche mit einem direkt wirkenden, verdichtungslosen Zweitaktmotor, der auf einem einfachen Handwagen montiert war.[142]

Gewiss lauschte Bertha, verliebt wie sie war, Carls zukunftsweisenden Ideen mit dem größten Interesse, baute mit ihm zusammen Luftschlösser und blickte bewundernd zu dem fünf Jahre älteren Mann auf. An einem gewissen technischen Interesse kann es ihr dabei nicht gefehlt haben – sie war schließlich die Tochter eines Zimmermanns –, anders hätten sich diese beiden Herzen wohl kaum gefunden. Aber ob sie damals schon eine Ahnung von all dem hatte, was an der Seite dieses Mannes noch auf sie zukommen sollte?

„Als Braut hat man ja schließlich anderes zu tun!", sagte sie. Das hieß nicht, dass sie noch an ihrer Aussteuer arbeiten musste. Die lag mit Sicherheit schon lange fertig genäht und sorgfältig gefaltet im Kasten. Jetzt galt es vielmehr, gemeinsam zu überlegen, wie es weitergehen sollte. Wo sollten sie sich niederlassen? Wie konnte Carl am besten ihren Lebensunterhalt erwerben, weitere Erfahrungen sammeln und Zeit und Geld für seine eigenen Erfindungen übrig behalten? Und wie viele Kinder wollte Carl eigentlich haben? Er war ja als Einzelkind aufgewachsen, aber sie konnte sich ihr Leben ohne eine große Familie nicht vorstellen. Solche wichtigen Fragen standen an erster Stelle und mussten geklärt werden.

Carl blieb in den nächsten Monaten weiter bei Benckiser in Pforzheim. Die Firma hatte enge Kontakte nach Österreich, wo sie in den frühen 1860er Jahren zahlreiche Brücken für die österreichische Süd- und die Nordwestbahn sowie die ungarische Nordostbahn gebaut hatte.[143] Jetzt liefen die Planungen für den Eisenbahnbau im benachbarten Rumänien. Allerdings war ein Teil der Konzessionen diesmal nicht nach Österreich, sondern an den damals sehr bekannten preußischen Unternehmer Dr. Strousberg gegangen. Natürlich versuchte die Pforzheimer Firma weiterhin am Ort des Geschehens mit dabei zu sein. Carl erhielt einen Posten in dem fernen Land angeboten.

Doch die Angelegenheit zog sich in die Länge und war immer noch nicht geklärt, als im Juli 1870 der preußisch-französische Krieg ausbrach. Die Hauptseite des Pforzheimer Anzeigers vom Sonntag, dem 17. Juli, war nur diesem Thema gewidmet. In einem langen Artikel „Zur Lage" war zu lesen: „Der aufmerksame Beobachter hat es längst vorausgesehen, daß es zum Kampfe zwischen Preußen sammt dem neuerstehenden Deutschland und Frankreich kommen werde." Der Krieg wurde damit erklärt, dass sich Frankreich für seine Niederlage in den Kriegen von 1812–15 rächen wolle und dass sich außerdem „sobald es mit der Einigung Deutschlands Ernst gemacht wurde, der alte Erbfeind dagegen erheben werde."

Die Nachschrift enthielt einen glühenden Aufruf an das deutsche Volk:

> „Der Krieg ist von Frankreich an Preußen in der That erklärt worden. Auf nun deutsches Volk, in den heiligen, nationalen Krieg! Die Stunde deiner längst und sehnlichst gewünschten vollständigen Einigung ist gekommen. Besiegle diese mit deinem Herzblute."

Die Fabrikanten hatten sich in einer Versammlung darauf geeinigt, ihre Fabriken in den folgenden drei Tagen „in Erwartung definitiver Nachrichten" geschlossen zu halten.[144] Schon in den nächsten Tagen mussten die Einberufenen am Bahnhof Abschied nehmen und die Zeitung berichtete von der „Freudigkeit und Zuversicht, zum Theil auch … tiefen Ernste", mit dem die einberufenen Männer von

„Eltern, Frau und Kindern Abschied nahmen, um sich zu ihren Truppenkörpern zu begeben“ und „in einen nationalen, heiligen Kampf“ zu ziehen, „in einen vom deutschen Erbfeind in der frivolsten Weise heraufbeschworenen Kampf“, in dem es galt, „300jährige Schmach zu rächen und endlich die Einigkeit und Freiheit Deutschlands zu erringen“.[145] Für Carl und Bertha aber änderte sich die Lage durch den Krieg nur insoweit, als seine Anstellung in Rumänien immer weiter in die Ferne rückte. Da er weder einberufen wurde noch jenem Aufruf folgte, der wenige Tage nach Kriegsausbruch zum Eintritt in ein „militärisch organisirte[s] Freicorps“ aufforderte[146], setzte er, nachdem allgemein die erste Erregung etwas abgeklungen war, seine Arbeit einfach weiter fort.

Vielleicht schloss Bertha sich der 2. Abteilung – dem „vereinigten Frauenverein“ – des neugegründeten „Vaterländischen Hilfsvereins“ an und wirkte bei der „Sammlung und Zurüstung von Gegenständen zum Nutzen der im Feld stehenden Truppen, wie auch für Krankenpflege“ und der „Sammlung von Erquickungsgegenständen für die Truppen; ferner der Absendung aller dieser gesammelten Gegenstände an das Central=Comité des Frauenvereins“[147] mit. Man nahm dort alles entgegen, was die Leute glaubten entbehren zu können: außer Geld zum Beispiel auch Hemden, Socken, Unterhosen, Tücher, Zigarren, Krüge mit Himbeersaft und natürlich Kompressen und Charpie zum Verbinden der Verwundeten.[148]

Mit ziemlicher Sicherheit aber saß Bertha, wie die meisten anderen bürgerlichen Frauen der Stadt, manchen Abend lang mit der Mutter und den kleinen Schwestern im Wohnzimmer und zupfte Charpie, einen Verbandstoff, für den die Fasern aus altem Flachs- oder Leinentüchern herausgezogen wurden. Denn das war eine typische Frauenarbeit für die Soldaten, die im Feld verwundet wurden. Berthas Vater spendete dem Hilfsverein sogar zweimal etwas Geld, befand sich allerdings mit einer Gabe von jeweils einem Gulden und ab Ende September 1870 jeweils 30 Kreuzern wöchentlich eher bei jenen, die zwar wenigstens etwas, aber doch nicht sehr viel gaben.[149]

Spätestens Anfang 1871 wurde bei Benckiser klar, dass der Auftrag in Rumänien auf der Kippe stand.[150] Strousberg hatte nach dem Erwerb der Eisenbahnkonzessionen eine Aktiengesellschaft gegründet. Diese hatte von Anfang an mit vielen technischen Problemen zu kämpfen gehabt, weil die Bahnlinien durch schwieriges Gelände gingen. Als dann der preußisch-französische Krieg ausbrach, fielen ihre Aktien an den deutschen Börsen plötzlich ins Bodenlose. Strousberg verlor sein Unternehmen, das als „Rumänische Eisenbahn Aktiengesellschaft" neu organisiert wurde.[151] Die Fertigstellung der Bahnlinien übertrug man nun der privaten Österreichischen Staatseisenbahn-Gesellschaft. Möglicherweise hoffte man in Pforzheim, über die alten Wiener Verbindungen weiterhin im Geschäft zu bleiben. Carl jedenfalls hörte in seinem Betrieb mehrfach von einer Wiener „Eisenkonstruktions-Firma Granichstädten" reden und war der irrigen Meinung, es handle sich um eine Außenvertretung seiner Firma.

Sicher glaubte er, in Wien bessere Chancen als in Pforzheim zu haben: Wien, das war die große weite Welt, die pulsierende Hauptstadt eines Vielvölkerstaates; Wien war eine der ersten Städte im deutschsprachigen Raum, die ein Polytechnikum eingerichtet hatten,[152] und damit eine Stadt, die in der Weiterentwicklung neuer technischer Errungenschaften weit vorn lag. Schon als Ende Januar 1871 die Kämpfe mit Frankreich den Ende zugingen – Paris hatte am 28. Januar nach schwerem Beschuss kapituliert und noch am selben Tag war ein Waffenstillstand unterzeichnet worden – nahm Carl eine Stellung bei der Firma Granichstädten an und siedelte nach Wien über. Zum Ende dieses Monats schrieben ihm die Gebrüder Benckiser in sein Zeugnis, dass er

> „während zwei Jahren in unserer Fabrik beschäftig gewesen ist – teils auf dem technischen Bureau, teils in den Werkstätten als Contremaitre – und sich durch seine Leistungen sowohl als durch sein sittliches Verhalten unsere ganze Zufriedenheit erworben hat".[153]

Mit Bertha war verabredet, dass er sich nur in der Donaustadt umsehen und vergewissern sollte, ob ihm die Stellung bei Granichstädten gefiele. Dann sollte er schnurstracks zurückzukommen, um in Pforzheim zu heiraten und seine jungen Frau in die neue Heimat zu holen.[154] Was für ein Traum! Bertha muss in Hochstimmung gewesen sein. Sie sollte in die Großstadt ziehen, ins Ausland, nach Wien, wo in zwei Jahren die nächste Weltausstellung stattfinden würde;

nach Wien, in die Hauptstadt der Eleganz und des feinen Lebens! Doch dieser Traum war schnell ausgeträumt. Carl Benz kehrte schon nach vier Wochen frustriert aus Österreich zurück. Die Firma Granichstädten war weder eine Vertretung von Benckiser noch hatte sie irgendetwas mit dem rumänischen Eisenbahnbau zu tun und seine Arbeit war so unbefriedigend gewesen, dass er es dort nicht lange ausgehalten hatte.[155] Jetzt war guter Rat teuer. Zu Benckiser konnte er nicht wieder zurück. Er musste sich also anderswo umschauen.

Inzwischen hatten sich die politischen Verhältnisse grundlegend geändert. Am 18. Januar 1871 war König Wilhelm I. von Preußen im Spiegelsaal von Versailles zum Kaiser ausgerufen worden und fünf Tage nach Berthas 22. Geburtstag wurde – am 10. Mai – in Frankfurt der Friedensvertrag mit Frankreich geschlossen. Eineinhalb Monate zuvor war in Berlin der erste deutsche Reichstag eröffnet, Otto von Bismarck zum Reichskanzler ernannt und eine neue Reichsverfassung verabschiedet worden. Das neue Deutsche Reich, mit dem die vielen Kleinstaaten endlich zu einer Nation zusammenwuchsen, nahm Form an. Industrie und Wirtschaft erlebten einen regelrechten Wachstumsschub. Die Schaffung eines einheitlichen Marktes, eine wirtschaftsliberale Gesetzgebung und nicht zuletzt die französischen Reparationszahlungen bewirkten einen scheinbar ungebremsten Fortschrittsoptimismus und beförderten die rasant ansteigende Konjunktur.

Es lag nahe, dass Carl jetzt zurück nach Mannheim ging, wo er vor seiner Pforzheimer Zeit gearbeitet hatte. Dort war in den letzten Jahren der Grundstein für den weiteren wirtschaftlichen Aufschwung gelegt worden. Das große Werk der Rheinbegradigung, wodurch der Strom bis nach Basel schiffbar wurde, stand kurz vor seiner Vollendung. In der Stadt selbst hatte man die Neckarmündung verlegt, so dass der Fluss nun direkt in das künstlich geschaffene neue Rheinbett floss, und man hatte die Hafenanlagen durch den Bau eines neuen Hafenbeckens wesentlich vergrößert. Mit der Einweihung der festen Rheinbrücke im Jahr 1868 war eine direkte Eisenbahnverbindung zwischen Mannheim und Ludwigshafen und damit die Anknüpfung an das linksrheinische Schienennetz geschaffen worden.[156] Man hatte einen neuen Hauptbahnhof und dazu auch einen neuen Zentralgüterbahnhof errichtet. Überall wurde neu gebaut und man fing schon an, Gelände außerhalb der eigentlichen

Stadt zu überplanen. Nicht zuletzt war auch gerade die Rheinische Creditbank gegründet worden, die jungen Unternehmern beim Start ins Geschäftsleben unter die Arme griff.

Carl Benz fand in Mannheim zwar keine neue Arbeitsstelle, aber er traf einen früheren Kollegen, den „Mechanicus" August Ritter, wieder. Sie brauchten beide Arbeit und so beschlossen sie, den günstigen Augenblick zu nutzen und zusammen eine „mechanische Werkstätte einzurichten, die in der Lage war, überall in der Maschinentechnik Hilfe zu leisten".[157] Ein geeignetes Gelände war rasch gefunden. Im Osten der Stadt lag eine Reihe von unbebauten Planquadraten[158], die als Gartenflächen genutzt wurden. Dort stand ganz nahe am ehemaligen Ringwall ein nicht allzu großes Gelände – genau gesagt waren es 783 Quadratmeter[159] – mit einem Schuppen zum Verkauf.

Carl hatte ein wenig Geld von seiner Mutter geerbt und auch einiges selbst zusammen gespart[160] und August Ritter erhielt von seinem Vater, der Zimmermann war, so viel Geld, dass sie diese Fläche zusammen erwerben konnten. Es reichte auch noch, einen Werkstattschuppen zu errichten und ihn mit Maschinen, Werkzeug und einer Dampfmaschine mit Kessel zum Antrieb der Maschinen auszustatten. Am 29. April 1871 unterschrieben sie den Kaufvertrag und noch im Sommer mietete Carl sich ganz in der Nähe ein.[161] Ein neuer Anfang war gemacht.

Anders als in ihren bisherigen Arbeitsstellen mussten die beiden Kompagnons sich jetzt selbst darum kümmern, Kunden für ihre Dienstleistungen und Abnehmer für ihre Produkte zu finden. Dass das am Anfang nicht einfach war, auch wenn beide schon in Mannheim gearbeitet hatten, kann man sich leicht vorstellen. Erschwerend kam hinzu, dass Carl Benz und August Ritter offenbar schon bald nicht mehr besonders gut miteinander auskamen. Carl klagte, dass die Last allein auf seinen Schultern lag.

Bertha wartete inzwischen zu Hause darauf, dass ihr Brautstand endlich in den Hafen der Ehe mündete. Sie waren jetzt bald zwei Jahre verlobt. Manchmal bekam sie schon spitze Bemerkungen zu hören oder wurde direkt gefragt: Wann denn wohl Hochzeit gefeiert würde? Am Sankt-Nimmerleins-Tag vielleicht? Sie war nicht gerade auf den Mund gefallen und hatte immer eine Antwort parat, die alle weiteren Bemerkungen im Keim erstickte. Aber zufrieden war sie mit ihrer Lage nicht, auch wenn Carl, so oft er konnte, seine Braut in Pforzheim besuchen kam. Eine Zeit lang ließ sie sich von ihm damit vertrösten, dass das Geschäft erst einmal besser laufen müsse, dass es noch nicht genug einbringe, um sie zu ernähren, und überhaupt. Schließlich aber wurde es ihr zu bunt. Resolut, wie sie alles im Leben anpackte, beschloss sie, sich selbst ein Bild davon machen, wie es um das Unternehmen ihres Verlobten bestellt war und warum er ihren Hochzeitstermin immer weiter hinausschob.

Sie reiste nach Mannheim und besuchte ihren Verlobten in seiner Werkstatt. Sicher kam sie nicht allein, denn das wäre für eine junge, unverheiratete Frau äußerst unschicklich gewesen. Wahrscheinlich nahm sie sogar ihre tatkräftige Mutter Auguste Ringer mit. Den beiden Frauen muss schnell klar geworden sein, dass in der Werkstatt „dicke Luft" herrschte und dass Carls Unternehmen zugrundegehen würde, wenn er sich nicht so schnell wie möglich von seinem Kompagnon trennte. Das wusste er natürlich auch selbst schon. Aber wie sollte er es bewerkstelligen? Sein ganzes Vermögen steckte in der Firma. Womit sollte er den Anteil seines Kompagnons auslösen?

Die Familie Ringer schuf Rat. War es Bertha selbst, die ihren Vater davon überzeugte, dass er ihnen finanziell unter die Arme greifen müsse? Legte die Mutter ein gutes Wort für den künftigen Schwiegersohn ein? Auf jeden Fall kam es zu einem ungewöhnlichen Arrangement: Bertha erhielt von ihrem Vater jene Summe aus ihrem zukünftigen Erbe zugesagt, die ausreichte, um August Ritter auszuzahlen.[162]

II. Mannheim

1. Arbeiten und nicht verzweifeln

Am 4. Juli 1872 standen die beiden Namen „Carl Fr. Michel Benz, Maschinenfabrikant von Burbach“ und „Cäcilie Bertha Ringer von hier“ endlich im Pforzheimer Beobachter unter der Rubrik „Eheaufgebote“ zu lesen.[163] Zwei Wochen später – am Freitag, den 19. Juli – erschien das Brautpaar mit zwei Zeugen beim Amtsgericht. Sie ließen einen Ehevertrag aufsetzen, dessen wichtigste Fakten waren, dass die Brauleute zwar die „gesetzliche Gütergemeinschaft nach badischem Landrecht“ wählten, aber in diese Gemeinschaft nur jeweils fünfzig Gulden einbrachten, während „alles weitere sowohl gegenwärtige als künftige Einbringen eines jeden Theils dagegen von der Gütergemeinschaft ausgeschlossen und als Liegenschaft erklärt wird“. Das Barvermögen von etwas mehr als 4244 Gulden, das Bertha in die Ehe einbrachte, blieb damit ihr alleiniges Eigentum. Dreitausend Gulden davon waren als „elterliche Ehesteuer“, also als Mitgift, ausgewiesen. Davon sollten eintausend Gulden bar ausgezahlt werden, während die weiteren zugesagten zweitausend Gulden „auf unbestimmte Zeit“ zinslos stehen blieben.

Carls Vermögen dagegen war mit dem Mannheimer Grundstück und allem, was er inzwischen dort aufgebaut hatte, „beiläufig fünfzehntausend Gulden“ wert. Seine „Geschäftseinrichtung“ mit viertausend Gulden war darin enthalten. Allerdings lagen zehntausend Gulden Schulden auf diesem Vermögen. Der Ehevertrag ging also eindeutig zu Berthas Gunsten, denn er sicherte sie einerseits rechtlich gegen Carls schon vorhandene Schulden wie auch gegen jene ab, die er noch aufnehmen würde. Andererseits bewahrte der Vertrag ihre nicht unerhebliche Mitgift beziehungsweise ihr späteres Erbe vor dem Zugriff ihres Zukünftigen.[164]

Es wirft ein deutliches Licht auf Berthas Persönlichkeit, dass die 22-Jährige in eigener Person mit ihrem Bräutigam vor dem Amtsgericht erschien, um diesen Vertrag aufzusetzen und zu unterschreiben. Selbst als Braut war sie vorausschauend genug, um sogar an diesem Tag noch auf dem Boden der Tatsachen zu bleiben. Offenbar verfügte sie über eine pragmatische Sicht auf die Zukunft und wusste die Bedeutung materieller Werte sehr wohl einzuschätzen. So nahm sie – wahrscheinlich unterstützt von den Eltern – gleich zu Beginn ihrer Ehe resolut das Heft in die Hand, obwohl sie doch eigentlich schon im „siebten Himmel" schweben sollte: Nach der Vertragsunterzeichnung gab das Paar sich vor dem Standesbeamten das Jawort[165] und am folgenden Tag fand die feierliche Trauung in der Schlosskirche statt.

Leider ist kein Hochzeitsfoto von dem jungen Paar erhalten. Aber es gibt ein Foto von Bertha Benz in einem dunklen Seidenkleid mit langen Ärmeln, aus deren Enden weiße Spitzen herausschauen. Der Rock ist an mehreren Stellen gerafft und gibt dort den Blick auf einen unteren Rock mit breitem Saumbesatz frei. Das Oberteil ist hochgeschlossen. Über einem weißen Spitzenkragen hängt eine kurze Kette mit einem Kreuz. Möglicherweise trug die junge Frau

Bertha Benz um 1872. Wahrscheinlich zeigt das Bild die junge Ehefrau in ihrem Hochzeitskleid.

dieses Kleid zu ihrer Hochzeit, denn damals galten rein weiße Brautkleider selbst bei gut situierten Brautleuten als unnötiger Luxus. Man dachte praktisch und wirtschaftlich: Ein weißes Kleid konnte nur am Tag der Trauung getragen werden, ein Brautkleid in gedeckten Farben und aus gutem Stoff aber konnte man auch später noch zu festlichen Anlässen anziehen.[166] Auch wenn das Brautkleid wahrscheinlich nicht weiß war, durfte ein Utensil bei der kirchlichen Trauung auf keinen Fall fehlen: der Jungfernkranz, der an manchen Orten auch schon durch den Schleier ersetzt wurde. Eine Hochzeit ohne diesen Schmuck bedeutete, dass die Braut ihre Jungfernschaft und damit auch ihre Ehre verloren hatte. Das wollte sich damals keine nachsagen lassen!

Wahrscheinlich begaben sich Carl und Bertha Benz noch am Tag ihrer Trauung, begleitet von den Eltern und Geschwistern, Verwandten und Freunden, zum Bahnhof und fuhren nach Mannheim hinüber, um in Carls enger Bleibe ihr gemeinsames Leben zu beginnen. Schließlich waren Carls Verhältnisse nicht so, dass sie sich eine ausgedehnte Hochzeitsreise hätten leisten können. Solche Flitterwochen waren ja eigentlich dazu da, dass das jungverheiratete Paar näher miteinander vertraut wurde. Denn bis zu ihrer Vermählung standen Verlobte unter Aufsicht und konnten sich höchstens einmal verstohlen umarmen oder küssen. Die Wohnung in Mannheim war

Porträt von Carl Benz als junger Mann, um 1872.

bestimmt nicht das luxuriös eingerichtete heimelige Nest, das sich die jungen Mädchen in den Romanen erträumten. Trotzdem müssen die ersten Monate nach der Hochzeit, als Bertha und Carl ihr Leben miteinander zu teilen begannen, für beide eine glückliche und aufregende Zeit gewesen sein. Ganz ohne irgendeine lästige „Anstandsdame" beziehungsweise eines der kleineren Geschwister, die sonst immer um sie herum gewesen waren, konnten sie nun ihre Zweisamkeit genießen. Und auch wenn Carl bald wieder seiner Arbeit nachging, wird es doch immer noch freie Stunden gegeben haben, in denen sie zusammen Mannheim entdecken und Ausflüge an Rhein und Neckar unternehmen konnten.

Natürlich schaute Bertha sich in ihrem neuen Heimatort auch allein um. Als frischgebackene Ehefrau musste sie ja für ihren kleinen Hausstand sorgen, auf dem Markt einkaufen gehen, das Essen zubereiten und was der täglichen Anforderungen mehr sind. Bald suchte sie nach einer größeren Wohnung. Zwei Monate nach der Hochzeit zogen sie um. Ihre neue Adresse, U I, 10[167] lag nicht weit von Carls Firmengelände entfernt. Bertha führte dort ihren ersten „selbständigen Hausstand", wie es in der amtlichen Anmeldung heißt. Jetzt konnte sie ihre Aussteuer aus Pforzheim nachkommen lassen und ihr Heim gemütlich einrichten.

Noch waren ihre Aufgaben nicht allzu umfangreich. Gemessen an dem vielköpfigen Haushalt zuhause in Pforzheim war es kaum der Rede wert, was sie in Mannheim zu tun hatte, auch wenn sie jetzt für alles ganz allein zuständig war; denn ein Dienstmädchen konnte das junge Paar sich nicht leisten. Nur für die ganz groben Arbeiten, wie die Wäsche, kam möglicherweise eine Frau ins Haus. Alles andere erledigte Bertha selbst. Sogar das Wasser schleppte sie von dem nahen Brunnen heran, denn in Mannheim gab es damals noch keine Wasserleitung. Doch was zählte das schon gegen das Glück, nach den langen Jahren des Wartens mit ihrem Carl zusammen zu sein!

Es dauerte nicht lange, bis Bertha die ersten Anzeichen einer körperlichen Veränderung wahrnahm. Bald war sie sich sicher, ein Kind zu erwarten. Natürlich war Carl der Erste, dem sie ihre aufregende Vermutung anvertraute. Er war immer noch damit beschäftigt, seine Firma aufzubauen und einen eigenen Kundenstamm zu gewinnen. Offenbar nahm er in dieser Zeit alle Arbeiten an, die er bekommen konnte, um sich und seine Frau durchzubringen. Im

Stadtarchiv Mannheim ist eine Rechnung vorhanden, die belegt, dass „K. Benz Schlosser hier" im Dezember 1872 in der protestantischen Trinitatiskirche zusammen mit dem Monteur Ziegler die Heizung reparierte. Für die 35 Stunden Arbeitszeit erhielt er einen Lohn von sieben Gulden.[168]

Beim Weihnachtsbesuch eröffnete das junge Paar dann wohl auch den Eltern in Pforzheim die freudige Neuigkeit. Berthas Kind war der erste Enkel, der in Deutschland zur Welt kommen sollte. Zwar waren in Amerika schon zwei Enkelkinder,[169] die Söhne der ältesten Schwester Emilie, geboren worden, doch die Familie in Deutschland hatte von ihnen bisher nur Fotografien gesehen. Emilie schrieb dieses Jahr übrigens einen langen Neujahrsbrief an die jungverheiratete Schwester und wünschte ihr „du solltest strahlen vor Glückseligkeit". Doch als erfahrene Ehefrau und Mutter schaute sie auch schon in die Zukunft und fuhr fort,

> „da aber bekanntlich alles auf Erden seine Schattenseiten hat, so wird die Glückseligkeit sich auch einmal trüben u. dann trag in Geduld das Unvermeidliche, u. denke daß Jedes von uns seine dunkelen Stunden hat." Dabei kam sie besonders auf die Ehe zu sprechen, „wenn man auch vorher glaubt man kennt sich, lernt man sich doch erst recht [in der Ehe] kennen, u. dann in nächster Nähe, muß man sich noch einmal verstehen u. lieben lernen u. sich gegenseitig einander seine Schwächen vergeben, dann erst wird dauerhaftere Zufriedenheit einkehren, als diejenige im Brautstande ist, wo man alles in idealem Licht betrachtet."

Hatte Bertha ihr brieflich von ihrem ersten Glück und auch schon von ersten Auseinandersetzungen mit Carl berichtet und antwortete die Schwester darauf? Natürlich konnten solche Trübungen des „idealen Lichtes" bei dem jungen Ehepaar Benz nicht ausbleiben. Emilie beließ es allerdings bei diesen allgemeinen Hinweisen und berichtete im Folgenden von Kindern und Mann, der Schwester Mathilde und dem Leben im fernen Milwaukee.[170]

Zu Weihnachten muss auch die Wohnsituation des jungen Paares Gesprächsthema gewesen sein. Wenn das Kind auf die Welt kam, brauchten sie mehr Platz, und was war besser für kleine Kinder als ein eigener Garten, in dem sie spielen konnten? Gab es nicht genug

Platz auf dem Firmengrundstück von Carl? Berthas Vater war Zimmermann. Die Idee, dort selbst zu bauen, lag also nahe. Für ein einfaches Gebäude würde die zugesagte Mitgift allemal reichen.

Anfang März 1873 war das schlichte Haus fertig, das sie vorn an die Werkstatt anbauen ließen. Das ganze Gebäude ist auf einer Zeichnung zu sehen, die Bertha selbst angefertigt hat.[171] Hinter einem Staketenzaun mit einem großen Tor steht das längliche Werkstattgebäude mit seinem flachen Schrägdach. Zum Tor hin geht es in einen Fachwerkbau über, dessen Giebel mit Holzlatten verschalt ist. An der Stirnseite sind die Haustür und ein Fenster zu sehen, an der Traufseite liegen drei weitere Fenster – alle sind mit Fensterläden versehen. Darauf folgen die große zweiflügelige Werkstatttür und drei Werkstattfenster mit dem typischen zeitgenössischen eisernen Gitterrahmen. Über Eck befindet sich auf dem Bild ein weiterer Anbau mit einer Eingangstür, die von zwei einfachen Fenstern begleitet wird. Allerdings wurde dieser erst später errichtet.[172]

Ein Schornstein ragt aus dem flachen Schrägdach des Wohnhauses, ein zweiter aus dem Dach der Werkstatt und ein dritter sehr hoher Schornstein, der wahrscheinlich zu dem Dampfkessel gehörte, ist in der hintersten Ecke des Gebäudes zu sehen. Bäume und Sträucher sowie ein Spalier an der Giebelseite geben den ländlichen Cha-

Die Werkstatt von Carl Benz in T 6. Vorne – rechts im Bild – befindet sich der Anbau mit der Wohnung des jungen Ehepaars. Zeichnung von Bertha Benz, nach 1883.

rakter der Gegend wieder, die damals noch hauptsächlich aus Gärten bestand. Die neue Wohnung verfügte zwar nur über zwei „höchst bescheidene Zimmer und eine Küche",[173] doch immerhin lebten sie jetzt in ihrem eigenen Haus und brauchten sich wenigstens keine Sorge mehr um die – in der Stadt gerade explodierenden – Mieten zu machen.

Leider bestimmte in dieser Zeit Carls Ex-Teilhaber August Ritter immer wieder das Gespräch am Küchentisch. Zwar hatte Ritter noch vor ihrer Hochzeit der Trennung von seinem Partner zugestimmt und war abgefunden worden, doch jetzt kam er auf einmal wieder an und behauptete, er müsse mehr Geld erhalten, weil die Grundstückspreise so stark gestiegen seien. Erst im August erhielten sie endlich die notarielle Bestätigung, dass sowohl das Grundstück wie die Werkstatt schon im Vorjahr rechtsgültig in Carls Eigentum übergegangen waren.[174]

Drei Monate vorher war am 1. Mai 1873 – also kurz vor Berthas eigenem 24. Geburtstag – der kleine Eugen auf die Welt gekommen. Sicher war Bertha stolz, dass ihr erstes Kind ein Sohn geworden war, und wahrscheinlich dachte sie nicht mehr daran, wie sehr sie selbst vor vielen Jahren die Eintragung der Mutter über ihre dritte Tochter getroffen hatte. Die Zeit, in die Berthas erster Sohn hineingeboren wurde, war allerdings nicht gerade günstig.

Mit der Reichsgründung hatten die Aktienkurse und Investitionen bis dahin ungekannte Höhen erreicht. Dann aber platzte die Spekulationsblase im sogenannten Gründerkrach: Verunsichert von Gerüchten einer in Paris bevorstehenden Börsenpanik veräußerte die österreichische Kreditanstalt Ende April 1873 in einer Blitzaktion 20 Millionen Gulden in Wertpapieren. Wenige Tage später, am 9. Mai 1873, meldete ein angesehenes Wiener Kommissionshaus Insolvenz an. Allein in Österreich-Ungarn gingen an diesem Tag hundertzwanzig Firmen in Konkurs. Die Aktienkurse stürzten ins Bodenlose, und die Wiener Börse brach zusammen. Im Sommer 1873 erfasste die Krise London und New York, im Oktober 1873 erreichte sie auch Berlin.

Carl hatte mit seiner Firma, die inzwischen als „Eisengießerei und mechanische Werkstätte"[175] firmierte, noch kaum richtig Fuß gefasst. Mit der Krise blieben nun die erhofften größeren Aufträge für den Bau von ganzen Maschinen oder wenigstens Maschinenteilen aus. Immerhin konnte er sich als Schlosser und mit anderen Handwerkerarbeiten sowie mit einigen Erzeugnissen für den Baubedarf recht und schlecht über Wasser halten.[176]

Dabei hatte er gerade versucht, seine Firma auf neue Erzeugnisse umzustellen: Wenige Monate, bevor die Aktien an den Börsen immer mehr an Wert verloren, hatte Carl Benz einen Kredit bei der Rheinischen Hypothekenbank aufgenommen, um seine Werkstatt mit besseren Maschinen auszurüsten und sich stärker auf die Zulieferung von Baubedarf zu konzentrieren.[177] Jetzt waren also nicht nur die jährlichen Zinsen auf den noch nicht getilgten Kaufpreis für das Grundstück abzuzahlen, sondern auch die Kreditzinsen an die Bank.[178] Immerhin konnte Carl nun selbst entworfene „Maschinen zur Blechbearbeitung“ sowie Rohrschellen und anderen Klempner- und Schlosserbedarf auf den Markt bringen. In einem Prospekt aus dieser Zeit pries er eine von ihm selbst entwickelte „Wulstmaschine“ an, mit der man den Rand von Blechstücken eindrehen konnte.[179] Später entwickelte er eine Maschine, mit der man größere Blechstücke rund in Form biegen konnte, um sie als Dachrinnen zu benutzen.[180]

Zum Glück brauchte der junge Familienvater wenigstens keine Miete zu zahlen und das Grundstück reichte auch noch aus, um einen eigenen Gemüsegarten anzulegen. Bertha Benz selbst war in den ersten Lebensmonaten des kleinen Eugen mit der Sorge um ihr Baby, der Einrichtung und Verschönerung ihres kleinen Haushalts und dem Garten voll und ganz ausgefüllt. Das Glück, an der Entwicklung eines neuen Leben teilzuhaben und zu sehen, wie Eugen wuchs und gedieh, verband das junge Ehepaar auf eine ganz neue Weise. Ihre Rollen waren selbstverständlich in der überkommenen Weise aufgeteilt: Carl Benz überließ seiner Frau alles, was das Hauswesen betraf. Sie dagegen kümmerte sich kaum um seine Werkstatt. Etwas anderes wäre beiden wohl nicht einmal im Traum eingefallen.

Aber obwohl Carl Benz sich sehr bemühte, kam er in diesen ersten Jahren ihrer Ehe mit seiner Firma auf keinen grünen Zweig. Wieder lieh er sich Geld, diesmal von einem Pforzheimer Freund, dem Ingenieur Christian Schönemann, der als Kollege neben ihm im Zeichenbüro von Benckiser gesessen hatte.[181]

Inzwischen meldete sich das zweite Kind an. Am 21. Oktober 1874 wurde – anderthalb Jahre nach Eugen – Richard geboren. Die ständige Angst um das liebe Geld, die Arbeit im Haushalt und die

Sorge um das Kleinkind wirkten sich langsam auf Bertha Benz aus. Ihr zweites Kind war nicht so kräftig wie das erste. Zudem wurde Richard in die kalte Jahreszeit hineingeboren, in der die dünnen Wände ihres Häuschens – es bestand aus sogenannten Riegelwänden, bei denen die von Mauerwerk ausgefüllten Balkenstellungen sichtbar waren[182] – kaum die Kälte abhielten. Während Bertha den kleinen Eugen bald nach seiner Geburt im Korbwagen in den Garten hatte stellen können, musste sie Richard bei sich in der Küche lassen, dem einzigen geheizten Raum der kleinen Wohnung. Bald bereitete ihr seine Gesundheit Sorgen, wie man aus einem Brief ihrer Freundin Marie erfährt. Diese Freundin war offenbar ebenso wie Berthas Schwestern nach Amerika ausgewandert. Sie erkundigte sich schriftlich nach Berthas „l.[iebem] Mann u. den l.[ieben] Kindern" und hoffte,

> „sie befinden sich alle recht wohl, auch dein kleiner Richard, von dem du mir schriebst, daß er schwächlich sei, ist nun gewiß kräftiger. Ich nahm mir damals vor, dir gleich zu schreiben, daß meinem Arthur Thran mit Kalk vermischt sehr gut gethan hat. Man kauft diese Medicin schon fertig in den Apotheken. Ich gab sie ihm den ganzen Winter. Doch nun genug für heute, grüße deinen l. Mann u. Kinder vielmal u. sei du selbst tausendmal geküßt von deiner treuen Freundin Marie".[183]

Carl hatte inzwischen seine Möglichkeiten Geld aufzunehmen ausgereizt. Aber immer noch ging es nicht voran. Wieder einmal griff Bertha ein. Sie hielt offenbar regelmäßig brieflichen Kontakt mit ihren Schwestern in Amerika und schrieb Emilie von ihren Problemen. Ob das Angebot von Emilie und Gustav Rümelin ausging – letzterer betrieb in Milwaukee ein florierendes Handelsgeschäft – oder ob Bertha selbst die Schwester darum bat, lässt sich nicht klären, auf jeden Fall erhielt sie vom Schwager viermal jeweils 2500 Gulden auf „Wechselaccepte" als Darlehen auf die zukünftige Erbschaft.[184]

Im oben zitierten Brief schrieb die Freundin Marie übrigens am Ende:

> „Wenn du deine l.[iebe] Mutter triffst, grüße sie bestens von mir, ich hoffe, sie ist noch so rüstig u. munter, wie früher. Nicht wahr

deine Eltern wohnen in Karlsruhe? Gefällt es ihnen dort? U. wer wohnt nun in Eurem hübschen Haus in Pforzheim?"

Marie wusste also noch nicht, dass Berthas Vater am 10. November 1875 in Karlsruhe im Alter von 74 Jahren gestorben war und er das Haus in der Ispringer Straße fünf Monate vorher verkauft hatte.[185] Ein Jahr nach dem Tod von Karl Ringer wurde die Erbauseinandersetzung vom Großherzoglichen Amtsgericht in Karlsruhe beglaubigt. Berthas Mutter erhielt die Hälfte des hinterlassenen Vermögens, während Bertha und ihren Geschwistern jeweils ein Neuntel von der anderen Hälfte des Vermögens zustand. Da dieses sich auf über hundertvierzigtausend Mark belief, fielen an Bertha etwas über siebentausend Mark. Diese Summe hätte der Mannheimer Familie aus allen ihren Problemen geholfen. Doch da waren einerseits die Wechsel, die Bertha an Gustav Rümelin ausgestellt hatte, und andererseits das Geld, das sie schon im Vorgriff auf das Erbe erhalten hatte. Bei der Verrechnung dieser Summen kam schließlich heraus, dass sie ihrer Schwester Emilie in Milwaukee noch über sechshundert Mark sogenanntes „Gleichstellungsgeld" schuldete.[186]

Zum Glück lebte Emilie im fernen Amerika in sicheren wirtschaftlichen Verhältnissen. So forderte sie das Geld nicht sofort zurück. Carls Firma warf zwar genug zum Leben ab, aber die Zinsen auf den Grundstückskauf und den zusätzlichen Bankkredit wollten beglichen sein, und dann war im nächsten Februar auch ein Drittel der restlichen Kaufsumme für das Grundstück fällig. Eine weitere Summe in Höhe des Gleichstellungsgeldes konnten sie einfach nicht abzweigen. Gut war nur, dass Carl gerade einen größeren Auftrag erhalten hatte. Wochenlang war er damit beschäftigt, eine Drehbank zu konstruieren. Die Bestellung kam von einem Fabrikanten in Altenstadt, der damit Schuhleisten herstellen wollte. Die große, eiserne Maschine, die Carl Benz anfertigte, funktionierte übrigens so gut, dass der erfolgreiche Fabrikant seine Firma vergrößern und fünf Jahre später eine zweite Maschine derselben Art in Mannheim ordern konnte.[187]

Wenn Carl Benz zwischendurch in der Firma Leerlauf hatte, brach sich sein Erfindergeist immer wieder Bahn. Er entwickelte eine hydraulische Maschine zum Pressen von Tabaksballen, die von „Fachleuten wohl glänzend begutachtet, aber abgesehen von einzelnen Stücken nicht gekauft“ wurde.[188] Er las in der Zeitung von der Erfindung des Fernsprechers, den Philipp Reis in Frankfurt vorgestellt hatte und mit dem die Übertragung von Tönen mittels Strom möglich war. Weil er von der Sache überzeugt war, steckte er Geld in diese Idee und baute eine solche Anlage. Er verband Haus und Werkstatt mit dem Telefon, das jahrelang einwandfrei funktionierte. Wie bei der Tabakpresse hoffte er natürlich auf Käufer, doch keiner wollte seine Fernsprechanlage erwerben.[189]

So kamen sie, obwohl Carl ein fleißiger Arbeiter war und es ihm an Ideen wirklich nicht mangelte, auf keinen grünen Zweig. Bertha war keine Frau, die viel klagte und jammerte, doch leicht war das Leben in dieser Zeit nicht für sie. Das lässt sich noch aus ihren wenigen kurzen Aussagen aus späterer Zeit entnehmen, wenn sie zum Beispiel erzählt:

> „Das Geld zum Kauf von Metall und Werkzeugen reichte für Papa oft nicht, so daß ich mehrmals in meine Haushaltskasse greifen mußte, um ihm aus der ‚Patsch‘ zu helfen. Eine Nachbarin sagte einmal zu mir: Berta, Du und Dein Carl kommen noch an den Bettelstab und verlieren Hackel und Packel. Aber unser Herrgott hat uns nicht im Stich gelassen.“[190]

Oder:

> „Damit unserem Papa das Geld reichte zum Kauf von Metall usw. war es oft so, daß der letzte Pfennig daran gerückt wurde. Und nach ein paar Tagen kam halt unser Papa wieder und war etwas niedergeschlagen: ‚Hat noch nicht geklappt!‘ So ging das lange fort und heimlich habe ich oft gedacht: ‚Gott im Himmel, wenn das so weiter geht, kommen wir noch wegen der Erfindung, an der unser Papa schafft, an den Bettelstab.‘ Aber unser Herrgott hat uns nicht im Stich gelassen.“[191]

Zwar schließen diese Sätze immer mit großem Gottvertrauen, doch dass Bertha stets so hoffnungsfroh war und nie die Geduld verlor, darf mit Fug und Recht bezweifelt werden. Tatsächlich muss sie zeitweise die sehr berechtigte Angst gehabt haben, wirklich „am Bettelstab“ zu landen. Carls Freund aus Pforzheim verlangte nämlich sein Geld zurück und obwohl es sich um keine große Summe handelte, konnten sie diese Schulden nicht aus dem laufenden Betrieb abzweigen. So vertröstete Carl seinen Freund immer wieder von Neuem. Aber das Verhältnis wurde immer gespannter. Bertha versuchte das Geld irgendwie aufzutreiben. Sie fragte die Mutter in Pforzheim, doch die konnte ihr nicht mehr helfen. Als Witwe musste sie noch Berthas jüngste Geschwister durchbringen: Die kleineren Brüder, Herrmann und Julius Oscar, waren beim Tod des Vaters erst elf und dreizehn Jahre alt gewesen und gingen noch zur Schule. Außerdem war Berthas jüngste Schwester, Thekla, noch nicht verheiratet. Sie musste doch auch eine Mitgift bekommen. Nach Amerika mochte Bertha sich nicht mehr wenden, schließlich hatte sie immer noch Schulden bei Emilie.

Schönemann wartete in Pforzheim zwar eine Zeit lang auf sein Geld, schließlich aber riss ihm doch der Geduldsfaden. Er hatte geheiratet und wollte selbst investieren. Der von ihm mit dem Fall beauftragte Anwalt klagte gegen Carl Benz und gewann den Prozess am 2. März 1876. Die fällige Summe wurde inklusive der Zinsen und der Prozesskosten zwei Wochen später in das Pfandbuch der Stadt Mannheim eingetragen. Vierzehn Tage danach wurde die Liquidierung der Schuld für vollstreckbar erklärt und Anfang Mai die Zugriffsverfügung auf das Eigentum von Carl Benz herausgegeben.[192] Jetzt hing das Damoklesschwert dicht über den Köpfen des jungen Ehepaares. Die Zwangsvollstreckung – also die öffentliche Versteigerung – ihres Eigentums konnte nicht mehr lange auf sich warten lassen. Und das alles wegen der im Grunde nicht sehr hohen Schulden bei dem früheren Freund!

Die nächsten zwölf Monate lebten Carl und Bertha Benz mit der ständigen Drohung, Haus und Hof zu verlieren. Nach Weihnachten fühlte Bertha sich zum dritten Mal schwanger. Es ist anzunehmen, dass diese Schwangerschaft anders war als die vorhergehenden und dass Bertha in diesem Jahr darunter mehr litt als bei ihren Söhnen Eugen und Richard. Carl Benz verhandelte inzwischen immer wieder mit seiner Bank, die als Gläubigerin über den Vollstreckungsbescheid mitbestimmen konnte. Eine Zeit lang sah es so aus, als ob man auch dort auf seinem Recht an dem Firmengelände bestehen würde. Das wäre das Ende der „Mechanischen Werkstatt" gewesen. Carl hätte damit jede Möglichkeit verloren, die eigene

Existenz durch selbständige Arbeit zu sichern. Er hätte eine untergeordnete Stellung annehmen müssen und mit dem Leben im eigenen Häuschen auf eigenem Grund und Boden wäre es auch vorbei gewesen.

Doch dann kam eine Wende zum Besseren. War es ein neuer großer Auftrag oder hatte Carl seine Geldgeber davon überzeugen können, dass seine Idee, einen neuen Motor zu bauen, gute Aussichten auf finanziellen Erfolg bot? Es ist nicht ganz klar, was die Bank zu der Annahme brachte, dass Carls Betrieb lebensfähig genug war, um die aufgehäuften Schulden in angemessener Zeit zu begleichen. Offenbar aber ließen sich die Bankbeamten davon überzeugen, dass die Firma auf sicheren Füßen stand und in Zukunft weiter an Boden gewinnen würde. Sie verzichteten vorläufig auf ihren Anteil an der Vollstreckung, so dass das Darlehen aus dem Pfandbuch ausgetragen werden konnte. Schönemann dagegen focht seine Forderung bis zum bitteren Ende durch. Am 14. Juli 1877 teilte der Pfandbuchführer dem Vollstreckungsbeamten mit, dass auf der Liegenschaft von Carl Benz „keine Grundlasten und Dienstbarkeiten" lägen und damit „dem Eintritt der Steigerer in den Besitz kein Hinderniß im Wege" stünde.[193] Da jetzt nur noch die Schulden an Schönemann zu begleichen waren, verzichtete man auf die Versteigerung der Liegenschaft und begnügte sich mit der Versteigerung der Maschinen in Carls Werkstatt. Diese fand Ende Juli statt.[194]

Bertha war zu diesem Zeitpunkt hochschwanger. Die Aufregung um die Zwangsversteigerung dürfte das Ihre dazu beigetragen haben, dass die Wehen einsetzten und das Kind schon am 1. August 1877 auf die Welt kam. Es war eine Tochter, die Klara genannt wurde. War dieses Kind, das in eine so unglückliche Lage hineingeboren wurde, den Eltern genauso willkommen wie seine älteren Brüder? Die Umstände waren jedenfalls außerordentlich belastend. Wie bitter muss es Carl Benz angekommen sein dabei zuzusehen, wie auf seine Maschinen geboten wurde und fremde Leute sie abmontierten und wegschafften.[195] Diese Maschinen waren sein Leben und seine Investition in die Zukunft gewesen. Nun stand er mit leeren Händen da und musste seine Arbeit wieder mit den einfachsten Werkzeugen und der eigenen Körperkraft ausführen. Bertha hat in Interviews nicht oft über diese Zeit gesprochen. Doch einmal und zwar gerade in der Stunde, als das Lebenswerk ihres

Mannes in Mannheim mit einem Denkmal geehrt wurde, überwältigte sie die Erinnerung an diese schwere Zeit und sie erzählte:

> „Meinem Mann wurden wegen einer kleinen Schuld alle Werkzeuge und Drehbänke gepfändet und weggeholt; es blieb ihm keine einzige Bohrmaschine mehr; er musste, wenn er überhaupt noch arbeiten wollte, mit der Brustleier arbeiten." Diese Tage „seien so verzweiflungsvoll gewesen", sagte Bertha Benz, „daß sie auch heute noch nur mit einem Albdruck daran zurückdenken könne; darum habe sie auch noch nie darüber gesprochen."[196]

Dabei muss man daran erinnern, dass die Brustleier – oder, wie sie damals auch genannt wurde, der „Draufbohrer" oder die „Bohrwinde" – eine nicht allzu große Bohrmaschine war, die oben über einen breiten Knopf oder eine Eisenplatte verfügte. Damit stützte man sie auf der Brust ab und konnte so, während man mit der Kurbel den Bohrer an der Spitze drehte, einen gehörigen Druck auf das eiserne Werkstück, das gerade in Arbeit war, ausüben.[197] Auf diese Art ein Loch oder sogar eine größere Öffnung in ein Metallstück zu bohren, kostete Kraft und Schweiß und dauerte natürlich viel länger als die Arbeit mit einer Standbohrmaschine, besonders wenn letztere mit Dampf angetrieben wurde. Carl Benz musste also praktisch wieder bei Null anfangen.

Man kann sich leicht ausmalen, in welch bedrückter, wütender und zugleich trauriger Stimmung Bertha und Carl Benz die folgende Zeit verbrachten. War es in diesem Moment, dass Carl Benz sich vornahm: „Jetzt erst recht"? Oder war es Bertha, die sich nicht die Zuversicht rauben ließ und ihn immer wieder darin bestärkte, trotz allem mit seinen Plänen weiterzumachen? Bertha schrieb später in ein Exemplar von Carls Biographie als Widmung den Wahlspruch ihres Mannes: „Beharrlichkeit führt zum Ziel".[198] Und beharrlich hielt das junge Paar trotz aller Widrigkeiten an seinen Plänen und Zielen fest. Denn selbst jetzt wurde der Traum von einem selbstfahrenden Wagen nicht aufgegeben. Bertha erinnerte sich später:

> „1872 haben wir geheiratet. Da kamen dann die Sorgen des Lebens: der Gedanke mit dem Wagen ruhte dann einige Jahre. Aber gedacht muß er doch viel daran haben. Von 1874 an hat er

angefangen, Zeichnungen zu machen: Dampfrohre, Dampfkessel und so etwas, aber immer nur, damit er damit ganz allein fahren könnte. Wir haben dann dauernd über seine Pläne gesprochen. So wurde ich dann sehr vertraut mit aller Technik. Und dann hieß es eines Tages bald: es kommt überhaupt nur der Gasmotor für so einen Wagen in Frage."[199]

Zweierlei macht diese Aussage klar: Zum einen ließ die Idee eines selbstfahrenden Wagens den Erfindergeist von Carl Benz die ganze Zeit über nicht in Ruhe. Zum anderen hatte Bertha Benz inzwischen an allem teil, was ihr Mann in seiner Werkstatt plante und ausdachte. Im Laufe der Zeit war sie immer mehr mit seinem Metier vertraut geworden, nahm durch ihn an der technischen Entwicklung im Maschinenbau teil und konnte seine Pläne verstehen und eigene Ideen dazu beisteuern. Offensichtlich durchbrach sie mit ihrer Wissbegier das für sie als Frau vorgesehene Rollenmuster der reinen Hausfrau und Mutter. Da sie schnell lernte, stieg sie – wahrscheinlich ohne viel darüber nachzudenken und vielleicht auch notgedrungen – tief in den Betrieb ihres Mannes ein. Möglicherweise rief er sie so manches Mal aus der Wohnung in die Werkstatt herüber, wenn er eine weitere Hand brauchte, um ein Werkstück zu bearbeiten, und erklärte ihr dabei zugleich, was er gerade machte. So bezog er sie immer mehr in seine Pläne und technischen Ideen ein. Später sprach man von ihr sogar als von seinem „Werkmeister"[200].

So wurde im 19. Jahrhundert in den Fabriken jene für die Betriebe wichtigen Arbeiter genannt, die meist aus der Arbeiterschaft aufstiegen und sozusagen die Schnittstelle zwischen Angestellten und Arbeitern bildeten. Sie zeichneten sich durch praktische Erfahrung und Geschicklichkeit, Organisations- und Durchsetzungsfähigkeit sowie langjährige Treue und Loyalität aus und waren in ihrem Betrieb sehr mächtig: Sie konnten über Einstellung und Entlassung von Arbeitern entscheiden, wiesen diese ein und lernten sie nötigenfalls an, teilten die Arbeit zu, wachten über deren Qualität und über die Einhaltung der Fertigstellungstermine, kontrollierten die Disziplin, das persönliche Verhalten und die Trinkgewohnheiten, konnten Arbeiter für Prämien oder Urlaub vorschlagen und Strafen verhängen. Werkmeister waren das Organisations- und Befehlszentrum, also die „Obrigkeit" für die Arbeiter.[201] Es scheint so, als ob diese Berufsbezeichnung Bertha Benz sehr gut charakterisierte.

2. Der Gasmotor

Spätestens durch die Zwangsversteigerung muss Bertha klar geworden sein, dass sie sich mehr um die finanziellen Angelegenheiten der „Mechanischen Werkstatt" kümmern musste, wenn sie ein solches Debakel nicht noch einmal erleben wollte. Ganz offensichtlich war Carl zwar ein großartiger Techniker und ein noch viel besserer Erfinder, aber von der praktischen Seite, vom Rechnungsschreiben und Geschäftemachen, verstand er zu wenig. Oder soll man sagen, dass er weder Kapazitäten dafür frei hatte noch wirklich daran interessiert war?

Aber wie sollte es nun weitergehen? Natürlich waren da auf der einen Seite die Aufträge, die weiterhin in unterschiedlichen Abständen einliefen und so schnell wie möglich ausgeführt werden mussten, damit Geld in die Kasse kam. Daneben aber muss die Idee, einen Gasmotor zu konstruieren, der klein und leicht genug war, um ihn auf einem Wagen zu montieren, den Erfinder geradezu elektrisiert haben. Der Gedanke, sich fortan so stark wie möglich auf die Verbrennungsmotoren zu konzentrieren, war ihm wahrscheinlich schon im Vorjahr gekommen, als die ersten Berichte über einen neuen Viertaktmotor von Nikolaus August Otto veröffentlicht wurden, der mit der Verdichtung des Gas-Luftgemisches arbeitete.[202] Dieser Motor musste noch auf ein festes Fundament aufgeschraubt werden, da bei ihm „mit dem Emporschießen des Kolbens ein starker Rückstoß auf den Cylinderboden verknüpft" war. Außerdem verursachte er ein „heftiges Geräusch beim Gange, und die entweichenden verbrannten Gase sind dem Athmen der Arbeiter nicht zuträglich, weshalb sich ihre Aufstellung in den Arbeitsräumen selbst" nicht empfahl.[203]

Ein kleinerer Gasmotor, der überall dort aufgestellt werden konnte, wo er gerade gebraucht wurde, konnte also ganz neue Nutzungsmöglichkeiten eröffnen und besaß damit das Potenzial zum wirtschaftlichen Erfolg. Und den brauchte Carl Benz für sein weiteres Fortkommen ebenso dringend wie für seine anwachsende Familie. Aber es gab einen Haken: 1877 wurde das Kaiserliche Patentamt in Berlin ins Leben gerufen und Otto ließ sich seinen Motor dort sofort patentieren. Sein neues Patent schloss das Viertakt-Prinzip mit ein.[204] Damit war für Carl Benz klar, dass er keinen Viertaktmotor bauen konnte, ohne Lizenzgebühren zahlen zu müssen, und die konnte er sich nicht leisten. Seine eigenen Entwürfe, die auf diesem Prinzip basierten, waren nur noch für den Papierkorb gut.

Der Winter 1877/78 war eine furchtbare Zeit im Leben von Bertha und Carl Benz. Berthas Mann stand nur noch in der Werkstatt und arbeitete für den Lebensunterhalt der Familie – immer noch ohne die Unterstützung von Maschinen. Er nahm alles in Angriff, womit er irgendwie Geld zu verdienen können glaubte. Sein Sohn Eugen Benz erzählte später in einem Interview, sein Vater sei immer aufgeschlossen gewesen:

> „Er hatte immer Interesse für technische Sachen, für Maschinen, ob das nun Telefon war, oder Photografie, oder Blechwalzmaschinen oder Diamantschneidmaschinen, oder was es nur war. Diamantschneidmaschinen, die hat er auch früher geliefert, nicht unter der Firma Benz & Cie, sondern in seinem Geschäft, das er vorher selbst betrieben hat, ohne Compagnons."[205]

Trotzdem reichte es hinten und vorne nicht. Eugen, der Älteste, war inzwischen vier Jahre alt, Richard ein Jahr jünger und Klara ein Baby, dem die 28-jährige Bertha noch die Brust gab. Natürlich sollten die Kleinen möglichst wenig davon merken, wie sehr die Sorgen um das tägliche Brot ihre Eltern niederdrückten. Aber so manchen Abend, wenn die Kinder eingeschlafen waren und Carl noch in seiner Werkstatt stand, muss Bertha von ihrer Angst und der Aussicht auf eine düstere Zukunft in Armut und Not schier überwältigt worden sein.

Carl war jetzt 33 Jahre alt, Vater von drei Kindern und relativ glückloser Inhaber einer kleinen Werkstatt für Maschinenbau und technische Arbeiten. Nach mehr als einem Jahrzehnt fleißiger Arbeit hatte er gerade seinen ganzen Maschinenpark verloren und einen Haufen Schulden bei der Bank. Um diese Scharte in seinem Leben wieder auszumerzen und der Welt und besonders seiner jungen Frau und ihrer erfolgreichen Familie in Pforzheim und Amerika zu zeigen, dass er mehr konnte, als nur Schulden zu machen, musste er sich jetzt doppelt und dreifach anstrengen. Er begann wie ein Besessener auch noch nachts in seiner Werkstatt zu schuften, um einen eigenen Verbrennungsmotor zu entwickeln und auf den Markt zu bringen. Dieser neuartige Motor sollte sein Königsweg zum Erfolg werden. Anstelle des patentgeschützten Viertaktverfahrens arbeitete er an einem Motor, der mit nur zwei Schritten die gleiche Leistung erbrachte. Für ihn ging es darum, in seiner neuen Maschine

> „alle Eigenschaften der damaligen Viertaktmotoren mit dem zusätzlichen Vorteil zu vereinigen, daß das Arbeitsverfahren auf zwei ‚Takte' konzentriert war und die Explosion eines komprimierten Gasgemisches bei *jeder* Umdrehung der Kurbelwelle erfolgte".[206]

Im Gegensatz dazu kommt bei einem Viertaktmotor „auf zwei Kurbelumdrehungen, also auf einen Kolbenhub, nur eine Kraftäußerung", wie es in einem zeitgenössischen Bericht beschrieben wird,

> „und zwar ist das Verfahren in der Weise eingerichtet, daß beim ersten Ausschube des Kolbens ein entzündbares Gemisch von Luft und Gas in den Cylinder eingesaugt wird, daß beim Rückschube im Arbeitscylinder eine Verdichtung dieses Gemisches stattfindet, welches beim nunmehrigen Hubwechsel entzündet wird, damit das entzündete Gemisch während des dritten Kolbenhubes kraftäußernd wirken kann; der nun folgende Rückschub befördert die verbrannten Gase zum Theile aus dem Cylinder …"[207]

Auch wenn Bertha sich in dieser Zeit nicht immer sicher gewesen sein kann, ob die Erfindung eines ganz neuen und eigenständigen Gasmotors wirklich der richtige Weg war, so unterstützte sie ihren Mann doch ununterbrochen in seiner Arbeit. Gegen alle Vernunft muss sie zutiefst davon überzeugt gewesen sein, dass in dieser Erfindung der Schlüssel zum Erfolg lag. Doch sie mussten eine lange Durststrecke überwinden. Wie schon oben erwähnt, gab Bertha so manches Mal ihr letztes Haushaltsgeld daran, wenn wieder etwas nicht geklappt hatte und Carl neues Material brauchte. Und sie hörte ihm jedes Mal wieder geduldig zu, wenn er ihr darlegte, warum die-

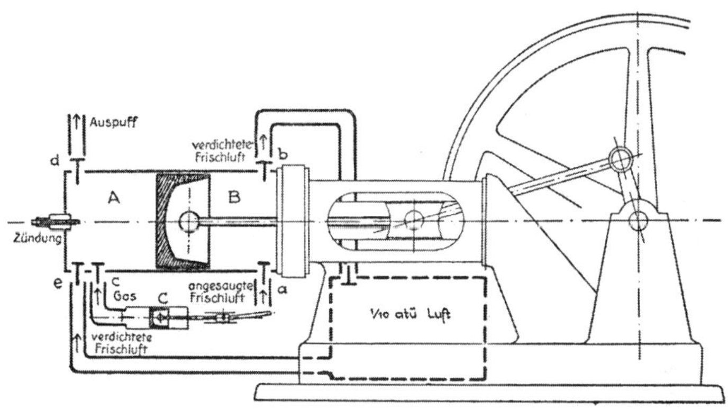

Längsschnitt durch den Zweitaktmotor. Zeichnung aus der „Lebensfahrt" von Carl Benz, 1925.

ses oder jenes nicht so gelaufen war, wie er es geplant hatte, und ihr ausführlich erklärte, was dieses Mal gerade schiefgelaufen war und wie sein Motor doch noch funktionieren könnte. Das nächste Mal, mit dieser oder jener Änderung, würde er ihn ganz bestimmt zum Laufen bringen! Und wenn der Motor dann wieder keinen Ton von sich gab oder nur kurz einmal spuckte und wieder verstummte, dann – so erinnerte sich Bertha in einem Gespräch – mussten

> „ich und die Kinder … manche Verstimmungen unseres Paps hinnehmen, denn mit den Plänen war es so eine Sache, es klappte halt nicht gleich alles und lange Zeit mußte probiert werden und oft wollte er verzagen." In diesem Gespräch fiel Carl Benz seiner Gattin ins Wort und sagte: „Mamma, wenn du nicht gewesen wärst, wer weiß, wie das alles gekommen wäre!"[208]

Es war ein weiter Weg vom Entwurf am Zeichentisch zur Verwirklichung von Carls Vorstellungen in Eisen und Stahl. Auch das folgende Jahr verging mit unermüdlichen Versuchen mit dem neuen Motor, die Bertha treu begleitete. Wie oft stand sie bei ihrem Mann in der Werkstatt, wenn er wieder versuchte, den Motor in Gang zu setzen, und hoffte mit ihm, dass es dieses Mal endlich klappen möge? Wie oft waren beide wieder enttäuscht, weil es mit der Zündung zum tausendsten Mal nicht funktioniert hatte? Mehrere Male hat Bertha später in jeweils ähnlichen Worten über diese Zeit berichtet.[209] Einmal wies sie dabei auch darauf hin, wie schwer es für sie war, wirklich an ihren Mann zu glauben und ihn zu unterstützen und wie tief sie sich durch „wohlmeinende“ Aussprüche von Freunden und Bekannten verletzt fühlte:

> „Einmal wurde ich doch auch mißtrauisch gegen unsern Pap, d. h. mehr gegen seine Erfindung. Eine Bekannte sagte eines Tages zu mir: ‚Der Erfindungsdusel und die fixen Ideen, denen ihr nachjagt, bringen euch doch noch um Hackel und Packel und, was übrig bleibt, wird sein Spott und Hohn.‘ Nicht nur etwas mißtrauisch wurde ich, es tat mir weh. Aber im Stich gelassen habe ich unsern Pap nicht. Ein felsenfestes Gottvertrauen und mein Stolz: Unser Papa ist tüchtig, trugen mich über viele, viele Hindernisse hinweg.“[210]

Carl Benz beschrieb seinen Weg später als das „Glück der zähen, unverdrossenen Arbeit, die im systematischen Verfolgen eines Zieles das Pendel schließlich zum Schwingen bringt“.[211] Die beiden Jahre nach 1877 waren ganz offensichtlich von dieser zähen und systematischen Suche nach Lösungswegen erfüllt. Dann aber kam der berühmte Silvesterabend des Jahres 1879, von dem Carl Benz in seiner Biografie erzählt:

> „Ich weiß es noch so gut wie heut. Es war an einem Silvesterabend. Den letzten Groschen hatten wir bei den langwierigen Versuchen hineingesteckt in den embryonalen Zweitakter. Und die Sorge stand vor der Tür. Sovielmal wir auch die Maschine schon ‚angedreht‘ hatten, sooft wurden unsere hochgespannten Hoffnungen und Erwartungen von dem ‚Taktlosen‘ zerstört. Nach dem Nachtessen sagte meine Frau: ‚Wir müssen doch noch einmal hinüber in die Werkstätte und unser Glück versuchen. In mir lockt etwas und läßt mir keine Ruhe.‘
>
> Und wieder stehen wir vor dem Motor wie vor einem großen, schwer enträtselbaren Geheimnis. Mit starken Schlägen pocht das Herz. Ich drehe an. Tät, tät, tät! antwortet die Maschine. In schönem, regelmäßigem Rhythmus lösen die Takte der Zukunftsmusik einander ab. Über eine Stunde schon lauschen wir tiefergriffen

dem einförmigen Gesang. Was keine Zauberflöte der Welt zuwege gebracht hatte, das vermag jetzt der Zweitakter. Je länger er singt, desto mehr zaubert er die drückend harten Sorgen vom Herzen. In der Tat! War auf dem Herweg die Sorge neben uns hergegangen, so ging auf dem Rückweg die Freude neben uns her. Auf die Glückwünsche der Welt konnten wir an diesem Neujahrsabend verzichten. Denn wir hatten ja das leibhaftige Glück an der Arbeit gesehen in unserer ärmlich kleinen Werkstätte, die an diesem Abend zur Geburtsstätte eines neuen Motors wurde.
Lange noch standen wir aufhorchend im Hofe und immer noch zitterte es verheißungsvoll durch die Stille der Nacht: Tät, tät, tät! – Auf einmal fingen auch die Glocken zu läuten an. Silvesterglocken! Uns war's, als läuteten sie nicht nur ein neues Jahr, sondern eine neue Zeit ein, jene Zeit, die vom Motor den neuen Pulsschlag empfangen sollte."[212]

Man muss bei dieser blumigen Schilderung sicher bedenken, dass Carl Benz sie nicht selbst verfasst hat, sondern dass sie von seinem Schwiegersohn Karl Volk stammt, der viel von seinem persönlichen Pathos hat einfließen lassen.[213] Dennoch berührt diese Schilderung, scheint in ihr doch ein Moment von höchster Befriedigung, Hoffnungsfreude und Glück auf, wie ihn Menschen nur selten einmal erleben dürfen. Beiden – sowohl Carl wie Bertha Benz – muss in diesem Augenblick bewusst geworden sein, dass der Wendepunkt gekommen war. Ihre Zukunft würde von nun an nicht mehr aus ständiger Geldnot und Angst um das tägliche Brot bestehen!

Allerdings gab es noch eine ganze Reihe von Schwierigkeiten zu überwinden. Der neue Motor lief zwar, aber es gab doch noch viel zu ändern und zu verbessern, um ihn bis zur Serienreife durchzukonstruieren. Dabei steckte schon jetzt ihr ganzes Geld in diesem ersten Modell. Sie brauchten dringend neue finanzielle Mittel, am besten einen potenten Geldgeber, der ihnen über diese letzte Durststrecke hinüberhalf. Carl führte in den folgenden Wochen jedem seine Maschine vor, der nur irgendein Interesse daran bekundete. Seine Bekannten in Mannheim waren alle begeistert. Aber leider waren sie nicht bereit, ihr Kapital in seine Unternehmung zu investieren.[214] Dazu war die ganze Sache denn doch noch zu unsicher. Wusste man denn, ob man damit wirklich ein Vermögen machen konnte? So richtig erfolgreich war dieser junge Unternehmer bisher ja nun gerade nicht gewesen, nicht wahr?

Aber Carl Benz ließ nicht locker und immer, wenn ihm der Mut sank, stand seine junge Frau hinter ihm und spornte ihn von Neuem an. Und es gab auch einen ersten Erfolg: Seine Vorrichtung zum Schmieren des Motors wurde vom Kaiserlichen Patentamt in Berlin gesetzlich geschützt. Dieses neue System bewirkte „durch zwei einander entgegenschließende Ventile, die unter sich fest verbunden sind, den stetigen Zufluß des Öles während des Ganges der Maschine".[215] Damit konnte der Zylinder also anders als bisher verlässlich mit dem wichtigen Schmiermittel versehen werden und das war eine Grundvoraussetzung für den sicheren Betrieb. Denn der Kolben musste im Zylinder reibungslos auf und ab laufen, wenn er nicht klemmen und damit einen kapitalen Motorschaden verursachen sollte. Aus dieser „Öltropfvorrichtung" würde sich sicher wirtschaftliches Kapital schlagen lassen. Trotzdem war immer noch kein Geldgeber in Sicht. Schließlich aber half ein Zufall dem Erfinder weiter.

> „Da kam eines Tages Hofphotograph Bühler zu mir. Der hatte sich schon an viele Fabriken und Werkstätten der verschiedensten Städte gewandt, um für eine Art Satiniermaschine hochfein polierte Stahlplatten zu bekommen. Vergebens!
> Was anderen nicht gelungen war, mir hatte es keine allzu großen Schwierigkeiten gemacht. Ich konnte ihm Platten liefern, die ihm für seine Zwecke ausgezeichnete Dienste leisteten. Dadurch bekam der Mann Vertrauen zu mir und fing an, sich auch für meine neue Produktionsidee – den Gasmotor – zu interessieren."[216]

Was noch wichtiger war: Jetzt glaubte nicht mehr nur Bertha, sondern auch der Fotograf Emil Bühler an den Erfinder und dessen zukünftigen Erfolg. Bühler setzte eine Art wöchentliches Gehalt als Vorschuss aus. Natürlich führte er genau Buch, denn er gab sein Geld nicht aus reiner Menschenfreundlichkeit her und hatte selbstverständlich die eigene Beteiligung an den späteren Gewinnen aus der Serienfertigung des Motors im Auge.

Immerhin konnte Carl Benz sich jetzt – ohne Sorge um das tägliche Brot – voll und ganz seinen Entwürfen und Berechnungen widmen. Im Juli 1881 war es soweit: Hoffnungsfroh schrieb er fein säuberlich mit eigener Hand seine Eingabe an das Berliner Patentamt, in der er seine neue Gaskraftmaschine genau beschrieb. Das Amt sollte den rechtlichen Schutz vor Nachahmung durch andere aussprechen. Doch Carl Benz sollte enttäuscht werden. Schon am 3. August kam der Bescheid, dass seiner Anmeldung für ein Patent auf „Neuerungen an Gaskraftmaschinen“ nicht stattgegeben werden könne, weil der Patentanspruch

> „zu allgemein gehalten ist und auf bekannte Konstruktionen paßt; derselbe ist durch Angabe der angewandten Mittel zu beschränken, wobei zu beachten ist, daß weder die Anwendung einer Gasspeisepumpe noch die Benutzung des hinteren Zylinder-Endes als Luftverdichtungspumpe neu ist.“[217]

Trotz dieser Enttäuschung ließ Carl Benz sich nicht mehr beirren. Er war von seiner Erfindung überzeugt genug, um vorerst auf das deutsche Patent zu verzichten. So arbeitete er weiter an seinem Motor, bis dieser im Spätherbst 1881 leistungsfähig genug war, dass eine Serienherstellung in Angriff genommen werden konnte. Bald wurden die ersten Motoren verkauft und der Erfinder war fast nur noch damit beschäftigt, in Mannheim herumzuwandern und helfend einzuspringen, wenn irgendwo ein Motor stehengeblieben war und der Besitzer nicht weiter wusste. Der Monteur Jacob Schmidt, der im selben Jahr eine Lehre in der Firma von Carl Benz antrat, erzählte:

> „Als ich zu Benz ging und nach Arbeit fragte, stand dieser wie seine anderen Leute auch an der Werkbank. Er stellte mich ein. In der ersten Zeit hatten wir viel mit Reparaturen an stationären Motoren in der Stadt zu tun. Ich lief dann mit der Werkzeugkiste auf dem Rücken hinter Meister Benz einher. Der sagte oft zu mir: „Allons, mach vorwärts mit deine kurze Bein!“[218]

Natürlich wohnte die Familie in dieser Zeit immer noch in dem kleinen Anbau neben der Werkstatt. Auch die Werkstatt selbst war mit ihren ungefähr 20 Metern Länge und 8 Metern Breite damals nicht besonders groß.[219] In dem angebauten Häuschen teilten sich die beiden acht- und sechseinhalbjährigen Jungen das eine Zimmer, und die Eltern schliefen zusammen mit der kleinen Klara in dem anderen. Das tägliche Leben der Familie spielte sich in der Küche ab. Dort am Esstisch wurden nicht nur die gemeinsamen Mahlzeiten eingenommen: Bei schlechtem Wetter saßen die Kinder daran und spielten oder bastelten. Und als Eugen Ostern 1879 in die Schule kam,[220] krakelte er selbstverständlich auch seine ersten Buchstaben an diesem Tisch mit dem Griffel auf seine Schultafel. Abends dann, wenn die Kinder im Bett waren, stellte Bertha die Petroleumlampe auf den Tisch und nahm sich den Strickstrumpf vor oder die Socken, die stets von Neuem durchlöchert waren, während Carl an seinem Zeichentisch in der Werkstatt stand oder mit ihr am Tisch saß und seinen Schreibkram erledigte.

In dem Interview, das Axel Schildberger 1956 mit Eugen und Klara Benz sowie dem ehemaligen Meister Pfanz führte und aus dem schon oben zitiert wurde, fragte er unter anderem auch suggestiv nach, wie denn der Vater in dieser Zeit war und ob er, wenn große Schwierigkeiten auftraten, „barsch, deprimiert, unverzagt [war] oder wie war er denn? Und wie war die Mutter?" Der Sohn, der immerhin selbst schon im hohen Alter von 83 Jahren stand, antwortete darauf gelassen: „Ja, das kann ich nicht mehr sagen. Das hat sich wohl auf die Frau, meine Mutter ausgewirkt. Die Kinder haben das nicht so gefühlt und nicht so fühlen sollen." Seine Schwester Klara Unger, die bei diesem Interview dabei war, kam insgesamt kaum und zu diesem Thema gar nicht zu Worte.[221]

Beides kann man als typisch für das Verhalten bürgerlicher Familien in dieser Zeit ansehen: Man sprach vor fremden Leuten nicht über private Beziehungen und man breitete schon gar nicht seine „schmutzige Wäsche" vor der Öffentlichkeit aus oder „beschmutzte sein Nest", indem man Ereignisse oder Verhaltensweisen ausplauderte, die als negativ eingeschätzt wurden. Heftigere Auseinandersetzungen und Streitereien wurden sowieso auf keinen Fall vor den Ohren der Kinder ausgetragen und noch viel weniger wurden sie an das Licht der Öffentlichkeit gezerrt. Noch in diesem Interview wirkt sich also die Erziehung der Mutter aus, die ihren Kindern jenen bürgerlichen Anstandskodex beibrachte, an den sie sich auch in hohem Alter noch hielten.

Man kann sich vorstellen, dass Bertha Benz eine Mutter war, die es nicht duldete, dass ihre Kinder ihr „auf der Nase herumtanzten".

Wie sie es aus ihrer eigenen Kindheit gewohnt war, hielt sie trotz aller Liebe auch bei ihren Kindern ein strenges Regiment aufrecht und setzte ihren Willen manchmal auch mit Strafen durch.[222] Wie sehr die Kinder diese Strenge und auch den Geldmangel, der in ihrer Jugend herrschte, verinnerlicht haben, zeigt vielleicht eine kleine Anekdote, die von der Enkelin Marga Grimm, der Tochter von Thild Volk, erzählt wird. Sie sagte noch in hohem Alter, dass es bei ihren – seltenen – Besuchen in Ladenburg „dort für die Kinder streng zuging" und diese „von der Großmutter gemaßregelt" wurden und „sich an die Etikette halten" mussten, während sie zu Hause in Überlingen „frei und fröhlich leben konnten".[223] Als sie einmal wieder mit ihrer Mutter bei der Großmutter waren, war das Obst in dem großen parkartigen Garten gerade reif. Die Großmutter erlaubte ihnen, die Früchte zu sammeln. Die Mutter aber ermahnte sie daraufhin, sie „sollten sich nicht die besten Früchte nehmen, … sondern nur solche, die schon faule Stellen hätten." Sie hielten sich brav an diese Vorschrift, doch die Großmutter schlug die Hände über dem Kopf zusammen, als sie das sah, und fragte: „Wieso esst ihr ausgerechnet das schlechte Obst?"[224] Auch als Erwachsene hatte Thild Volk also die Strenge und Sparsamkeit aus ihrer eigenen Kinderzeit noch so verinnerlicht, dass sie diese im Machtbereich der Mutter fast automatisch an ihre eigenen Kinder weitergab.

Bertha Benz war in den Jahren, bevor die Produktion von Gasmotoren richtig in Gang kam, vollauf mit der Versorgung ihrer fünfköpfigen Familie beschäftigt. Die Kinder sollten nicht mitbekommen, wie schlecht es wirtschaftlich um sie stand. Deswegen nutzte Bertha die Grundstücksfläche, soweit es irgend ging, als Gartenland aus, baute dort selbst Gemüse an und versuchte immer, so günstig wie irgend möglich einzukaufen und alles bis zum letzten Rest zu verbrauchen und wiederzuverwerten, was sich in ihrem Vorratsschrank befand. Sie konnte es sich einfach nicht leisten, etwas wegzuwerfen oder vergammeln zu lassen. Wie gut, dass bei ihnen zu Hause in Pforzheim trotz des guten Einkommens des Vaters nie der Überfluss geherrscht hatte. Die Mutter war stets sparsam gewesen und hatte darauf verwiesen, dass das Geld schließlich für die elfköpfige Familie reichen müsse. Jetzt setzte Bertha alle ihre Erfahrung, Geschicklichkeit und Intelligenz ein, damit das, was Carl einnahm, wenigstens für die Kinder reichte. Selbstverständlich nähte sie auch die Kleider für ihre Kleinen selbst. Und trotz der Armut, die in ihrem Haus herrschte, setzte sie allen ihren Ehrgeiz darein, dass ihre Kinder immer sauber waren und ordentlich angezogen herumliefen.

Als am 2. Februar 1882 das vierte Kind der Familie Benz, die kleine Mathilde, geboren wurde, hatten sich die düsteren Wolken zwar noch nicht ganz vom Himmel verzogen, doch es ging langsam aufwärts. Im Elternschlafzimmer rückten sie noch etwas enger zusammen, damit auch Mathildes Babykörbchen und später dann ihr Kinderbett darin Platz hatten. Doch die Werkstatt bot bald nicht mehr genug Raum für die Herstellung der neuen Motoren, die für den Betrieb von Pumpwerken bestellt wurden und mit einer einzigen Pferdestärke noch relativ schwach waren. Schon im Vorjahr hatte Carl den Eintrag im Mannheimer Adressbuch abändern lassen. Er firmierte nun als „Mannheimer Gasmotorenfabrik“[225]. Um den Verkauf seiner Motoren kümmerte er sich allerdings nicht selbst, sondern schloss zusammen mit seinem Geldgeber einen Vertrag mit einem externen Kaufmann.

Doch leider brachte dieser lange nicht so viele Aufträge herein wie erhofft, so dass Emil Bühler langsam kalte Füße bekam, weil der große Gewinn immer noch ausblieb. Inzwischen stand Carl Benz bei ihm mit einem Betrag von über 30.000 Mark in der Kreide. Bühler drängte nun darauf, eine Aktiengesellschaft zu gründen. Carl Benz sollte in sie sein bisher von ihm allein betriebenes Geschäft mit dem – von Bühlers Geld inzwischen wieder angeschafften – Maschinenpark einbringen. Einen Monat nach Mathildes Geburt, am 1. März 1882, unterschrieb Carl mehr oder weniger gezwungen den entsprechenden Vorvertrag, da die weitere Unterstützung von Bühler nur noch spärlich floss.

Im Hof vor der Werkstatt stand ein Kastanienbaum, auf den die Jungen gern kletterten und unter dessen Schatten Klara im Sommer mit ihrer Puppe spielte. In diesem Frühling, als der Baum gerade in schönster Blüte stand, kamen zwei Männer und hackten ihn um. Es war diese Aktion, mit der sich die zukünftigen Veränderungen ankündigten, die sich dem Gedächtnis der Kinder am meisten einprägte.[226] Der Baum musste einem neuen Werkstattgebäude weichen, in dem der Motorenbau Platz finden sollte.

Ein halbes Jahr später kamen die Interessenten an der geplanten Aktiengesellschaft beim Notar zusammen[227] und gründeten – am

14. Oktober 1882 – die „Gasmotoren-Fabrik Mannheim“. Carl Benz muss von dieser Sitzung entsetzlich wütend nach Hause gekommen sein. Man hatte ihn gründlich übers Ohr gehauen und er hatte nichts dagegen tun können!

Was war geschehen? Am Anfang des Treffens war noch alles in Ordnung gewesen. Das Gesellschaftskapital wurde auf 100.000 Mark festgelegt, das in zweihundert Aktien zu 500 Mark aufgeteilt wurde. Die Anwesenden teilten alle Aktien fest unter sich auf. Die Fabrikeinrichtung wurde mit einem Wert von 45.000 Mark, also fast der Hälfte des Aktienkapitals, in die Gesellschaft eingebracht und Carl Benz erhielt dafür Aktien im selben Wert angerechnet. Auch der Bestimmung, dass der Vorstand aus einem Direktor und einem oder mehreren Delegierten des Aufsichtsrates bestehen und vom Aufsichtsrat gewählt werden sollte sowie dass dieser Vorstand für „die genaue Befolgung der Statuten und Weisungen des Aufsichtsrates verantwortlich“ war, hatte Carl zugestimmt. Er ahnte offensichtlich nicht, was gleich folgen sollte, und nahm ganz selbstverständlich an, dass er in den Vorstand der neuen Gesellschaft berufen werden würde. Schließlich basierte alles auf seiner Erfindung!

Bei der Wahl in den Aufsichtsrat erhielt der Hopfenhändler Leopold Odenheimer die meisten Stimmern und wurde damit zum Vorsitzenden dieses Gremiums. Schon das verstand Carl nicht ganz. Klar war dann, dass der Bankier Max Scheuer, Gesellschafter des „Bankhauses Scheuer, Hirsch & Schloß“, der sich um die Entstehung der Aktiengesellschaft gekümmert hatte, in den Aufsichtsrat gewählt wurde; auch selbstverständlich, dass der bisherige Geldgeber, der Fotograf Emil Bühler, mit dabei war. Vielleicht noch verständlich, dass der Architekt Heinrich Hartmann genug Stimmen erhielt. Aber wieso bekam er, Carl Benz, weniger Stimmen als Mechaniker Wendelin Bouquet, der bisher überhaupt nichts mit der ganzen Arbeit zu tun gehabt hatte?

Dann kam die kalte Dusche: Der neue Aufsichtsrat wählte den Vorstand der Gesellschaft. Carl Benz war sich ganz sicher gewesen, dass er alle Stimmen erhalten würde. Aber nicht er, sondern der Käsehändler Karl Christian Bühler, ein Bruder des Hoffotografen, wurde zum Direktor der neuen Aktiengesellschaft bestimmt und Emil Bühler selbst zum einzigen Delegierten des Aufsichtsrates im Vorstand gewählt!

Sie hatten ihn entmachtet! Und es war ein abgekartetes Spiel gewesen! Natürlich, wie hatte er vergessen können, dass die Odenheimers und die Bühlers miteinander verschwägert waren und auch wirtschaftlich eng zusammenarbeiteten? Er hätte sich doch denken können, dass die etwas im Schilde führten. Aber er war ja so naiv gewesen. Er hatte die ganze Arbeit geleistet und jetzt würden sie die Früchte ernten! Er konnte sehen, wo er blieb! Er hatte für diese ganze Bande von Verbrechern geschuftet und sich die Nächte um die Ohren geschlagen. Und das sollte der Lohn sein! Carl muss den ganzen Abend vor sich hin gewütet haben und Bertha litt sicher mit ihm. Aber was sollte sie tun? Sie konnte daran nichts ändern. Was sollten sie beide tun? Am besten, sie schliefen erst einmal eine Nacht darüber. Am nächsten Morgen würde Carl einen klareren Kopf haben und die erste Wut würde verraucht sein. Vielleicht fand sich ja noch eine Lösung.

Doch die Wut blieb und erstmal konnte Carl Benz gar nichts machen und auch nichts mehr ändern. Es blieb ihm gar nichts anderes übrig, als nach außen hin gute Miene zum bösen Spiel zu machen und den Arbeitsvertrag zu unterschreiben, den der neue Vorstand der Gesellschaft ihm vorlegte. Damit wurde er zum technischen Leiter seines eigenen Betriebes. Zugesagt wurde ihm auch, dass er neben einem festen Gehalt zusätzlich die Summe von tausend Mark für jede der nächsten fünf neuen Konstruktionen von Gasmotoren erhalten werde.

Natürlich war er auf seinen ehemaligen Geldgeber nicht mehr gut zu sprechen und der Ärger wühlte weiter in ihm. Seine Wut wurde noch größer, als der Vorstand der Gesellschaft den ganzen Fabrikationsbetrieb in die Schwetzinger Gärten verlegen ließ.[228] Wenige Monate nach ihrer Erbauung wurde die neue Werkhalle auf Carls Grundstück ausgeräumt. Der Erfinder konnte nichts tun, als ein zweites Mal in seinem Leben hilflos dabei zuzusehen, wie seine Maschinen abtransportiert wurden. Welche bitteren Erinnerungen an die Zwangsversteigerung fünf Jahre zuvor kamen dabei noch einmal hoch!

Am 7. Dezember 1882 wurde die Aktiengesellschaft amtlich eingetragen. Gleich danach machte Carl Benz Nägel mit Köpfen und überwies Emil Bühler achtzig Aktien, also den Wert von 40.000 Mark. Damit zahlte er seine Schulden aus den letzten Jahren komplett zurück. Danach hielt er mit zehn Aktien nur noch einen verschwindend geringen Anteil an seiner „eigenen" Gesellschaft.

Für die neue Fabrik in den Schwetzinger Gärten war ihm neben der fachmännischen Oberleitung auch zugesagt worden, dass er nach eigenem Ermessen an der Verbesserung der Motoren weiterarbeiten könne. Aber kaum hatte die Fabrikation dort begonnen, mischte sich der Mechaniker Bouquet immer öfter in seine Arbeit ein und wurde vom Aufsichtsratsvorsitzenden darin auch noch unterstützt. Jetzt bekam Bertha fast jeden Abend einen neuen Wutausbruch ihres Mannes zu hören. So konnte es nicht weitergehen!

Weihnachten kam und die Lage hatte sich um keinen Deut verbessert. In diesen Tagen stieg in Rhein und Neckar das Wasser immer höher. Am dritten Weihnachtstag erreichte es einen neuen Rekord. Dann brach der Neckardamm am alten Schlachthof – das war nicht allzu weit vom Grundstück der Familie Benz entfernt. Das Wasser des Neckars strömte in die damals noch wenig bebaute Oststadt und erreichte den Ring, der aus der ehemaligen Stadtbefestigung Mannheims hervorgegangen war und deshalb höher lag. Außerhalb des Rings mussten die Bewohner eines Gebäudes sogar mit Booten aus dem zweiten Stock befreit werden und die Türmchen eines anderen schauten gerade noch aus dem Wasser hervor, das in den folgenden Tagen zu Eis gefror.[229]

Klara, die damals gerade fünf Jahre alt geworden war, erinnerte sich auch im hohen Alter noch gut an das Hochwasser des Winters 1882/83. Sie erzählte, dass der Keller bei ihnen unter Wasser stand und der Vater zur Mutter gesagt hatte: „Wenn nur die Decke nicht bricht, dass wir hinunterfallen". Das Kind muss intuitiv viel von der Unsicherheit, Wut und Angst, die damals bei den Eltern herrschte, mitbekommen haben, denn Klara vergaß den schrecklichen Albtraum, den sie damals hatte, ihr ganzes Leben lang nicht: Sie träumte, dass sie ins Wasser fiel und erinnerte sich, dass sie im Schlaf so „mordsmässig" schrie, dass alle aufwachten, und die Mutter lange brauchte, um sie zu beruhigen.[230]

In diesen Tagen fiel Carls Entscheidung. Sicher hatte Bertha viele Abende lang mit ihm zusammen darum gerungen, da der Entschluss die ganze Familie betraf. Aber es ging nicht mehr anders, er musste sich von der Aktiengesellschaft trennen. Wenn er weiter dort arbeitete, würden sie im Laufe der Zeit alle seine Erfindungen übernehmen. Noch waren es seine Patente und seine Erfahrung, die in der Firma steckten. Und die waren doch auch etwas wert! Die sollten sie ihm nicht auch noch abnehmen! Wenn er sich jetzt aus der Fabrik zurückzog, dann konnte er für sich und seine Familie retten, was noch zu retten war. Ohne sein Wissen würden sie in den Schwetzinger Gärten nicht lange weitermachen können! Es musste möglich sein, allein zurechtzukommen – ohne diese verdammten Verräter und Halsabschneider. Bertha muss ihren Mann in dieser Meinung bestärkt haben und zwar sicher nicht nur deswegen, weil sie es schon lange leid war, dass er ständig darüber klagte, in seinem eigenen Betrieb wie ein lästiger Untergebener behandelt zu werden.

Neujahr und das Fest der Heiligen Drei Könige waren kaum vorbei, da verlangte Carl Benz schriftlich die Auflösung des bestehenden Vertragsverhältnisses zum Ende des Monats. Der Aufsichtsratsvorsitzende Odenheimer schrieb noch am selben Tag zurück, dass Carl Benz sofort mit der Arbeit aufhören könne!

Wieder war die Zukunft völlig offen. Wieder musste Carl Benz zusehen, dass er Aufträge für seine eigentlich schon aufgegebene „Mechanische Werkstatt" bekam, um den Lebensunterhalt der Familie zu sichern. Die Maschinen, Modelle und Werkstücke für den Motorenbau waren in Schwetzingen gelandet, so dass er keinen Zugriff mehr darauf hatte. Allerdings hatte er seine Zeichnungen und die früheren Gussmodelle vor dem Umzug noch auf den Speicher gebracht, der unter dem niedrigen Schrägdach von Werkstatt und Wohnhaus genug Platz bot, alles aufzuheben, was man glaubte noch gebrauchen zu können.[231] Und natürlich hatte er die Technik, die er neu entwickelt hatte, in seinem Kopf. Dort konnte sie ihm keiner wegnehmen! Die Werkhalle für den Motorenbau, die er im letzten Jahr auf seinem Grundstück hatte bauen lassen, war inzwischen an einen Eisengießer vermietet worden.[232] Um wenigstens genug Platz zu haben, um den Motorenbau in nennenswertem Umfang auf dem eigenen Gelände wieder aufzunehmen, baute Carl Benz einen Schuppen hinten an die Werkstatt quer zum Hof an.[233] Neben all diesen Problemen lief dann auch noch ein Prozess mit der Aktiengesellschaft, die ihm für einen neuen Motor, der immerhin schon vier Pferdestärken hatte, die zugesagten tausend Mark verweigerte. Leider reichten dem Gericht die Beweise auf diesen Anspruch nicht aus, so dass er das Geld, das er für seinen Neuanfang dringend gebraucht hätte, nicht zugesprochen bekam.[234]

So fing Carl Benz wieder ganz von vorn an und stand noch einmal mutterseelenallein in seiner Werkstatt. In seiner Biografie heißt es:

> „Nur ein Mensch harrte in diesen Tagen, wo es dem Untergange entgegenging, neben mir im Lebensschifflein aus. Das war meine Frau, sie zitterte nicht im Ansturm des Lebens. Tapfer und mutig hißte sie neue Segel der Hoffnung auf."[235]

3. Ein Wagen ohne Pferde

Nur drei Planquadrate von der Werkstatt von Carl Benz entfernt lag ein Geschäft, in dem technische Artikel verkauft wurden. Zwei Kompagnons hatten es wenige Jahre nach Carls Unternehmensgründung aufgemacht.[236] Anders aber als Carl Benz und sein erster Teilhaber August Ritter bildeten diese beiden ein gutes Team und arbeiteten erfolgreich zusammen.

Max Kaspar Rose, der im selben Jahr wie Bertha Benz geboren wurde, wuchs in einer jüdischen Familie in Pommern auf. In Grabau bei Stettin lernte und arbeitete er auf der Schiffswerft von Möller & Holberg,[237] bevor er nach Mannheim kam. Dort kümmerte er sich um die kaufmännische Seite des Geschäftes. Der andere Teilhaber war Friedrich Wilhelm Eßlinger. Er hatte seine Ausbildung bei seinem Vater in Germersheim erhalten, der eine Blechschmiede besaß und zudem mit Eisenwaren und Maschinen handelte. Rose und Eßlinger verkauften bald nicht mehr nur technische Artikel, sondern übernahmen auch die Alleinvertretung für die „unverbrennliche Schlackenwolle" aus den Hochöfen von Krupp, die man unter anderem zur Isolierung von Dampfkesseln verwendete, und sie vertrieben später auch die neuartigen Hochräder, die der Frankfurter Heinrich Kleyer ab 1880 aus England einführte und später in seiner „Maschinen- und Velociped-Handlung" weiterentwickelte.[238]

Es gab also zahlreiche Verbindungslinien zwischen Carl Benz und den Besitzern dieses Handelshauses, besonders wenn man bedenkt, dass er in seinen frühen Mannheimer Jahren zu den ersten Radfahrern in der Stadt gehört hatte. Möglicherweise war sogar seine Hinwendung zur Blechverarbeitung durch die nähere Bekanntschaft mit Eßlinger veranlasst worden. Sicher kaufte er Material, Geräte und Werkzeuge in dem nahe gelegenen Geschäft. Dabei war auch immer genug Zeit übrig, um mit den jungen Unternehmern einen Schwatz über den Lauf der Welt, die neuesten Errungenschaften bei den Fahrrädern und die Entwicklung des eigenen Geschäftes zu halten. So erfuhren Rose und Eßlinger umgehend von der unglücklichen Geschichte mit der Aktiengesellschaft.

Wahrscheinlich beratschlagten die beiden Kompagnons eine Weile darüber, ob es vernünftig sei, dem ebenso begabten Erfinder wie glücklosen Unternehmer unter die Arme zu greifen. Man kannte einander und schätzte sich, aber miteinander Geschäfte zu machen, war doch noch etwas ganz anderes. Die beiden jungen Firmeninhaber müssen zu dem Schluss gekommen sein, dass der neue Motor von Carl Benz gute Profite versprach. Immerhin hatten Bühler und Konsorten mit der Aktiengesellschaft versucht, sich die ganze Sache unter den Nagel zu reißen. Zudem passte der Motorenbau zu ihrem Geschäft. Sie waren selbst technisch versiert und besaßen den nötigen Weitblick, um erkennen zu können, wo man die Erfindung von Carl Benz überall anwenden konnte und wie man es anpacken musste, um sie gewinnbringend zu vertreiben. Das Fazit der Überlegungen, in die der Erfinder im Laufe des Jahres mit einbezogen wurde, war schließlich, dass sich alle drei darauf einigten, eine gemeinsame neue Firma ins Leben zu rufen.

Am 1. Oktober 1883, also fast genau ein Jahr nach Gründung der Aktiengesellschaft, schlossen sie den entsprechenden Vertrag. Diesmal war Carl Benz vorsichtiger. Sie gründeten eine offene Handelsgesellschaft mit dem Namen „Benz & Cie, Rheinische Gasmotorenfabrik in Mannheim“,[239] in der sie alle drei als Gesellschafter fungierten. Diese Gesellschaft sollte „Verbrennungs-Kraftmaschinen nach den Plänen von Carl Benz“ herstellen. Zeichnungsberechtigt war zum einen Eßlinger allein, zum anderen hatten die beiden Teilhaber Rose und Benz zusammen eine Kollektivprokura. Eßlinger verpflichtete sich, das Kapital für eine geregelte Fabrikation bereitzustellen. Rose sollte sich um den Absatz der fertigen Fabrikate kümmern,[240] während Carl Benz selbstverständlich für die Produktion der Motoren zuständig war.

Das Ehepaar Benz konnte aufatmen. Die Herren Rose und Eßlinger waren viel vertrauenswürdiger als der Hoffotograf mit seiner ganzen Entourage, der sie so bitter enttäuscht hatte. In der neuen Firma, die fürs Erste auf seinem Grundstück in T 6 verblieb, war Carl Benz wieder Herr im Haus und konnte nach Gutdünken an der Verbesserung des Zweitaktmotors arbeiten. Sie brachten natürlich sofort die neueste Weiterentwicklung dieses Motors auf den Markt. Carl Benz hatte sich in der letzten Zeit intensiv mit der Frage der Zündung beschäftigt und dabei einen neuartigen „Funkeninduktor" entwickelt, der mit einem kleinen Dynamo verbunden war. Dadurch brauchte man keine offene Gasflamme mehr, um den Motor in Gang zu halten. Der Funken sprang im Zylinder zwischen zwei Platinspitzen über und zündete das Gas-Luftgemisch direkt in der Explosionskammer. So konnten sie mit einem „unbedingt gefahrlosen" Betrieb werben, der es ermöglichte, den Motor in „jedem Raume, Wohnhause und Stockwerke" aufzustellen. Daneben wurde natürlich auch die hohe Arbeitsleistung, die einfache Bedienung und der zuverlässige, gleichmäßige und geräuschlose Lauf der Maschine hervorgehoben.[241] Diese Motoren verkauften sich gut. Um mehr Produktionsfläche zu erhalten, mussten sie bald ein Teilstück des noch unbebauten benachbarten Grundstücks hinzupachten, um dort einen zweiten Werkstattschuppen zu bauen.

Während aus dem ersten Jahrzehnt nach der Hochzeit keine Bilder von dem Ehepaar Benz –allein oder mit Kindern – aufgefunden werden konnten, gibt es aus diesem ersten Jahr der neuen Firma ein Foto von Bertha Benz mit ihren vier Kindern,[242] auf dem die Anordnung der Familienmitglieder auffällt. Normalerweise erscheinen auf solchen Familienfotos, die damals stets im Atelier aufgenommen und sorgfältig gestellt wurden, die Eltern in der Mitte und um sie herum sind die Kinder gruppiert.

Dieses Bild aber konzentriert sich auf die Kinder. Anstelle des Vaters, der abwesend ist, steht der zehnjährige Lateinschüler Eugen im Mittelpunkt und überragt mit seinem Kopf alle anderen. Dicht neben ihm steht Klara, während auf seiner linken Seite der nur eineinhalb Jahre jüngere Richard so hingesetzt ist, dass zwischen ihm und dem älteren Bruder ein deutlicher Zwischenraum vorhanden ist. Dazu kommt, dass Richard dadurch, dass er sitzt, wesentlich kleiner wirkt als sein Bruder. Klara wendet sich Eugen zu, hält je-

Bertha Benz mit ihren Kindern, um 1883. Sie selbst sitzt ganz links, daneben folgen die kleine Mathilde, Klara, Eugen und Richard.

doch auf der anderen Seite die Hand der kleinen Mathilde, die auf einem Sessel thront. Bertha Benz aber, die Mutter dieser Kinder, sitzt am äußersten linken Rand des Bildes und neigt sich nur dadurch, dass sie ihren Arm auf die Sessellehne neben Mathilde aufstützt, zu ihren Kindern hin.

Alle tragen Winterkleidung, wobei die Anzüge der Kinder durch weiße Kragen verschönert sind. Die kleine Mathilde ist sogar in ein weißes Kleidchen gesteckt worden und ihre Zöpfe sind mit großen Schleifen geschmückt. Eugen trägt wie ein Erwachsener lange Hosen und ein doppelreihig geknöpftes Jackett mit weißem Hemd und Halsbinde. Klaras und Richards Füße stecken in hohen Lederstiefeln und die Beine in warmen langen Wollstrümpfen. Auf der Rückseite der Aufnahme findet sich die Beschriftung „Spätjahr 1883". Dazu passt auch, dass vor Mathildes Sessel eine dreirädrige Kinderkarre im Bild steht; die Einjährige lernte wahrscheinlich gerade erst das Laufen. Die üblichen Accessoires einer solchen Aufnahme beim Fotografen bestehen neben einer gemalten Rückwand aus verschiedenen Möbelstücken und Dekorationsgegenständen. Demgegenüber ist diese Kinderkarre ein eher ungewöhnliches Motiv. Sogenannte „Perambulatoren", wie die Kinderwagen damals auch hießen, hatten sich ab der Mitte des Jahrhunderts zuerst in England verbreitet und waren in den achtziger Jahren in Deutschland immer noch relativ selten. Die Karre war wahrscheinlich das allerneueste englische Modell, denn sie verfügt sogar über ein aufklappbares Sonnenverdeck. Ihr selbstbewusst im Bild vorgeführter Besitz weist also auf einen gewissen Wohlstand hin.[243]

Auch wenn Carl Benz auf diesem Bild fehlt – war es ein Weihnachtsgeschenk, das Bertha ihm machen wollte? –, war es doch nicht so, dass er nicht auf seine Familie stolz war und an Frau und Kindern keinen Anteil nahm. Selbstverständlich überließ er die Sorge um das körperliche Wohl, die Kleidung und die Ernährung weiterhin ganz seiner Frau. Doch wenn er abends von der Werkstatt in die Wohnung hinüberkam, dann konnte es schon geschehen, dass er Eugen fragte: „Was habt ihr auf, zeig mir einmal Deine Hefte – o falsch." So erinnerte sich Eugen jedenfalls noch als alter Herr und bestätigte dem Interviewer auch, dass sein Vater damals im Lateinischen „noch ganz auf der Höhe" gewesen sei. Anscheinend kümmerte sich der Vater aber nicht darum, ob sein Sohn auch in der Mathematik etwas lernte. Eugen bezeichnete sich selbst in diesem Interview nicht als besonderen Freund der Mathematik. Auf die entsprechende Frage sagte er: „da bin ich nicht sehr erbaut gewesen, aber ich musste eben."[244]

Mit dem Jahr 1883 war also für die ganze Familie eine neue und bessere Zeit angebrochen. Die harten Anfangsjahre in der eigenen Firma waren jetzt endgültig vorüber. Bertha fand zum ersten Mal wieder etwas mehr freie Zeit. Seit Ostern gingen ihre drei „Großen" alle in die Schule, denn auch Klara war nun eingeschult worden. So blieb vormittags nur die kleine Mathilde zu Hause, die noch friedlich im Sandkasten spielte. Und auch wenn die Hausarbeit sich weiterhin gleich blieb, so muss für Bertha endlich einmal genug Geld übrig gewesen sein, eine Zugehfrau einzustellen, so dass sie wenigstens keine groben Arbeiten mehr selbst machen musste. Allerdings blieben die Spuren der körperlich harten Arbeit während der ersten zehn Ehejahre auch später noch ablesbar. So schrieb eine Besucherin über sie noch 1938: „… ich sehe sie mir genau an, ihre gutmütigen und doch resoluten Augen, und ihre Hände, die von Arbeit erzählen".[245]

Jetzt aber blieb zum Monatsende auch noch genug Geld übrig, um dringend benötigte Anschaffungen zu tätigen und sich sogar etwas Luxus – wie zum Beispiel die neue Kinderkarre – leisten zu können. Auch für die Experimente ihres Mannes musste sie nicht mehr den letzten Pfennig aus der Haushaltskasse holen. Die größte Erleichterung muss aber gewesen sein, dass er endlich keine schwerwiegenden Probleme mehr bei seiner Arbeit fürchten musste, da die unternehmerische Seite des Geschäfts jetzt endlich in kompetenten Händen lag und er sich ganz seiner geliebten Technik widmen konnte.

Max Rose kümmerte sich nämlich sehr erfolgreich um den Verkauf der neuen Motoren. Nach einem Jahr lieferte man schon bis zu zehn Motoren monatlich aus und die Zahl der Arbeiter stieg fast von Woche zu Woche. Am 26. März 1884 erhielt Carl Benz das erste Patent auf seine Konstruktion eines „Moteur à Gaz" unter der Nr. 161209 für das französische Staatsgebiet. Einen Monat danach, am 22. April 1884, reichte er eine entsprechende Patentschrift für die Vereinigten Staaten von Amerika ein.[246] Damit nahmen sie den Weltmarkt ins Visier. Bald vergaben sie Lizenzen für den Bau ihres Motors nach Belgien, Frankreich und Amerika,[247] während in Mannheim selbst die Zahl der Arbeiter auf 25 Mann anwuchs. Auch auf die Weltausstellung, die 1885 in Antwerpen stattfand, schickten sie „Gasmotoren System Benz von 1 bis 50 Pferdekraft", wie im „Officiellen Katalog der deutschen Abtheilung" nachzulesen ist, und warben noch zehn Jahre später damit, dass die Motoren dort eine silberne Medaille erhalten hatten.[248]

Trotz der Vergrößerung der Fabrik und auch wenn immer mehr Arbeiter und bald ein eigener Werkmeister eingestellt werden mussten, bildete die Arbeit von Carl Benz für seine Frau den Lebensmittelpunkt. Selbstverständlich vergaß sie darüber nicht die tägliche Sorge für die ganze Familie. Wie eng sie mit der „Firma" verwoben war, zeigt die Tatsache, dass sie bis an ihr Lebensende einer ganzen Reihe der damaligen Mitarbeiter persönlich verbunden blieb.[249] Ihre Doppelrolle als kenntnisreiche Partnerin und Hausfrau und Mutter betonte – allerdings in umgekehrter Reihenfolge – auch der erste Biograph von Carl Benz, der schon häufiger zitierte Paul Siebertz. In einem Manuskript aus dem Jahr 1943 zu ihrem 95. Geburtstag schrieb er euphorisch:

„Über all' ihrer Sorge um das Lebenswerk ihres Mannes hat Frau Berta ihr Hauswesen und ihre blühende Kinderschar keineswegs vernachlässigt. Sie war ausser der Mitarbeiterin ihres Gatten auch eine vorbildlich gute Frau und den Kindern eine für geistige wie leibliche Interessen gleichermassen besorgte Mutter. In ihr war die vorbildlich=schöne Geschlossenheit der Familie Benz in der Häuslichkeit, in der Geselligkeit und auf beruflichem Gebiete konzentriert".[250]

Sicher kam in dieser Zeit auch das Thema des selbstfahrenden Wagens wieder häufiger ins Gespräch. Das Signal, sich wieder der Konstruktion eines Viertaktmotors zuzuwenden, kam im Jahr 1884, als das Grundpatent von Otto auf diesen Motorentyp für nichtig erklärt wurde.[251] Carl Benz hatte seine Lieblingsidee zwar nie ganz aufgegeben, aber erst jetzt war nach all den sorgenvollen Jahren der Zeitpunkt gekommen, an dem er seine Pläne und Entwürfe aus früheren Zeiten wieder hervorholen konnte.

Der Viertaktmotor spielte deswegen eine so große Rolle, weil die Zweitaktmotoren nach dem „System Benz" für einen Wagen viel zu schwer und langsam waren. Bei einem Viertaktmotor konnte man leichter das Gewicht verringern und eine höhere Motorleistung erreichen. Nach der Aufhebung des Reichpatentes war es endlich möglich, ohne wirtschaftliches Risiko an die Verbesserung dieses Motortyps zu gehen.

Am Familientisch wurde bald fast nur noch über den zukünftigen Motorwagen gesprochen, für den sich auch die zehn und elf Jahre alten Söhne, Richard und Eugen, lebhaft zu interessieren begannen. Bertha Benz spornte ihren Mann immer wieder von Neuem an.[252] Noch im hohem Alter erinnerte sie sich, dass er gerne Spazierfahrten mit seinem schweren Velociped machte und sie damals noch zu Hause bleiben und die Kinder hüten musste. Sie hätte beim Radfahren

„mit Freuden mitgemacht, aber die Sitte erlaubte es nun einmal den Damen nicht, auf so ein Ding zu klettern. Es galt als unästhetisch und war jedenfalls viel später noch sehr verpönt. ‚Heute kann man sich die Hemmungen von früher gar nicht mehr vorstellen', fügt sie hinzu. ‚Es ist doch so nett, wenn so ein Dingelchen auf dem Rad sitzt!'"

Der Zeitungsartikel, in dem von einer Plauderstunde mit der „Gefährtin und Helferin des großen Erfinders“ berichtet wird, fährt fort:

> „Sie war viel zu aufgeweckt und zu lebensfreudig, als daß sie sich mit dem Sitzenbleiben zu Hause hätte abfinden können. ‚Siehst du‘, habe sie damals oft zu ihrem Mann gesagt, ‚wie schön wäre es, wenn wir etwas hätten, worin die ganze Familie mitgenommen werden könnte!‘“[253]

Bald hingen an der Werkstattwand eiserne Reifen in der Größe von Hochräder-Velos.[254] Und ein neu eingetretener Arbeiter erhielt auf die Frage, was das geben solle, die geheimnisvolle Antwort: „Einen Motorwagen!“ Der spätere Meister Spittler, der das erzählte, berichtete weiter:

> „Es schien dies damals selbst für uns noch ein Ding der Unmöglichkeit; denn wenn wir unsere Motoren betrachteten und dann die Reifen, … dann zweifelten wir selbst darin, daß sich die Sache verwirklichen sollte. Erst als wir Zeichnungen und Modelle sahen, waren wir schon zuversichtlicher.“[255]

Ab 1885 war Carl Benz mit dem Motor soweit, dass er sich dem Fahrgestell seines neuen Wagens zuwenden konnte, bei dem es eine erkleckliche Anzahl von Problemen zu lösen galt. Er hatte schon früher auf dem Papier Wagenkonstruktionen entworfen. Jetzt aber galt es, sie in die Realität umzusetzen. Der Moment, in dem er mit einer gewissen Feierlichkeit den ersten Hammerschlag für den zukünftigen Wagen tat, sei „wohl der schönste seines Lebens gewesen …, zumal er fest an die Zukunft des Fahrzeugs glaubte“,[256] sagte er später einmal einem guten Bekannten.

Natürlich konnte er vieles, was er sich vorher ausgedacht hatte, nicht einfach so in die Praxis umsetzen. Es gab ja kein Vorbild für einen solchen Wagen, bei dem nicht Pferde, sondern ein Motor die Räder zum Rollen bringen sollte. Der Redakteur der Berliner Allgemeinen Automobilzeitschrift beschrieb diese Arbeit später so:

> „Heute sagt Dr. Benz zuweilen, er begreife nicht, wie er damals auf die einfachsten Dinge nicht gekommen sei. So habe ihm das

> Schwungrad Kopfzerbrechen gemacht, das er schließlich horizontal angeordnet habe, weil er glaubte ein vertikales Schwungrad behindere die Lenkbarkeit … Der Motor, das Herz des Wagens, wurde besonders sorgfältig hergestellt. Ein schnellaufender liegender Schiebermotor im Viertakt war nach vielen Versuchen geglückt. Er lief 250 Touren in der Minute …, und er gab 2/3 P. S. Viel Unbehagen machte die Zündung. Benz entschloß sich für Batteriezündung mit Tauchelementen, die zwar umständlich war, aber etwas besseres gab es nicht. Erst nach und nach wurde diese Kalamität behoben. Das Untergestell wurde aus Siederöhren gebogen und darauf der Motor aufgeschraubt. Die Räder, mit Ausnahme der Felgen, die sein Kompagnon Rosé von der damaligen Fahrradfabrik H. Kleyer (Frankfurt) herbeischaffte, waren in der Benz-Werkstätte hergestellt. Die Kraftübertragung geschah durch Ketten, die weich waren und oft rissen. Die Konstruktion des Differential (Vorrichtung durch welche drehende Bewegungen zusammengesetzt werden) ist noch heute maßgebend … Ein Jahr verging in allerhand schwieriger Arbeit, aber dann war der Wagen fahrbereit.“[257]

Bertha erzählte, dass Carl manchmal bis in die Morgenstunden über seiner Arbeit an dem neuen Wagen saß, und fuhr fort: Aber „jeden Abend hat er mir dann, so nach dem Abendbrot, wenn die Kinder schlafen gegangen waren, von dem erzählt, was ihm in der vergangenen Nacht gelungen ist und was er weiter machen wollte“.[258]

Bei diesen Worten sieht man Bertha und Carl im Sommer abends bei einem Glas Wein draußen vor ihrem Häuschen und im Winter drinnen am Küchentisch sitzen. Die Kinder schlafen schon, und Bertha hört Carl zu, wie er darüber nachdenkt, dass die Zündung mit einer offenen Flamme viel zu unsicher ist, um sie auf einem beweglichen Gestell zu benutzen; wie er über die Ketten flucht, die sich schon zu sehr gelängt haben oder gerissen sind, oder wie er über das Differential grübelt, dessen Zahnräder nicht richtig ineinander greifen wollen und immer an derselben Stelle haken. Bertha verstand genug von den technischen Zusammenhängen um mitzudenken und wahrscheinlich gab sie ihm sogar den einen oder anderen Hinweis, wie sie sich die Lösung des jeweiligen Problems vorstellen konnte, oder stellte auch nur die richtige Frage, die ihn zum Weiterdenken veranlasste.

In Bezug auf die Zündung half sie ihm allerdings ganz praktisch. Sie gab dafür das Untergestell ihrer Nähmaschine her. Mit dem Tretmechanismus konnte ein Arbeiter die Dynamomaschine für den Zündstrom in Gang halten. Dieser erinnerte sich später, dass er ordentlich treten musste, und „wenn der Motor anfing schneller zu laufen, feuerte Benz mich immer an: ‚Fescht, Jakob, fescht!' Später bauten wir eine Rille in das Schwungrad des Motors, über die ein Antriebsriemen zum Dynamo lief."[259]

Dadurch wurde der Tretmechanismus nicht mehr benötigt, so dass Bertha ihr Nähmaschinengestell wieder zurückbekommen konnte. Aber ihre Mitarbeit war damit nicht beendet. Lange noch bewahrte Carl Benz die Induktionsspulen auf, die er und seine Frau in allen möglichen Größen und Drahtstärken selbst gewickelt und ausprobiert hatten, um herauszufinden, welcher Dynamo am brauchbarsten war.[260] So entwickelte der unermüdliche Erfinder Stück für Stück einen eigenständigen Fahrzeugtyp, in dem die Antriebsmaschine und das Chassis zum ersten Mal als ein Ganzes aufeinander abgestimmt waren. Eigentlich wollte er einen richtigen Wagen mit vier Rädern bauen, aber er konnte das Problem der Lenkung nicht lösen und entschloss sich, es dadurch zu umgehen, dass er ein Dreirad entwickelte. Wer weiß, vielleicht hatte ihn ja Bertha mit der dreirädrigen Kinderkarre für die kleine Mathilde darauf gebracht, dass sich ein Wagen mit drei Rädern leichter lenken ließ?[261]

Immerhin aber besaß der neue Motorwagen von 1885 „schon vier Hauptmerkmale eines Kraftfahrzeugs aus der Zeit bis zur Jahrhundertwende ...: die elektrische Hochspannungszündung, den wassergekühlten relativ schnell laufenden leichten Motor, Stahlrahmen für den Aufbau und das Differential",[262] mit letzterem also eine Vorrichtung, durch welche drehende Bewegungen in verschiedene Richtungen abgelenkt werden konnten.

Dann kam der Tag, an dem der Wagen im Hof stand und ausprobiert werden sollte. Der schon erwähnte Monteur Jacob Schmidt, der damals Augenzeuge war, erzählt die Geschichte so:

> „Die allererste Fahrt machten wir auf dem Hof der Werkstatt. Frau Benz schloß rasch die Tore, damit keine Neugierigen zusehen sollten. Es war noch alles nicht recht fertig, aber wir alle konnten es

nicht mehr abwarten. So war z. B. noch kein Tank montiert. Die erste Autofahrt der Welt war die Durchquerung unseres Hofes von 25 m. Länge. Dann drehten wir den Wagen, der ja keinen Rückwärtsgang hatte, und der Meister fuhr die gleiche Strecke zurück. Benz konnte gleich vom ersten Augenblick an fahren, da er durch sein vieles Radfahren eine ausgezeichnete Ausbildung im Lenken hatte. Er hat von vornherein nicht allein nur an die technischen Notwendigkeiten, sondern auch an die Bequemlichkeit des Fahrers gedacht. Er polsterte gleich die Rücken- und Armlehnen. Wir fingen dann bald an auch draußen zu fahren. Meist ganz früh".[263]

In der ersten Zeit endeten die meisten Fahrversuche damit, dass der kleine Wagen heimgeschoben werden musste. Die Erprobungsfahrten fanden auf dem Ring statt, dem alten Wall der Stadt Mannheim, der damals noch nicht zu einer mehrspurigen Fahrstraße ausgebaut war und von T 6 aus leicht zu erreichen war. Dort gab es eine glatte Fahrbahn, die nur selten von Fuhrwerken oder Fußgängern benutzt wurde. Am frühen Morgen, noch vor Beginn der eigentlichen Fabrikarbeit, wenn der Ring menschenleer war, schob das Ehepaar das Gefährt dorthin. Carl Benz brauchte nämlich eine zweite Hand für seine Versuche, weil der Wagen, bevor er überhaupt in Gang kam, von Hand angeschoben werden musste. Es musste also einer oben sitzen und lenken und einer den Wagen von hinten schieben.[264] Und damit wurde Bertha Benz, noch ohne es überhaupt bewusst zur Kenntnis zu nehmen oder gar sich etwas darauf einzubilden, zur ersten Autofahrerin der Welt. Diese Tatsache bestätigte sie selbst später in einem Rundfunkinterview anlässlich der Einweihung des Mannheimer Denkmals für ihren Mann. Noch heute kann man ihre etwas singende, freundliche Stimme hören, mit der sie dem Interviewer antwortete, als er fragte:

„Ist es wahr gnädige Frau, dass sie die älteste Automobilfahrerin der Welt sind?
Bertha Benz: Das kann ich wohl bejahen. Denn vor mir hat überhaupt oder kein Automobil existiert und dann hat mich mein Mann immer als Gefährtin mitgenommen und dann hab ich jeweils auch das Steuer ergriffe und vielleicht auch allein und bin

auch allein kutschiert, so lang, dass ebe die Sach gelaufe ist, wenn's ebe nimmer gelaufe is, bin ich ebe abgestiege und hab Hand geschobe.

Interviewer: Ist das oft vorgekommen, damals?

Bertha Benz: Das ist auch mal vorgekomme."[265]

Es war in dieser Zeit der Fahrversuche, dass die Patentschrift auf den sogenannten Reitwagen von Gottlieb Daimler veröffentlicht wurde.[266] Welch ein Schlag muss es für Carl Benz gewesen sein zu lesen, dass es da ganz in seiner Nähe noch jemand anderen gab, der dieselbe Idee verfolgte! Und dieser unbekannte Ingenieur aus Cannstatt bei Stuttgart war sogar schon weiter als er selbst. Auch Daimlers motorbetriebenes Gefährt hatte seinen ersten Fahrversuch erfolgreich bestanden und der Erfinder besaß sogar schon ein Patent darauf. Carl Benz muss sich umgehend an seinen Zeichentisch gesetzt und seinen eigenen Patentantrag ausgearbeitet haben. Detailliert beschrieb er seinen Wagen. Allerdings bezog er den von ihm verbesserten Viertaktmotor nicht in den Antrag ein, denn es war klar, dass er darauf keinen rechtlichen Schutz erhalten würde. Knapp fünf Monate später – so lange hatte auch die Prüfung des Daimler'schen Patentes gedauert – kam der ersehnte positive Bescheid vom Patentamt in Berlin, mit dem der neue Motorwagen von Carl Benz gesetzlichen Schutz erhielt. Man kann sich vorstellen, welchen Jubel dieser Brief in der Familie Benz ausgelöst hat, bildete doch die Erteilung eines Reichspatentes die offizielle Bestätigung, dass es sich bei dem Motorwagen wirklich um eine Neuigkeit handelte, für die man Lizenzgebühren fordern konnte und deren Zusammensetzung niemand straflos kopieren durfte.[267] Noch heute gilt dieses Patent als die Geburtsstunde des Automobils.

Während dieser Zeit war die Nachfrage nach den Motoren der „Rheinischen Gasmotorenfabrik Benz & Cie" immer größer geworden. Um sie zu befriedigen, brauchte man dringend mehr Platz. In T 6 aber gab es keine Erweiterungsmöglichkeiten. Die Gesellschafter sahen sich nach einer geeigneten Fläche in Mannheim um und entschieden sich für ein Gelände auf der anderen Seite des Neckars in den sogenannten Spelzengärten, an der späteren Waldhofstraße. Schon im Frühjahr 1886 kaufte Eßlinger für die Firma eine Fläche an, die mindestens dreimal so groß war wie das Grundstück in T 6.

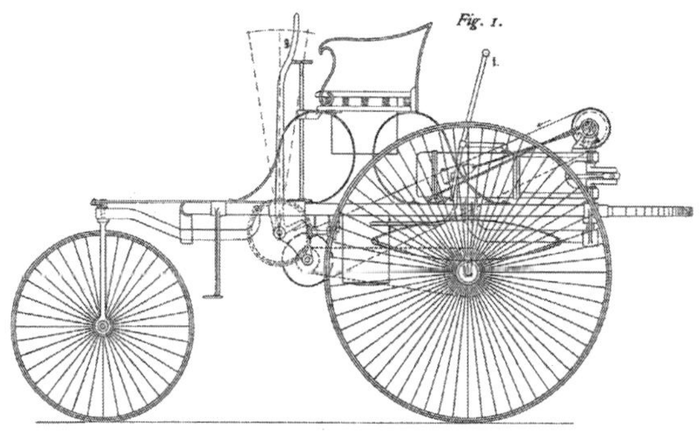

Zeichnung des Patentmotorwagens aus der Patentschrift vom 29. Januar 1886.

Im Juli kam noch ein kleineres Teilstück der angrenzenden Fläche hinzu, die bis dahin als Gemüsegarten genutzt worden war.[268]

Auch wenn Carl Benz nicht aufhörte, über den Motorwagen nachzudenken, und jede Probefahrt – früh am Morgen oder spät in der Nacht – zu weiteren Verbesserungen führte, so ging es in diesem Frühjahr doch vorrangig darum, Pläne für die neue Gasmotorenfabrik zu entwickeln. Carl Benz, als der führende Kopf, musste die Ideen und Skizzen für die neuen Gebäude liefern. Es war ja auch nicht das erste Mal, dass er für den Neubau einer Fabrik mitverantwortlich war. Sicher erinnerte er sich dabei an seine erste Zeit in Mannheim bei der Firma Schweitzer. Er entwarf aber nicht nur die neue Fabrikanlage. Das kleine Haus mit seinen zwei Zimmern in T 6 war schon lange viel zu eng für die sechsköpfige Familie. Zudem mangelte es dort an jeglichem Komfort. Was lag näher, als zusammen mit den für die Fabrik benötigten Büroräumen auch eine Wohnung für sich und seine Familie einzuplanen? Unter anderem hatte das den großen Vorteil, dass er weiterhin direkt neben den Werkstätten wohnen und wie gewohnt schnell einmal hinübergehen und nach dem Rechten sehen konnte.

Mit dem Bau wurde noch im selben Jahr begonnen. Bald kam der Tag, an dem Bertha und die Kinder mit ihren zusammengepackten Sachen auf den Möbelwagen warteten. Die Fahrt war kurz. Sie mussten nur die nahe Neckarbrücke überqueren, ein Stückchen in Richtung Neckarvorstadt fahren und schon waren sie angekommen. Die Möbel wurden ausgeladen und die Treppe zum ersten Stock des neuen Hauses hinaufgetragen, das direkt neben den Werkshallen erbaut worden war.

Leider haben sich bisher keine Pläne des Werksgeländes und des Wohnhauses gefunden, so dass man nur anhand von Bildern etwas darüber erfahren kann, wie die Familie Benz damals gewohnt hat. Immerhin gibt es eine Vogelschauzeichnung von der neuen Fabrikanlage.[269] Darauf sieht man hinten die große Dachfläche der Werkhalle mit ihren dem Süden und damit dem Licht zugewandten schrägen Verglasungen. Hinter ihr verläuft die spätere Waldhofstraße und es sind dort auch schon die Häuser der Neckarvorstadt zu sehen.

Abgeschlossen wird die Werkhalle von einem zweigeschossigen Querriegel in der typischen Ziegelbauweise der damaligen Fabrikbauten, der sich links L-förmig zur neuen kleinen Stichstraße hin fortsetzt, die von der späteren Carl-Benz-Straße zum Werksgelände abgeht. Diese beiden Gebäude umrahmen einen großen Hof, den auf der rechten Seite ein freistehendes Gebäude abschließt. Auf der Vogelschaubild scheint es deutlich höher zu sein als die Fabrikbauten, da es auf einem hohen Sockel mit einem Souterrain zu stehen

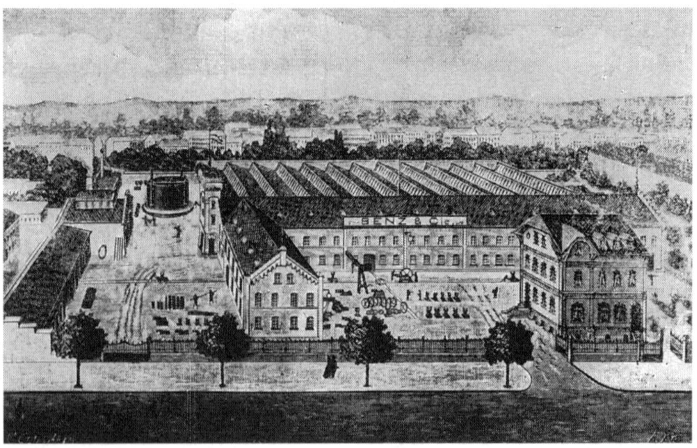

Vogelschaubild der neuen Fabrikanlage von Benz & Cie. in der Waldhofstraße, um 1891.

scheint. Ein Foto von 1894 zeigt allerdings, dass es sich um ein relativ niedriges und schlichtes zweistöckiges Gebäude handelte.[270] Das Dachgeschoss ist mit Gauben und zwei über Eck stehenden Giebeln ausgebaut. In diesem Haus lagen im Erdgeschoss die vier Büroräume für die Fabrikführung und darüber die ebenso große neue Wohnung der Familie Benz.[271]

Der Umzug war – nicht nur wegen der Treppen in den ersten Stock hinauf – ein deutlicher Aufstieg. Aus der Enge des zugigen kleinen Fachwerkhauses mit seinen dünnen Wänden kamen Bertha, Carl und die Kinder nun in die Beletage eines großzügig angelegten Gebäudes. Plötzlich hatten sie eine ganze Zimmerflucht zu ihrer Verfügung. Klara und Mathilde, die inzwischen schon fünf und zehn Jahre alt waren, mussten endlich nicht mehr bei den Eltern schlafen, sondern erhielten ebenso wie der vierzehnjährige Eugen und sein eineinhalb Jahre jüngerer Bruder Richard ein eigenes Kinderzimmer. Auch aß man von nun an nicht mehr in der Küche, sondern in dem großen Wohn- und Esszimmer. Und dann – was für eine Erleichterung! – hatte die neue Wohnung Anschluss an die Wasserversorgung, deren neuer Wasserturm gerade gebaut worden war.[272] Da Carl Benz sich stets für die neuesten Errungenschaften der Technik interessierte, hatte er sicher auch dafür gesorgt, dass ihre Wohnung ein Badezimmer erhielt, das nach der neuesten Mode eingerichtet wurde – also mit einer eigenen Badewanne und dem zugehörigen heizbaren Kessel sowie mit einem der ultramodernen englischen Wasserklosetts.

Natürlich sahen die alten Möbel in dieser herrschaftlichen Wohnung schäbig und abgenutzt aus. Das Mobiliar musste von Grund auf erneuert werden. Bertha sorgte dafür, dass die Wohnung solide und ganz im Geschmack der Zeit ausgestattet wurde. Die großen kunstvoll gedrechselten Esszimmerstühle, die um einen langen rechteckigen Tisch gruppiert waren, behielt sie zusammen mit der dazu gehörigen verglasten Anrichte ihr Leben lang. Man kann sie noch heute in einen Nebenraum des Dr.-Carl-Benz-Museums in Ladenburg bewundern. Selbstverständlich stellte Bertha Benz jetzt auch Dienstboten ein, denn allein konnte sie diese große Wohnung nicht mehr in Ordnung halten. Um das Geld brauchte sie sich keine Sorgen mehr zu machen. Der Verkauf der Standmotoren brachte genug ein.

Eigentlich ist es nicht verwunderlich, dass der Motorwagen in diesen Monaten etwas in den Hintergrund rückte. Die Errichtung der neuen Fabrik, der Umzug sowie die Einrichtung der Fabrikhallen benötigten Zeit und Kraft. Außerdem machte man mit der Herstellung und dem Verkauf des Zweitaktmotors, der gerade auf der Karlsruher Ausstellung die günstigste Bewertung von der Prüfungskommission bekommen hatte,[273] sein eigentliches Geschäft. Dazu kam noch, dass die beiden Kompagnons von Carl Benz von der neuen Erfindung ihres Mitgesellschafters nicht wirklich überzeugt waren. Sie wollten sich lieber auf den Motorenbau konzentrieren, als sich auf unwägbare Experimente einzulassen.[274]

Überhaupt spottete man in Mannheim eher über die „Marotten" der „Benze", als dass man erkannte, dass es sich bei dem Patentmotorwagen, wie Benz sein Gefährt inzwischen nannte, um eine bahnbrechende Neuerung handelte, durch welche die Welt vollständig verändert werden sollte.[275] Aber auch wenn das neue Gefährt zwischen 1887 und 1889 nicht total im Vordergrund stand, aus dem Leben der Familie Benz ließ es sich nicht mehr verdrängen. Bertha Benz erzählte 1933:

> „Meine beiden Söhne Eugen und Richard hatten seit der Fertigstellung des ersten Wagens und besonders, seitdem der Vater sie wechselweise einmal hatte mitfahren lassen, leider fast für nichts mehr Sinn als für das selbstbewegliche Fahrzeug. Sie brachten zu meinem Aerger oft die halbe Klasse mit, darunter befand sich auch unser späterer Freund und Rennfahrer Fritz Held, die den Wagen bestaunen mußten. Der Wagen war ihnen wichtiger als die Schularbeit, und am liebsten wären sie damit jeden Morgen zur Schule gefahren. Schon als mein Mann die ersten Fahrversuche machte, glaubten sie gute Ratschläge geben zu müssen, und da sie mit den Lehrlingen gut standen, so unterrichteten die letzteren sie von jeder Aenderung und Neuerung. Sie lernten bald mit dem Fahrzeug umgehen, es zu steuern und in Ordnung zu halten. Der Wagen war ihr tägliches Morgen- und Abendgebet."[276]

Carl Benz hatte schon im Frühjahr 1886 aufgehört, seinem Wagen mehr oder weniger zu verstecken, sondern begann ganz im Gegenteil damit, jene Straßen und Plätze der Stadt zu befahren, die am verkehrsreichsten waren.[277] Ein echtes Vergnügen können diese Ausfahrten allerdings nicht gewesen sein. Bertha erzählt darüber, und in ihrer Erinnerung vermischen sich die ersten kurzen Ausfahrten von T 6 aus mit den späteren weiteren Fahrten, die von der neuen Fabrik ausgingen:

„Am Anfang klappte gar vieles nicht: da riß die Kette los und so – und dann mußten wir wohl oder übel von unserem Bock herunterklettern und nach dem Malheur sehen. Papa hatte immer eine Ladung Putzwolle in der Tasche. Da wurde dann mitten auf der Straße hantiert, die Hände kräftig abgerieben, die immer nach dieser Übung verheerend aussahen; am Ende hatten wir trotzdem das Vergnügen das Wägelchen nach T 6, 11 schieben zu müssen, und da werden wir freilich für die Spaziergänger nicht immer salonfähig ausgesehen haben. Wir scheerten uns jedoch sehr wenig um ihre Schadenfreude; der Wagen lief ja auch auf seinen Vollgummireifen verhältnismäßig leicht. Immerhin: wenn die Strecke weit war, mußte man sich schon recht tapfer dran halten und dann fand man es besser, wenn ein Pferd oder ein Ochsengespann aufgetrieben werden konnte, um die Schiebearbeit zu übernehmen. In Mannheim gab es zur damaligen Zeit wohl niemand, der nicht von sich behauptete, auch er hätte ‚die Benzine' einmal mit nach Hause schieben helfen. Das ist aber gewiß nicht so; denn wenn wir eine Panne hatten und dann viele Leute herumstanden und zuschauen und helfen wollten, dann konnte der Papa furchtbar grob werden, weil ihn das stets recht geärgert hat."[278]

Am 4. Juni 1886 wurde zum ersten Mal in der Zeitung über die neue Erfindung berichtet, wobei der Artikel sich explizit an die Radfahrer wendet, wenn es darin heißt:

„Für Velocipedsportsfreunde dürfte es von hohem Interesse sein, zu erfahren, daß ein großer Fortschritt auf diesem Gebiete durch eine neue Erfindung, welche von der hiesigen Firma Benz & Co. gemacht, zu verzeichnen ist. Gegenwärtig wird in genanntem Geschäft, welches sich übrigens auch durch die Fabrikation von Gasmotoren mit neuer patentierter Zündvorrichtung bereits einen geachteten Namen und großen Wirkungskreis verschafft hat, ein dreirädriges Velociped, welches durch einen Motor, der in der Konstruktion den Gasmotoren gleichkommt, getrieben wird, gebaut. Der Motor … repräsentiert trotz seiner Zierlichkeit annähernd eine Pferdekraft …, wodurch die Geschwindigkeit des Fahrzeuges bis zu der eines gewöhnlichen Personenzuges gesteigert werden kann."

Danach wird das Fahrzeug ausführlich beschrieben. Zum Schluss wagt der dem Wagen und seinem Erfinder offensichtlich wohlgesonnene, unbekannte Verfasser die Vorhersage:

„Das ganze Gefährt ist nicht viel größer als ein gewöhnliches Tricycle und macht einen sehr gefälligen und eleganten Eindruck. Es ist nicht zu bezweifeln, daß dieses Motoren-Velociped sich bald zahlreiche Freunde erwerben wird, da es sich voraussichtlich für Ärzte, Reisende und Sportsfreunde usw. als äußerst praktisch und brauchbar erweisen wird."[279]

Einen Monat später berichtete dieselbe Zeitung dann über eine „zufriedenstellende" Probefahrt auf der Ringstraße.[280] Und am 13. September folgte ein weiterer ausführlicher Bericht im Generalanzeiger der Stadt Mannheim, in dem es hieß, dass die schlimmsten Mängel behoben worden seien, und weiter: „Herr Benz wird jetzt mit dem Bau solcher Fuhrwerke für den praktischen Gebrauch berechnet, beginnen". Auch in diesem Artikel wird dem „Fuhrwerk" eine „gute Zukunft" prophezeit, „weil dasselbe ohne viel Umstände in Gebrauch gesetzt werden kann und weil es, bei möglichster Schnelligkeit, das billigste Beförderungsmittel für Geschäftsreisende, eventuell auch Touristen, werden wird."[281]

Trotz dieser positiven Berichte in der Lokalpresse erinnerten sich Bertha und Carl später noch sehr genau an die Häme, mit der die neue Erfindung auf der Straße verspottet wurde, und auch an den Schrecken, den ihr Fahrzeug häufig verbreitete. Wie ungewöhnlich der Anblick eines Fahrzeuges, das sich ohne Pferde von der Stelle bewegen konnte, für die Zeitgenossen war, wusste Bertha Benz auch später noch zu erzählen:

„Mit dem Benzinwägele war Papa frohen Mutes in den Straßen von Mannheim herumgefahren. Die Leute blieben vielfach maulaufsperrend stehen und die Droschken-, Milch- und Käsekutscher fluchten wie die Türken. Die Polizei zeigte auch keine freundliche Miene, vielleicht auch deshalb, weil das Wägele halt etwas Rauch und Gestank verbreitete. Die lustigsten seien die Schulkinder gewesen, die oft im Chor riefen: ‚Achtung vor der Festung, es kommt eine Hex, pupp, pupp, pupp!'"[282]

Dazu kam, dass das Ganze für die Zuschauer oft wirklich urkomisch ausgesehen haben muss. Wenn der Wagen nämlich stehen geblieben war, war es ziemlich schweißtreibend, den Motor wieder zu starten, und wenn er dann in Gang kam, fing das ganze Gefährt an, sich zu schütteln wie ein Hund, der aus dem Wasser kommt. Es machte dabei richtige kleine Hopser, so dass die Zuschauer sich oft vor Lachen kaum halten konnten. Zu anderen Zeiten fing der Wagen auch noch an, ganz unvermittelt zu rasen, wodurch das Schütteln noch auffälliger wurde. Auch während der Fahrt konnte er auf eine „geradezu beunruhigende" Weise anfangen, immer schneller zu werden. Denn der Motor lief nur so lange gleichmäßig und gut, wie er etwas zu ziehen hatte, und begann bei der allergeringsten Steigung wieder zu rasen, weil der Treibriemen dann zu schleifen begann.[283]

Eigentlich war es kein Wunder, dass in diesen ersten Jahren niemand den Motorwagen erwerben wollte. Noch in dem Jubiläumskatalog von 1915 schrieb Carl Benz: „Das Publikum verhielt sich total abweisend gegenüber dem neuen Beförderungsmittel."[284] Und man merkt diesen Worten an, wie sehr der geringe Anfangserfolg und der herbe Spott den Erfinder verletzt haben müssen.

4. Die Fernfahrt

Wenn Bertha Benz, wie oben erwähnt, später einmal sagte, das Auto sei nur für die eigene Familie gedacht gewesen, um gemeinsame Ausfahrten machen zu können,[285] dann dürfte es sich dabei um eine nachträglich untergeschobene Erklärung handeln. Im Grunde ging es darum, etwas Neues zu erschaffen und im laufenden Konkurrenzkampf um die Erfindung des selbstfahrenden Wagens diesen als erster auf die Straße zu bringen. Dabei beflügelten den Erfinder sicher auch die Aussicht auf Ruhm und Ehre und natürlich auch die wirtschaftlichen Möglichkeiten, die in einem solchen Gefährt steckten.

Carl Benz stellte seinen Wagen schon ein Jahr nach der Patenterteilung in Paris aus, als dort die internationale Ausstellung zum fünfzigjährigen Bestehen der Eisenbahn für Aufsehen sorgte.[286] Das Gefährt landete allerdings in der Abteilung für Pferdefuhrwerke, wo es, da es nicht bewegt wurde, kaum wahrgenommen wurde.[287] Immerhin aber lockte es einen ersten Kunden aus Frankreich nach Mannheim: Der Ingenieur und Konstrukteur Émile Roger, der schon gute Erfahrungen mit den Zweitaktmotoren nach dem ‚System Benz' gemacht hatte, erwarb einen der ersten Motorwagen. Ein Jahr später handelte er mit der Mannheimer Firma einen Vertrag aus, mit dem er die Alleinvertretung für Benz-Motoren und -fahrzeuge in Frankreich erhielt.[288] Dazu fuhr Carl Benz im März 1888 sogar selbst nach Paris und kutschierte mit seinem Wägelchen in der Stadt herum.[289] Dort, auf den Straßen der Großstadt, reagierten die Passanten ganz anders als zu Hause in Mannheim: Anstatt verspottet und verlacht zu werden, wurde Carl Benz auf seinem „Selbstbeweglichen" bestaunt und bewundert.

Nach dieser positiven Erfahrung hatte er den Mut bekommen, seinen Wagen auch anderswo vorzuführen. Als in München für den Sommer 1888 zum ersten Mal eine große „Kraft- und Arbeitsmaschinenausstellung" angekündigt wurde, wollte er ihn dort auf jeden Fall auch auf der Straße laufen lassen. Ihm war inzwischen offenbar klar geworden, dass die Besonderheit seiner Erfindung nicht zum Tragen kam, wenn sie unbeweglich in einer Halle herumstand. Für München baute er noch ein weiteres Modell,[290] mit dem er sich nun schon auf längere Spazierfahrten traute, die ihn zunächst in die nähere Umgebung, also zum Beispiel nach Käfertal, führten, dann aber auch schon in das immerhin fast zehn Kilometer entfernte Seckenheim und später sogar auf Touren, die bis zu zwanzig Kilometer weit waren. Sogar der Odenwald mit seinen Tälern und Bergen wurde zum Ziel erkoren.[291] Allerdings blieb der Wagen bei einer Steigung von mehr als drei Prozent noch jedes Mal stecken. Doch auch dafür fand Carl Benz eine Lösung. Er baute eine zweite Übersetzung ein, durch die sich Steigungen besser überwinden ließen.[292]

Bertha war bei den Probefahrten fast immer mit dabei. Allerdings erregten diese Unternehmungen, die nun von der Fabrik in der

Waldhofstraße ausgingen, bei den Mannheimer Zeitgenossen immer noch eher Wut als Zustimmung. Der laute und ungewohnte Klang des Motors ließ nämlich die Pferde durchgehen. Nicht selten stiegen sie vor dem Wagen senkrecht in die Höhe und waren nicht mehr zu bändigen. Das führte dazu, dass die Fahrten schließlich von der Obrigkeit verboten wurden. Ein Gendarm wurde sogar zum Fabriktor abgeordnet, um dort Wache zu halten. Eugen und Richard versuchten zwar, ihn zu täuschen, indem sie hinten ein Stück Zaun abmontierten und den Wagen über den Acker auf den nächsten Feldweg schoben. Aber das führte nicht weiter, da sie bald erwischt wurden.[293]

Carl Benz bemühte sich umgehend darum, das Verbot aufheben zu lassen. Ohne Probefahrten gab es schließlich keine Verbesserungen an seinem Fahrzeug. Am 8. Juni 1888 erhielt er vom Bezirksamt Mannheim auf seine Eingabe hin die Aufforderung, die Gemeinden anzugeben, welche auf den Fahrten mit dem Motorwagen berührt werden sollten, wobei man von „einmaligen Fahrten auf kurzen Strecken" ausging.[294] Das Amt ließ sich über einen Monat Zeit. Erst mit dem Datum vom 1. August kam die Genehmigung, dass er bis auf Weiteres seinem Patentmotorwagen auf bestimmten Straßen bewegen dürfe, und zwar innerhalb der Gemarkungen Mannheim, Sandhöfen, Käferthal, Freudenheim, Ilvesheim, Schriesheim, Ladenburg und Neckarau. Ausdrücklich wurde erklärt, dass er für alle Schäden verantwortlich sei, die durch seine Fahrten entstünden.

Anderthalb Monate später – offenbar gab es immer noch Beschwerden – wurde außerdem verfügt, der Patentmotorwagen solle bei der Begegnung mit Fuhrwerken so rechtzeitig die Fahrt verlangsamen, dass die Pferde nicht scheu würden, und dürfe in der Nähe von Fuhrwerken nicht schneller als im Schritt fahren.[295] Außerhalb der Reichweite des großherzoglichen Bezirksamtes in Mannheim war man sich allerdings der Existenz der „Hexenkutsche", wie der Wagen gern genannt wurde, noch gar nicht bewusst. Die Möglichkeit, dass die Obrigkeit dort gegen den Wagen einschreiten würde, war daher verschwindend gering.

Die Erfindung des Vaters muss in dieser Zeit das Leben der ganzen Familie Benz beherrscht haben. Man kann sich vorstellen, wie die Familie täglich um den Mittagstisch saß und auf den Vater wartete, der aus den Fabrikhallen herüberkam. Er hatte seinen Platz sicher am Tischende und seine Frau saß an seiner Seite, neben sich die jüngste Tochter, Mathilde, die Ostern gerade zur Schule gekommen war, und daneben Klara, die mit ihren elf Jahren noch recht kindlich war. Gegenüber wird Eugen Platz genommen haben, der Älteste, der schon wie ein junger Mann wirkte, obwohl er gerade erst im Mai fünfzehn Jahre alt geworden war. Richard dagegen stand mit seinen dreizehn Jahren am Beginn der Pubertät, einem empfindlichen Alter, in dem die Stimmung schnell wechseln konnte.

Vielleicht dachte Bertha, wenn sie ihre Söhne ansah, an ihre jüngeren Brüder, die inzwischen auch nach Amerika ausgewandert waren,[296] wurde dann vom ihrem Mann in ihren Gedanken unterbrochen, als er das Zimmer betrat, und klingelte nach dem Mädchen, damit es die Speisen auftrug. Denn während Bertha Benz noch vor einem Jahr selbst jeden Tag am Herd in ihrem kleinen Haus gestanden und gekocht hatte, brauchte sie sich jetzt um die Küche nicht mehr zu kümmern. Ihr Mann verdiente gut und als Gattin eines Fabrikanten konnte, ja musste sie sogar eine Köchin haben. Das gehörte sich einfach so in einem gutbürgerlichen Haus. Außerdem beschäftigte man auch gleich mehrere Dienstmädchen, die sich um die Pflege der Wohnung und die Beaufsichtigung der Kinder kümmerten.

Das Tischgespräch drehte sich sicher immer wieder um den Patentmotorwagen, der bisher noch nicht auf längeren Strecken getestet worden war. Immerhin wollte Carl Benz seinen Wagen in diesem Sommer auf der Münchner Ausstellung zum ersten Mal dem deutschen Fachpublikum vorführen. Die Jungen waren bei diesem Thema ganz bei der Sache. Nachdem Eugen den Wagen selbst hatte steuern dürfen, hatte Richard so lange gequengelt, bis auch er an den Lenker gelassen worden war. Und dann hatte er prompt das Auto gegen einen Baum gefahren.[297] Zum Glück war es nicht so schlimm gewesen. Die kleine Beule war nicht einmal repariert worden. Der Papa hatte ihn in weiser Voraussicht sowieso nicht mit dem neuesten Modell fahren lassen, sondern mit dem ersten Wagen, der jetzt nur noch selten benutzt wurde.

Gern sprachen sie auch über ihre Ausfahrten mit dem Motorwagen, denn diese gingen meistens nicht ohne ungewöhnliche und oft erheiternde Ereignisse vorüber. Da war zum Beispiel eine Bergfahrt in den Odenwald gewesen, bei der in einem kleinen Dorf eine Frau unter der Haustüre stand und auf das fahrende Wägelchen starrte. Ihre Augen waren immer größer geworden, je näher sie gekommen waren. Plötzlich, als sie nur noch wenige Meter entfernt waren, hatten sie einen furchtbaren Schrei gehört und die Frau war in das Haus gestürzt und hatte die Tür hinter sich zugeworfen. Sie hörten sie noch schreien, als sie schon längst vorbeigefahren waren.[298] Es gab eben Menschen, die nie aus ihren abgelegenen Ortschaften herauskamen und einfach nicht begriffen, wie weit die Technik schon vorangeschritten war.

Und dann gab es da noch die Erinnerung an diesen Pfarrer. Wenn sie daran dachten, brachen sie jedesmal in schallendes Gelächter aus. Bei einer anderen Ausfahrt waren sie nämlich auf der Landstraße einem Pfarrer begegnet. Er blieb am Wegrand stehen und sie konnten sehen, wie er darüber staunte, dass der Wagen, obwohl keine Pferde angespannt waren, immer näher kam. Als sie schließlich auf gleicher Höhe angelangt waren, schlug er drei Kreuze; genau drei Kreuze, wie wenn der leibhaftige Gottseibeiuns an ihm vorüberkäme! Tagelang konnten sie sich über diese Begegnung nicht beruhigen. Sie hatten sich wirklich nicht wie die „Leibhaftigen" gefühlt, aber das Kreuzzeichen hatte ihnen noch einmal richtig klargemacht, dass die Leute in ihnen so etwas wie Teufelsgestalten sahen.

Eigentlich war es kein Wunder, dass die Menschen sich vor ihrem Gefährt fürchteten. Die meisten waren unwissend und hatten vor allem Angst, was neu und ungewohnt war. Das war immer noch besser, als wenn sie wütend wurden, weil der Wagen ihre gewohnte Ordnung störte. Ihr Nachbar von nebenan war so einer. Der spannte Sonntag Nachmittag immer seine Pferde an, um spazieren zu fahren und zwar genau dann, wenn sie mit ihrem Wägelchen losfahren wollten. Das Problem war, dass seine Pferde sich einfach nicht an den Motorwagen gewöhnen konnten und jedes Mal steil in die Höhe stiegen. Das gab allemal ein Gewetter: „Wenn euch nur der Teufel holen tät, ihr mit eurem Höllengefährt!", schrie er hinüber und dann folgten eine ganze Reihe weiterer Flüche. Aber der würde sich trotzdem daran gewöhnen müssen, dass eine neue Zeit angebrochen war.

Gewarnt von den Mannheimer Vorfällen machte Carl Benz vor seiner ersten Ausfahrt in München einen Besuch bei dem Polizeihauptmann der Stadt und bat um die Fahrerlaubnis während der

Ausstellungszeit. In der „Lebensfahrt“ wird ausführlich geschildert, wie er nach langem Hin und Her schließlich die inoffizielle Erlaubnis erhielt, jeden Tag zwei Stunden lang auf den Münchner Straßen herumzufahren. Allerdings galt diese nur, so lange nichts passierte. Falls ein Unglück geschah, wollte der Polizeihauptmann nichts von einer solchen Genehmigung gewusst haben.[299]

Doch bevor der Erfinder nach München fuhr, um sein Werk der staunenden Öffentlichkeit zu präsentieren, stand ihm eine ganz andere Aufregung ins Haus: Seine beiden Söhne und seine Frau machten sich selbständig und unternahmen jene berühmte Autofahrt, die als erste „Fernfahrt“ mit einem Automobil in die Geschichte eingehen und Bertha Benz spätestens ab 1933 den Ruhm der ersten „Fernfahrerin“ der Welt einbringen sollte.

Die Geschichte selbst ist oft erzählt und immer wieder nacherzählt worden. Neuerdings wurde sogar die Vermutung ausgesprochen, Carl Benz habe von dieser Fernfahrt vorher gewusst und sie gebilligt.[300] Allerdings widerspricht diese Vermutung den von den Beteiligten selbst überlieferten Erinnerungen. Bertha Benz hat immer wieder erklärt, dass die Idee zu dieser Fahrt nicht von ihr ausging, sondern von ihren für den Motorwagen hellauf begeisterten Söhnen. Auch die Verheimlichung der Abreise vor dem Vater wird in der Lebensfahrt, in den Gesprächen mit Bertha Benz und in dem schon erwähnten Interview von Axel Schildberger mit Eugen Benz von 1956 stets wiederholt. Warum sollten die Beteiligten sich dabei nicht an die Wahrheit halten? Welcher Grund sollte – mehr als fünfzig Jahre nach dem Ereignis – noch vorliegen, irgendetwas zu verschweigen oder anders zu erzählen als so, wie es sich zugetragen beziehungsweise wie man es in Erinnerung behalten hatte?

Und im Gedächtnis behalten haben die Beteiligten dieses Abenteuer ihr Leben lang. Schon 1894 berichtete Bertha Benz anscheinend dem jungen böhmischen „Autopionier“ Theodor von Liebieg von dieser Fahrt. Jedenfalls behauptet er das in seinem später veröffentlichten Tagebuch.[301] Im Jahr 1900 organisierte dann der Rheinische Automobilclub, dessen Vorsitzender Eugen Benz war, zum ersten Mal eine Motorwagenfahrt von Mannheim nach Pforzheim und zurück – also genau mit der Fahrtroute, die Eugen und Richard Benz fünfzehn Jahre zuvor mit ihrer Mutter zum ersten Mal mit einem Motorwagen befahren hatten.[302]

Zum ersten Mal publiziert wurde die Geschichte von der ersten Fernfahrt anscheinend aber erst mehr als dreißig Jahre später und zwar in der „Lebensfahrt“ von Carl Benz.[303] Fast alle weiteren Autoren haben aus dieser Quelle geschöpft. Manche Berichterstatter haben zusätzlich noch einmal bei den Beteiligten selbst nachgefragt, so dass eine Reihe von darüber hinausgehenden Informationen zusammengetragen wurde. In dem ältesten bisher bekannten Zeitungsinterview über die Fernfahrt, das von 1933 stammt, wird die Reise als Erzählung von Bertha Benz dargestellt. Sie erinnert sich am Anfang: „Ein neuer Wagen ... war im Juli des Jahres 1888 fertig geworden und per Bahn nach München zur Ausstellung gewandert.“

Diese Ausstellung fand vom Juli bis zum 16. Oktober 1888 statt und war für Aussteller aus dem ganzen Deutschen Reich offen. In einer eigens errichteten Halle am Isartorplatz wurden Motoren und Maschinen aller Art gezeigt. Als Protektor war der Prinzregent Luitpold gewonnen worden.[304]

Doch zurück zur Beschreibung der Fernfahrt:

> „In der Remise standen Wagen I und das erste Modell III (ein Dreiradwagen). Die Schulen wurden Anfang August geschlossen, und die beiden Knaben, Eugen damals 15 und Richard 13 Jahre

Benz Motorwagen Modell III von 1888.

alt, quälten mich mit allerhand Dummheiten und Langeweile. So nötigten sie mir denn hinter des Vaters Rücken das Versprechen ab, daß ich sie mit dem Wagen, der unbenutzt stand, nach Pforzheim begleiten solle."

Später sollte Bertha präzisieren, dass ihr Mann es nicht gelitten habe, dass die Söhne jemals allein führen.[305] Außerdem erzählte sie gern, dass ihre Mutter in Pforzheim „als Tierfreundin immer Mitleid mit den Pferden [hatte], die gerade in Pforzheim mit seinen vielen Bergen keine leichte Arbeit hatten." Die Mutter habe schon früher geäußert, „daß es sie freute, wenn der Gedanke ihres Schwiegersohnes, die Pferdekraft durch Maschinenkraft zu ersetzen, Wirklichkeit würde." Und die „unternehmungslustige Tochter" wollte ihr zeigen, „daß ‚es geht', daß ihr Mann den Wagen erfunden hatte, der den Wünschen der Mutter gerecht wurde."[306] Ob das der einzige Grund war, nach Pforzheim zu fahren, darf bezweifelt werden. Tatsächlich hat Bertha immer eine enge Bindung zu ihrer Heimatstadt gehabt, wo ein großer Teil ihrer engsten Verwandten lebte, bei denen auch ihre Kinder oft ihre Ferien verbrachten. Ihre Mutter, Auguste Ringer, wohnte inzwischen bei der nächstjüngeren Schwester Marie, deren zweiter Mann, der Glaser Julius Hoheisen, das Vaterhaus in der Ispringer Straße gekauft hatte. Die jüngste Schwester Thekla hatte Theodor Hoheisen, den Bruder von Julius, geheiratet. Ihre kleine Tochter Helene, also Berthas Nichte, war gerade zur Welt gekommen.[307] Es gab also eigentlich kein anderes Ziel als Pforzheim, um den neuen Motorwagen auf Herz und Nieren zu testen.

Es kam der Abend, an dem Eugen und Richard der Mutter anvertrauten, „daß der Wagen tadellos imstande sei und die Reise losgehen könne. Ich besorgte das Haus und tat, als wenn ich mit dem ersten Zuge am andern Morgen fahren wolle. Mein Mann schlief noch, als die Reise losging."

Hier kann man sich natürlich fragen, ob Carl Benz nicht von dem Geräusch des Motors aufwachen musste, wenn dieser angeworfen wurde. Doch ist einzuwenden, dass die Familie in der Nordostecke der Fabrikanlage wohnte, die aus mehreren Hallen bestand. Es war durchaus möglich, den Wagen aus dem Hof auf die vom Wohnhaus entfernte und durch die Fabrikgebäude abgeschottete Waldhofstraße zu schieben und dort – in einiger Entfernung vom Wohnhaus – zu starten, so dass die Geräusche nicht bis in den Schlaf des Vaters vordringen konnten. Später benannte Bertha Benz auch die Abfahrtzeit mit „frühmorgens um fünf Uhr".[308]

Allerdings kannten die mutigen Fernfahrer den genauen Weg nach Pforzheim gar nicht. Da sie bisher immer nur mit der Eisenbahn dorthin gefahren waren, hielten sie sich einfach an die Führung der Bahnlinie.[309]

> „Eugen saß am Steuer, ich neben ihm und Richard auf dem kleinen Rücksitz. Auf dem schönen, ebenen Wege ging die Fahrt nach Heidelberg, das wir in kaum einer Stunde erreichten, und weiter gings nach Süden. Aber bei Wiesloch schon begannen die Tücken. Die Straßen wurden bergig und der Wagen nahm die Steigung nicht, wir mußten absteigen, und während Richard steuerte, mußten Eugen und ich schieben. Bergab dagegen gings in flottem Tempo. Ich hatte immer Angst, daß die Bremse versagen möchte. Es war eine einfache Holzbremse mit Lederüberzug und Handdruck, wie man sie an den sonstigen Fuhrwerken hatte. Sie hielt aber doch die ganze Reise durch, nur waren wir gezwungen, wiederholt neue Lederauflagen bei den Dorfschuhmachern zu kaufen und sie neu aufzunageln."

Bis hierhin wiederholt das Interview den älteren Bericht in der „Lebensfahrt". Neu folgt darauf der Hinweis:

> „In Wiesloch wurde erstmals Benzin gekauft, das bis Bruchsal reichte; dort war neue Füllung nötig. Ein Telegramm berichtete dem Vater, daß wir mit dem Wagen fortgefahren wären und glücklich in Bruchsal angekommen seien. Der hatte den Wagen noch nicht vermißt und geriet in nicht geringen Schrecken, aber holen konnte er uns nicht wieder. Bis Bruchsal war's ganz gut gegangen."

Weiter geht es wieder wie in der „Lebensfahrt":

> „Aber von da ab verließen uns die Pannen nicht. Die Ketten längten sich und sprangen aus den Zahnrädern, sie wurden beim Dorfschmied unter dem Staunen der Bevölkerung gekürzt, der Benzinzufluß verstopfte sich, eine Hutnadel mußte Dienste leis-

ten, und als die Zündung versagte, mußte mein – es sei ausgesprochen, mein – Strumpfband als Isoliermaterial dienen!"

Hier präzisieren die Interviewten 1938 gegenüber dem älteren Bericht:

> „So waren wir in der Hitze des Tages nach Wilferdingen gekommen. Dort kehrten wir ein und erkundigten uns nach dem Wege, während das ganze Dorf sich nach und nach um uns versammelte und wartete, bis wir wieder abfuhren."

Um dann wieder bei dem älteren Text zu bleiben:

> „Weit kamen wir nicht, die Steigung der Schwarzwaldstraße war zu steil, wir mußten schieben wie die Zigeuner. Es wurde dunkel und wir waren ohne Laterne.
> Aber was half's, vorwärts – und nach Ueberwindung der Bergeshöhe sausten wir zu Tal nach Pforzheim hinein. Meine Verwandten staunten nicht wenig, als wir, ich verstaubt und todmüde, die Jungen schwarz wie die Mohren, mit der Schülermütze auf dem Kopf, auf dem Wagen ankamen. Aber ein unbändiger Stolz hatte mich ergriffen, und sofort wurde telegraphisch die glückliche Ankunft nach Mannheim gemeldet. Es gab einen Auflauf in Pforzheim, und vor Verwunderung konnten sich die Pforzheimer nicht genug tun."

Ausführlicher erzählten die „Fernfahrer" 1938, dass sie nach Wiesloch noch in Langenbrücken und Bruchsal tankten. Weiter heißt es dort:

> „Frau Benz wußte, dass die Poststraße (über den Siehdichfür) sehr steil war. Sie wollte sie nicht benutzen, da sie auch wenig begangen war und eventuelle Hilfe kaum erwartet werden konnte. So erkundigte sie sich in der Wilferdinger Post nach dem Weg durch das Pfinztal", wo sie noch einmal ein „köstliches Erlebnis" hatten:
> „Auf dem Weg zwischen Ellmendingen und Dietlingen überholten sie einen Jagdwagen, in dem ein ihnen bekannter Pforzheimer Fabrikant mit Freunden saß. Noch heute lächeln die drei über das

Gesicht des ersten Pforzheimers, der den Wagen sah und erlebte. Der Mund blieb ihm buchstäblich offen stehen, die Augen schienen aus dem Kopf fallen zu wollen. Gesagt hat er nichts – ihm war die Luft weg geblieben!"
In Pforzheim angekommen, so schildern sie im selben Bericht, war die Fahrt durch die „Westliche[310] ... ein Triumphzug. Obwohl es schon dunkel war, ... strömten die Bewohner zusammen und begleiteten den Wagen bis vor die ‚Post' auf dem Leopoldplatz ... Es war schon zu spät zu einem Besuch in der Ispringer Straße geworden."[311]

Der Familie Benz ging es also inzwischen so gut, dass die Mutter mit ihren Söhnen sich nicht sofort bei den Verwandten einquartieren musste, sondern im besten Hotel am Platze absteigen konnte.

An dieser Stelle fehlt in dem Text von 1933 die Episode aus der „Lebensfahrt", in der erzählt wird, Carl Benz habe auf das Telegramm mit dem Text: „Pforzheim glücklich angekommen" zurückgedrahtet: „Ketten sofort als Expreß zurückschicken, da sonst Wagen in München nicht laufen kann." Und weiter:

„Diese väterliche ‚Drahtbremse' wirkte wie ein einziger Schlag. Wer mit der Wanderlust des Zigeuners frei und froh ‚hinaus in die Ferne' gefahren ist, der tritt die Heimreise nicht gern im Eisenbahnwagen an. Aber die väterliche Bremse war nicht so schlimm gemeint. Nach einigen Tagen schickte der Vater, der auf die Leistungen der heimlichen Ausreißer nach dem ersten Schreck doch einen heimlichen Stolz bekam, eine neue Kette als Ersatz."[312]

Man blieb fünf Tage in der Stadt. In dieser Zeit kutschierte Eugen, nachdem die neuen Ketten angekommen und aufmontiert waren, seine Verwandten durch die Straßen Pforzheims und in die nähere Umgebung.[313]

„Natürlich erregte das Auto in Pforzheim genau so viel Aufsehen wie unterwegs. Wenn das Geknatter hörbar wurde, sprangen die Leute zusammen. Besonders die Jugend begleitete den Wagen mit großer Begeisterung"[314] steht im Interview von 1938 zu lesen, und im Text von 1933 geht es weiter: „So konnten wir nach einigen

Tagen und in aller Frühe die Rückfahrt beginnen." Diese Rückfahrt wird wieder ausführlicher als in der „Lebensfahrt" beschrieben: „Die steile Straße hinauf nach Bauschlott mußten wir wieder schieben, und zu allem Unglück war an dem Tage Viehmarkt. Die Kühe und Ochsen, die Pferde und fast auch die Menschen wurden scheu. Ich habe in meinem Leben nie wieder so gräßlich fluchen hören wie an diesem Morgen. Oft mußten wir noch ab- und aufsteigen und die Ketten machten manche schwere Stunde, aber wir kamen glücklich nach Hause, stolz mit dem kleinen 3 PS-Motor die schwierigen 180 km bewältigt zu haben. Die Umsicht und das praktische Können der Buben setzten mich geradezu in Erstaunen. Dem Vater aber imponierten die Vorschläge zur Verbesserung, die in den jungen Köpfen reiften. Aber setzte er hinzu: ‚Hätte ich's geahnt, die Fahrt hätte ich nie erlaubt.'"[315]

Während in diesen Berichten die Betonung auf dem technischen Können der Benzsöhne liegt, wird in einem Beitrag des Berliner Hausfrauenblattes mit dem Titel: „Die erste Autofahrerin der Welt erzählt" der Ruhm für die erste Fernfahrt und für den Verbesserungsvorschlag von den Söhnen auf die Mutter verlagert, wenn dort zu lesen ist:

> „So hab ich als erste gezeigt, daß dem ‚Papa Benz' sein Automobil auch für weite Fahrten gut ist. Und auf meinen Vorschlag hat er dann noch einen dritten Gang eingebaut für Bergfahrten. Und den haben heute alle Autos auf der Welt. Da bin ich sehr stolz drauf."[316]

Ob Bertha Benz auf dieser Fahrt wirklich selbst das Steuer ergriffen und den Wagen gelenkt hat oder ob sie das Fahren allein ihren beiden Söhnen überlassen hat, ist nicht mit Sicherheit auszumachen. Auch wenn sie bei den anfänglichen Probefahrten den Motorwagen selbst lenkte, so scheint sie doch diese Aufgabe bald ihren „Männern" überlassen zu haben. Eugen jedenfalls antwortete später auf die Frage, wer den Steuerknüppel während der Fernfahrt in der Hand gehabt habe:

> „Unsere Mutter konnte ja nicht fahren. Dagegen hat oftmals mein Bruder Richard gesteuert, wenn wir beide, Mutter und ich, unsere

Kräfte in Anspruch genommen haben, den Wagen den Berg hinaufzuschieben."[317]

Inwieweit sich der betagte Sohn hier an die Frühzeit des Automobils und seine frühe Jugend richtig erinnerte, sei dahingestellt. Allerdings bestätigte Bertha Benz selbst, dass sie nach einiger Zeit aufhörte, den Motorwagen mit eigener Hand zu lenken. In dem Rundfunkinterview von 1933 sagte sie:

> „Sehn sie später, ich bin doch auch älter geworde. Die Sache ist komplizierter geworde und dann ist die Jugend ja gewesen. Warum soll ich alte Frau, ich bin doch auch schon älter geworde, warum. Da hab ich nimmer gefahre, ich hab mich lieber fahre lasse damals."[318]

Sicher aber kann man den Satz unterstreichen, den Eugen nach der Fernfahrt geäußert haben soll, nämlich: „Mutter ist mutiger als Vater"[319]. Carl Benz selbst lobte seine Frau noch in hohem Alter mit den Worten: „Sie war wagemutiger als ich und hat einst eine für die Weiterentwicklung des Motorwagens entscheidende, sehr strapaziöse Fahrt unternommen."[320]

Es brauchte wirklich eine Menge Mut und Unternehmungsgeist, um eine solche lange Fahrt mit diesem neuen Gefährt zu wagen. Die drei Fernfahrer konnten vorher ja nicht wissen, wie die ganze Sache ausgehen würde: Konnte der Wagen die – in ihren Augen unerhört lange – Strecke überhaupt aushalten oder würde er lange vor der Ankunft in Pforzheim zusammenbrechen? Würde er dann möglicherweise nicht mehr zu reparieren sein? Konnte ihnen nicht ein Unfall zustoßen oder irgendein anderes Missgeschick, das die Fahrt vorzeitig beendete? Würden sie eventuell sogar Ärger mit der Obrigkeit bekommen und irgendwo gegen ihren Willen festgehalten werden? Was würden sie dann tun? Wie würden sie wieder heimkommen und wie den Wagen zurücktransportieren?

Es spricht für den starken Charakter von Bertha Benz, dass sie sich weder von solchen Ängsten noch von anderen Zweifeln beirren und von dem einmal gefassten Plan abbringen ließ. Sie muss das Abenteuer mit ihren beiden Söhnen sowohl für durchführbar als auch für verlockend genug gehalten haben, um es ohne Wissen und

Zustimmung ihres Mannes zu wagen. Das zeigt auch, dass sie trotz aller weiblichen Zurückhaltung und Identifikation mit dem herrschenden Frauenbild sich ihrem Mann durchaus gleichberechtigt fühlte und seinen vorhersehbaren Ärger – besonders für den Fall, dass etwas schief ging – nicht so fürchtete, dass er sie von ihren eigenen Ideen abgehalten hätte.

Zugleich macht diese Fahrt sicher auch ihren Wunsch deutlich, endlich der Welt zu beweisen, was eine Frau, also eine Angehörige des sogenannten schwachen Geschlechtes, wirklich leisten konnte. Wie sehr muss sie der Gedanke gereizt haben zu zeigen, dass nicht nur ein Mann, sondern auch eine Frau etwas Ungewöhnliches unternehmen konnte! Wenn man sich an die Entdeckung jener schmerzlich empfundenen Eintragung in der Familienbibel erinnert, dass den Eltern „leider" ein Mädchen geboren worden war, so kann man wohl mit Recht in dieser frühen Enttäuschung den unbewussten Ansporn erkennen, eine solche Herausforderung anzunehmen und zu meistern. Und Bertha Benz erreichte mit dieser Fahrt ihr Ziel, egal ob sie bewusst darauf aus war, etwas Ungewöhnliches zu tun, oder ob sie gehandelt hat, ohne vorher über die Folgen nachzudenken: Sie wurde mit dieser Fahrt zu jener außergewöhnlichen Frau, die sich zutraute, aller Welt, allen Spöttern und allen Zweiflern und sogar ihrem eigenen Mann vorzuführen, dass der neue Motorwagen viel besser und leistungsfähiger war, als allgemein angenommen wurde, ja sogar, als es der Erfinder selbst zu hoffen gewagt hatte.

Auf den Verkauf des neuen Automobils wirkte sich die erste Fernfahrt allerdings kaum aus. In den Augen der Zeitgenossen war diese „männliche" Heldentat der wagemutigen Frau viel zu seltsam, um nicht zu sagen verdächtig, um die selbstverständlich vorwiegend männlichen Käufer von der Qualität des neuen Fortbewegungsmittels überzeugen zu können. So ist auch kein öffentlicher Widerhall dieser ersten Fernfahrt bekannt geworden. Es sollte noch bis in die zwanziger Jahre des neuen Jahrhunderts dauern, bis eine breitere Öffentlichkeit von der „ersten Fernfahrerin" überhaupt Notiz nahm.

Dagegen kann man davon ausgehen, dass die „Ausreißer" bei ihrer Rückkehr in den Fabrikhof in Mannheim mit Applaus empfangen wurden. Nicht nur Carl Benz selbst, auch eine Reihe von Arbeitern hatte an dem Motorwagen gearbeitet. Sie alle müssen stolz darauf gewesen sein, dass ihr Werk seine erste große Zerreißprobe mit solcher Bravour bestanden hatte. Wenn der Wagen jetzt in München noch öffentlich auf den Straßen vorgeführt wurde, so mussten doch die Käufer in hellen Scharen vor dem Mannheimer Werkstor erscheinen!

Ein Werbeblatt mit einem Bild und dem Schriftzug „Neuer Patent-Motorwagen mit Gasbetrieb durch Benzin“ wurde extra für München entworfen und gedruckt.[321] Eigentlich wollte Carl, als Bertha und seine Söhne aus Pforzheim zurückkamen, schon lange selbst in die bayerische Hauptstadt gefahren sein, um den Wagen auf ihren Straßen vorzuführen. Aber er schob seine Reise immer wieder hinaus. Erst Mitte September erschien er dort und wurde mit seinem pferdelosen Gefährt sofort zu einer echten Sensation, von der die Zeitungen mehrfach berichteten. Natürlich war in diesen Berichten keine Rede von der gerade bestandenen Fernfahrt, die seine Frau mit ihren beiden minderjährigen Söhnen unternommen hatte.

Hochgemut und voller Stolz kam Carl Benz aus München nach Mannheim zurück. Endlich hatte seine Erfindung die Anerkennung gefunden, die ihr gebührte. Endlich waren die Menschen nicht mehr spottend und schimpfend neben seinem Wagen hergelaufen wie in Mannheim, sondern hatten den „Selbstbeweglichen“ wie ein Wunder begrüßt und ihn „grenzenlos“ bestaunt.[322] Die Zeitungsartikel, die über ihn berichteten, hob er sein Leben lang auf.[323] So konnten auch Bertha und die Kinder den Bericht lesen, der im Münchener Tageblatt vom 18. September 1888 erschienen war und in dem es hieß:

> „Wohl selten oder nie noch bot sich den Passanten in den Straßen unserer Stadt ein verblüffenderer Anblick, als … wo … in strengem Laufe ein sog. Einspänner-Chaischen ohne Pferd und Deichsel mit aufgespanntem Dache, unter welchem ein Herr saß, auf drei Rädern – ein Vorder- und zwei Hinterräder – dem Innern der Stadt zueilte … ohne eine bewegende Kraft durch Erzeugung von Dampf, ohne die Kraftanstrengung der Füße von Seite des Fahrgastes, wie bei den Velocipeden, rollte der Wagen, ohne Anstand alle Kurven nehmend und den entgegenkommenden Fuhrwerken und den verschiedenen Fußgängern ausweichend, dahin, gefolgt von einer großen Zahl athemlos nacheilender junger Leute. Die

> Bewunderung sämtlicher Passanten, welche sich momentan über das ihnen gewordene Bild kaum zu fassen vermochten, war eben so allgemein als groß. Der unter dem Sitz angebrachte Benzinmotor ist die treibende Kraft, die sich nach den mit eigenen Augen gesehenen wohlgelungenen Versuchen aufs beste bewährt hat."[324]

Mit sichtlicher Zufriedenheit zeigte Carl Benz wahrscheinlich auch die „Große goldene Medaille" vor, mit der sein Wagen in München ausgezeichnet worden war.[325] Das war doch etwas: Jetzt wurden nicht mehr nur seine Standmotoren gelobt,[326] auch sein Wagen, der doch eine viel großartigere Erfindung war, erhielt endlich die Aufmerksamkeit, die ihm gebührte. Carl Benz konnte wirklich zufrieden sein. Seine Frau und die Kinder teilten seine Freude und bereiteten ihm wahrscheinlich bei seiner Rückkehr am Mannheimer Bahnhof einen fröhlichen Empfang, bei dem sie alle auf ihn einstürmten und hören wollten, was er in München erlebt hatte.

Als dann auch noch die weitverbreitete „Leipziger Illustrierte Zeitung" einen langen Artikel zusammen mit einem Bild des Wagens

Abbildung des Patentmotorwagens in der Leipziger Illustrierten vom 1. Dezember 1888.

auf den Münchner Straßen veröffentlichte, schien endlich der Durchbruch gelungen.[327] Jetzt würde man den neuen Wagen in größerer Stückzahl bauen können. Bisher waren die beiden Kompagnons von Carl Benz in dieser Frage nämlich eher zurückhaltend gewesen: Zwar konnte der Erfinder Arbeiter vom Bau der Standmotoren abziehen und mit seinen Fahrzeugen beschäftigen, aber richtig in das neue Gefährt investieren wollten sie nicht. Eugen Benz bestätigte diese Tatsache in dem Interview von 1956, indem er auf die Frage, ob der Vater in dieser Zeit noch an der Werkbank gestanden habe und an dem Wagen eigenhändig gearbeitet habe, antwortete, „ja da waren ja Leute genug da", und dann fortfuhr:

> „Ja er konnte ja nicht alle Leute für das Fahrzeug nehmen, weil er ja nicht allein war, weil er einen Compagnon hatte, mehrere, und diese Compagnons waren Kaufleute, und die Kaufleute ..., die wollen Geld sehen ... Und da durfte mal da einer daran arbeiten und dort einer und daher hat es auch so lange gedauert und sein Kompagnon Rose ... hat einmal zu ihm gesagt: ‚Herr Benz, wir haben jetzt ganz schönes Geld verdient, aber lassen Sie ja die Finger von den Motorwagen weg, sonst verlieren Sie wieder alles.'"
> Der beim Interview ebenfalls anwesende frühere Mitarbeiter Pfanz unterstrich diese Aussage mit den Worten: „Ich weiß auch noch, wie Rose gesagt hat, als ich ins Büro hereingekommen bin ‚Mein Gott, mein Gott, wie soll das noch enden?'"[328]

Leider ließen auch die deutschen Käufer weiter auf sich warten. Allerdings muss man dazu sagen, dass anscheinend auch Carl Benz selbst den Verkauf eine ganze Weile hinauszögerte. So gibt es eine Geschichte aus seinem eigenen Munde, dass er einen Interessenten willentlich abschreckte, indem er dafür sorgte, dass der Wagen bei seiner Vorführung Bocksprünge vollführte.[329] Tatsächlich wurde dann der erste Kauf von einem Kunden aus dem eigenen Vaterland sogar wieder rückgängig gemacht, weil dieser in eine „Irrenanstalt" eingewiesen wurde.[330]

5. Die Autofabrik

Es gibt ein Foto, das wahrscheinlich aus dem Jahr 1889 stammt:[331] Für die Aufnahme hat sich eine Gruppe von Frauen auf dem Fabrikhof aufgestellt – der Name „Benz & Co“ ist in großen Buchstaben an der Hauswand zu lesen. Ein einziger Mann steht in der hinteren Reihe. Vorn in der Mitte ist Auguste Ringer, die Mutter von Bertha Benz, zu erkennen, an ihrer rechten Seite steht diese selbst, auf der linken die siebenjährige Mathilde und ihre schon fast erwachsene, fünfzehnjährige Schwester Klara. Umgeben sind sie von vier Frauen, die mit gleichartigen hellen, langen Kleidern mit weißer Schürze und weißem Kragen bekleidet sind, also offensichtlich als weibliche Dienstboten zur Familie Benz gehören.

Die Frauen lächeln alle in die Kamera. Dabei werden zwei eigentümliche Gegensätze deutlich: zum einen zwischen dieser bürgerlichen Frauengruppe und dem unwirtlichen, steinernen Fabrikhof, in dem sie stehen; zum anderen zwischen den modisch beziehungsweise in Tracht gekleideten Frauen der Familie Benz und den so-

Die Frauen des Hauses Benz umgeben von Dienstmädchen. In der Mitte steht die Großmutter Auguste Ringer, auf ihrer rechten Seite Bertha Benz, links von ihr Mathilde und Klara Benz, um 1889.

zusagen uniformierten Dienstmädchen, die sie umgeben. Beides aber – der Fabrikhof und die Dienstboten – sind der Ausweis des neuen sozialen Standes der Familie Benz, der hier im Bild festgehalten wurde. Zugleich erzählt dieses Foto deutlicher als viele Worte davon, wie eng Bertha Benz und ihre ganze Familie mit der Arbeit ihres Mannes verwoben waren: Sie lebten alle Tag und Nacht in und mit der Fabrik; tagsüber umgab sie „der Hammerschlag" und „das Rasseln der Maschinen",[332] mit denen das Metall bearbeitet wurde, und sie nahmen gemeinsam lebhaften Anteil an allem, was in den Werkhallen geschah.

Selbstverständlich beobachtete Bertha Benz genauso wie ihr Mann die Entwicklung im Bereich der selbstfahrenden Fahrzeuge mit besonders großem Interesse, um nicht zu sagen mit Argwohn.[333] Der Motorwagen des Erfinders war nicht der einzige gelungene Versuch, ohne Pferde zu fahren. Es gab Konkurrenten, die dasselbe Ziel hatten. Der Wettlauf um den ersten funktionsfähigen Motorwagen gewann inzwischen sozusagen immer mehr an Fahrt und das nicht nur in Deutschland.

So berichtete Mitte August 1888, also als Bertha und ihre Söhne gerade von ihrer ersten Fernfahrt zurückkamen, die schwäbische Chronik davon, dass in Cannstatt ein Straßenfuhrwerk mit einem Motor versehen worden sei und ohne Pferd und Deichsel fahren solle. Im Oktober desselben Jahres las man dann im Stuttgarter Neuen Tageblatt, dass mit

> „einem viersitzigen eleganten Wagen, an welchem der Daimlersche Dampfmotor angebracht war, … Probefahrten durch mehrere Straßen der Stadt gemacht [wurden] … Dem Vernehmen nach sollen demnächst auch in einigen verkehrsreichen Straßen Stuttgarts mit einem Wagen, an dem noch weitere Sicherheitsvorrichtungen angebracht sein werden, Fahrten unternommen werden."[334]

Im selben Jahr erschien in Dinglers Polytechnischem Journal, einer der renommiertesten technischen Zeitschriften in Deutschland, eine Besprechung der Gaskraftmaschinen, also der modernsten zeitgenössischen Motoren, die auf der Münchener Ausstellung zu besichtigen waren. Darin wurde zwar der Zweitaktmotor aus Mannheim, den Carl Benz ebenfalls nach München geschickt hatte, ausführlich beschrieben und im Bild vorgestellt,[335] doch die viel bahnbrechendere Erfindung des motorgetriebenen Wagens wurde noch mit keinem Wort erwähnt. Erst im folgenden Jahr widmete man den neuen „Gaslocomotiven", wie der Autor die selbstfahrenden Wagen nannte, einen längeren Beitrag, in dem die verschiedenen Versuche, ohne Pferde zu fahren, erstmals aufgezählt wurden. Der Wagen von Carl Benz steht an erster Stelle, wenn es heißt:

> „Auf der Münchener Kraftmaschinen-Ausstellung des letzten Jahres hatte die *Firma Benz und Comp.* in Mannheim einen Wagen vorgeführt, welcher mit der … beschriebenen Maschine unter Verwendung von vergastem Erdöl getrieben wurde. Sodann hatte die Esslinger Maschinenfabrik nach den Constructionen von *Daimler* in Cannstadt sowohl mehrere Wagen als auch Schiffe mit Erdölgasbetrieb in Thätigkeit gesetzt. Diese Constructionen sollen sich gut bewährt haben. Ebenso hat *Lenoir* in Paris seine in D.p.J. [Dinglers polytechnisches Journal] 1889 beschriebene Maschinen für den Betrieb von Fahrzeugen mehrfach angewendet. *De la Hault* in Brüssel … verwendet zum Betriebe von Straßenfahrzeugen eine Maschine mit schwingendem Cylinder."[336]

Carl Benz konnte sich also nach dem Erfolg von München nicht einfach zur Ruhe setzen, wenn er seinen Motorwagen „am Markt" durchsetzen wollte, wie man heute sagen würde. Noch im selben Jahr reichte er amerikanische Patente für den Motorwagen ein[337] und exportierte auch die ersten Wagen dorthin. Auch nach Frankreich lieferte man von Mannheim aus weiterhin Motorwagen; allerdings in Teilen, die erst in Paris zusammengesetzt wurden. Die Feindschaft zwischen Frankreich und Deutschland wurde seit dem Krieg von 1870/71 in beiden Ländern weiter geschürt, und so konnte Émile Roger, der französische Generalvertreter der Mannheimer Gasmotorenwerke, anführen, er könne den Wagen nur verkaufen, wenn dieser nicht aus Deutschland stamme, und müsse ihn vor Ort zusammenbauen, weil die hohen Zölle ihn sonst zu sehr verteuern würden. Zuerst vertrieb Roger den Motorwagen sogar nur unter seinem eigenen Namen, so dass der Erfinder darauf bestehen musste, dass der Name Benz wenigstens hinzugefügt wurde.[338]

Auch wenn in Mannheim in dieser Zeit nur wenige weitere Exemplare des selbstfahrenden Dreirades zusammengeschraubt wurden,[339] so wurde die Fabrik doch insgesamt immer größer und die Zahl der Arbeiter wuchs an.[340] Carls Erfindergeist befasste sich übrigens noch mit weiteren Möglichkeiten, seinen Gasmotor zu verwenden. Jakob Pfahler, ein Freund aus der Rudergesellschaft, hatte den Motor in ein Boot eingebaut und es 1887 als erstes Motorboot auf dem Rhein vorgeführt. Carl Benz entwickelte daraufhin eine „Kraftübertragungs- und Umsteuerungsvorrichtung für Schiffe mit Petroleum-Kraftmaschinen", die er sich ebenfalls patentieren ließ.[341]

Kurz bevor Bertha Benz im Mai 1889 vierzig Jahre alt wurde, feierte ihr Ältester, Eugen, seinen sechzehnten Geburtstag. Ihn, wie auch später seinen Bruder Richard, lockte die Arbeit in der väterlichen Fabrik und am Motorwagen. So verließ er die Schule mit dem Einjährigen, also einem mittleren Schulabschluss, um bei seinem Vater in die Lehre zu gehen.[342] Da er sich mit dem Motorwagen schon genauso gut auskannte wie ein Geselle, wurde seine Arbeitskraft bald bei der Übergabe der Wagen an die Käufer eingesetzt. Diese ersten Autokäufer kamen teilweise von weit her, so dass die Gefährte an ihren Heimatort geliefert und die neuen Besitzer vor Ort in die Fahr- und Motorentechnik eingewiesen werden mussten. Bald reiste Eugen mehr in Europa herum, als dass er in Mannheim an der Werkbank stand.[343]

Einen der ersten Wagen erwarb eine ungarische Lehrerin zusammen mit einem Kollegen. Sie lebten in dem kleinen Ort Sommerein, der zwischen Wien und dem heutigen Bratislava (Preßburg) liegt. Ihr Wagen wurde per Bahn nach Wien verfrachtet und von Eugen ausgeliefert. Von Wien aus legte er – sicher nicht allein, sondern zusammen mit einem älteren Meister, da er gerade erst sechzehn Jahre alt war – die letzten fünfzig Kilometer auf der Straße zurück. Stolz erzählte er zuhause von dem großartigen Empfang, der ihnen bereitet wurde. Carl Benz erinnerte sich noch am Ende seines Lebens daran, dass der

> „Weg ins Ungarland … nichts anderes als eine einzige ‚*Via triumphalis*' [war]. Ein Sturm der Freude begrüßte den Wagen beim Einzug … Ehrenpforten und Triumphbögen waren errichtet. Bekränzte Festjungfrauen brachten ihm ihre Huldigungen dar,

> und aus dem Motorwagen war unter dem Jubel der Bevölkerung bald ein Blumenwagen geworden."[344]

Dieses Erlebnis stand in eklatanten Gegensatz zu dem Spott, den der Erfinder immer noch in Mannheim erntete. Denn in der Heimatstadt des neuen Wagens hielt man ihn und seine Familie trotz aller Erfolge weiterhin für mehr oder weniger verrückt. Ein Augenzeuge schrieb noch Jahrzehnte danach die folgende Begebenheit auf, die er erlebte, als er eines Tages von der Neckarbrücke aus auf der Straße nach Käfertal spazieren ging:

> „Auf einem Feldwege, abseits der Straße nach dem Neckar zu, sah ich ein droschkenähnliches Fahrzeug ohne Pferde stehen. Zwei Männer machten sich an dem Wagen zu schaffen, der alsdann plötzlich von selbst sich vorwärts bewegte; an der nächsten Steigung des fast ebenen Weges blieb das Fuhrwerk aber stehen, die Männer eilten hinzu, hantierten lange Zeit an dem Wagen herum mit dem Erfolge, daß er schließlich wieder einige Meter weit lief, um abermals festzustehen. Mir war die Erscheinung neu und ich fragte deshalb einen vorbeigehenden Arbeiter, ob er wisse, was das zu bedeuten habe. ‚Och', sagte er, ‚deß sinn die Benze, die mache so dumm Zeug; die wolle en Wage mache, der wo ohne Gail laaft'. Und mit dem Ausdruck unglaublicher Geringschätzung setzte der gute Mann seinen Weg fort."[345]

Carl und Bertha Benz hofften natürlich, dass die große Weltausstellung in Paris – sie feierte 1889 ihr zehntes Jubiläum – ihren Wagen weltweit berühmt machen und die Nachfrage steigern würde. Derselbe Motorwagen, der in München so erfolgreich gewesen war, wurde in die französische Hauptstadt verfrachtet. Allerdings hätte Carl Benz wohl lieber selbst mitfahren sollen, anstatt alles seinem französischen Vertreter zu überlassen. Émile Roger stellte den Wagen nämlich zusammen mit nur einem einzigen Standmotor der Mannheimer Fabrik in demselben Pavillon aus, in dem auch die Motoren von Gottlieb Daimler standen. Nebenan befand sich zu allem Übel auch noch die Strecke, auf der Daimlers motorisierte Trambahn herumfuhr. Der Motorwagen von Benz aber wurde wieder einmal nicht bewegt und so stahl ihm die Trambahn die ganze

Schau.[346] Für die Gasmotorenfabrik in Mannheim schlugen nur die Kosten für die Stellfläche in Paris und den Transport des Wagens negativ zu Buche.

In diesem Sommer wurde Bertha Benz noch einmal schwanger. Eigentlich war sie mit vierzig Jahren schon deutlich über die Zeit hinaus, in der man damals noch erwartete, dass eine Frau ein Kind bekam. Auch das Ehepaar Benz hatte bestimmt nicht mehr damit gerechnet, dass die Familie sich noch einmal vergrößern würde. Aber da sie keine wirtschaftliche Not mehr zu befürchten hatten, wurde das jüngste Kind – ein Mädchen, das am 16. März 1890 geboren und auf den Namen Ellen getauft wurde – sicher freudig begrüßt.

Trotz der wenig positiven Nachrichten aus Frankreich, wo sich inzwischen Émile Levassor und René Panhard zusammengetan und den Bau von Motorwagen nach dem Patent von Daimler aufgenommen hatten,[347] bestärkte Bertha Benz ihren Mann darin, mit seiner Erfindung weiterzumachen. Die Mannheimer Firma musste mehr Wagen bauen und man musste viel mehr für ihn werben. Die Käufer würden schon noch kommen! Sie waren doch beide von der Zukunft des neuen Kraftfahrzeuges überzeugt, oder? Man musste jetzt nur am Ball bleiben und durfte auf keinen Fall der Konkurrenz das Feld überlassen!

Das Problem war nur, dass weder Max Rose noch Wilhelm Eßlinger ebenso von dem Motorwagen überzeugt waren wie der Erfinder und seine Frau. Die beiden Teilhaber sorgten sich um das bereits investierte Geld[348] und wollten kein neues Kapital mehr in einen Zweig der gemeinsamen Firma stecken, der nur Kosten verursachte und dessen Zukunft zweifelhaft erschien. Die Situation war nicht einfach, denn es gab auf beiden Seiten gute Argumente. Man konnte damals wirklich noch nicht wissen, ob sich der „Selbstbewegliche“ einmal durchsetzen und wirtschaftlich erfolgreich herzustellen und zu vertreiben sein würde. Es gab genug Stimmen, die – wie Jahrzehnte zuvor bei der Einführung der Eisenbahn – auch jetzt davor warnten, dass die Fahrten mit einem solchen Wagen die Gesundheit beeinträchtigen könnten und noch viele andere Gefahren heraufbeschworen.

Doch gerade jetzt lernte Carl Benz einen Mann kennen, der von dem Wagen ebenso begeistert war wie er selbst. Der nur ein Jahr jüngere Friedrich von Fischer[349] hatte seine Karriere als Textilkaufmann in Mannheim begonnen und war danach ins Ausland gegangen; zuerst hatte er in Frankreich, später dann jahrelang in Japan gelebt. Nach seiner Rückkehr kaufte er sich als Teilhaber in eine große Exportfirma in Mannheim ein, die unter seiner Ägide eine führende Stellung in der Stadt erreichte. Mit Mathilde Bumiller heiratete er zudem eine Tochter einer sehr angesehenen Mannheimer Familie.

Wahrscheinlich lernten sich die beiden Männer kennen, als Carl Benz seinen ersten Wagen nach Amerika exportieren ließ. Jedenfalls zog Friedrich von Fischer schon im Jahr 1888 Geld aus der eigenen Firma heraus, um bei der Rheinischen Gasmotorenfabrik einsteigen zu können. Die Verhandlungen mit Rose und Eßlinger zogen sich eine Weile hin. Doch im Mai 1890, also wenige Wochen nach der Geburt von Carl Benz jüngster Tochter, konnte der erwünschte Wechsel an der Firmenspitze stattfinden. Die beiden bisherigen Teilhaber wurden abgefunden und zusammen mit Friedrich von Fischer stieg der Kaufmann Julius Ganß neu in das Unternehmen ein. Julius Ganß stammte aus einer sehr begüterten Kaufmannsfamilie und hatte lange in Paris als Handelsvertreter für eine Mannheimer Brauerei gearbeitet. Auch er war ein begeisterter Anhänger des neuartigen, motorisierten Fahrens. Die drei neuen Kompagnons vertrauten einander offenbar mehr als die bisherigen, denn von nun an war jeder von ihnen allein zeichnungsberechtigt.[350]

In der „Lebensfahrt“ wird der Umschwung, der sich jetzt in der Fabrik bemerkbar machte, mit geradezu euphorischen Worten dargestellt. Die neuen Teilhaber waren laut Carl Benz

> „zwei Männer, die, glücklicherweise, statt Mißtrauen den fröhlichen, starken Glauben an die Zukunftsmacht des Motorwagens mit sich brachten. Sie waren gleich mir Feuer und Flamme für die neue Idee und scheuten keine Geldopfer. Beide waren Kaufleute, beide in ihrer Art verschieden, aber beide tatkräftig und tüchtig. Herr von Fischer übernahm mit Umsicht die Organisation des inneren kaufmännischen Betriebs, während Herr Julius Ganß mit weitschauendem Blick in der Organisation des äußeren Verkaufs Hervorragendes leistete. Bald häuften sich die Aufträge in einem solchen Maße, daß trotz rascher Vergrößerung der Fabrikanlage und der Arbeiterzahl die technische Produktion fast nicht mehr Schritt halten konnte mit dem Tempo des Verkaufs. Es war ein

Aufsprießen und Aufblühen – wie nach einem warmen Frühlingsregen."[351]

Nach außen vertrat jetzt Julius Ganß die Firma, der als „Verkäufer allerersten Klasse" und „sehr selbstsicher ..., aber ohne auch nur einen Augenblick unangenehm eitel zu wirken" beschrieben wird.[352] Er dehnte den Verkauf ihrer Produkte weit über Europa hinaus aus. Später bezog er auch die Werbung in sein Arbeitsfeld mit ein. Schon in Paris hatte er die großformatigen farbigen Plakate kennengelernt, die gerade modern wurden.

Als erstes wurde im Herbst, wenige Monate nach der Umstrukturierung der Firma, ein neuer Gasmotor auf den Markt gebracht. Er brauchte keinen festen Gasanschluss mehr wie der bisherige, sondern war anfangs mit Petroleum und später mit dem leichteren, dem Benzin verwandten Ligroin zu betreiben. Dieser Motor war besonders gut für die vielen kleinen Firmen geeignet, die keinen Anschluss an ein örtliches Gaswerk besaßen.[353] Nach anfänglichen Versuchen mit einer elektrischen Zündung erhielt er allerdings bald wieder die bewährte Glührohrzündung, die weniger empfindlich war. Carl Benz hatte diese Zündung, auf die er selbst kein Patent besaß, vorher so weiter entwickelt, dass die gefährliche Vorexplosion des Kraftstoffes mit einem Kugelverschluss verhindert wurde. Diese Neuerung war 1891 patentiert worden. In den nächsten vier Jahren verkauften die Mannheimer über 800 Stück ihres neuen Standmotors und schätzten sich selbst damit als Marktführer ein.[354]

Auch der Bau von Motorbooten wurde fest im Programm installiert. Man legte sogar einen Teich auf dem Firmengelände an, in dem die Boote ausprobiert werden konnten. Bis zum Ende des 19. Jahrhunderts wurden über 4000 ortsfeste und bewegliche Motoren gebaut und in Betrieb genommen. Damit blieb auch unter der neuen Leitung der Motorenbau das wichtigste Arbeitsfeld. Daneben aber konnte Carl Benz sich intensiv mit seinem Lieblingskind, dem Motorwagen, befassen.

In dieser Zeit wuchs die kleine Ellen heran. Sie erlebte ganz andere Verhältnisse als die älteren Kinder der Familie, die ja aufwuchsen, als Bertha Benz manchmal nicht wusste, wo sie das Geld für die tägliche Nahrung hernehmen sollte. Damals hatte die junge Mutter von morgens bis abends gearbeitet. Oft muss sie geglaubt haben, nicht mehr weiter zu können; das Windeln, das Stillen, die Kinderkrankheiten, die Wäsche für die ganze Familie, der Einkauf, das tägliche Mittagessen, das Abwaschen und dann auch noch das Saubermachen. Obwohl sie damals nur zwei Zimmer bewohnten, muss selbst diese Arbeit mühsam gewesen sein, denn sicher war alles auf engstem Raum zusammengepfercht. Auf jeden Fall hatte für Bertha Benz die Arbeit niemals aufgehört und sie hatte noch bis in die Nacht hinein an der Nähmaschine gesessen, um die Kleider der Kinder zu flicken oder aus alten Sachen neue anzufertigen. Sie hatte immer so viel wie möglich gespart, um ihrem Mann weiterzuhelfen.

Wie hart diese Zeit gewesen ist, zeigt ihr Wahlspruch: „Arbeiten und nicht verzweifeln"[355]. Mit diesem Gedanken hatte sie sich immer wieder gestärkt, wenn sie kurz vor dem Verzweifeln war. Mit diesem Kampfgeist und einer gewissen Härte gegen sich selbst hatten sie sich damals aus den allerkleinsten Verhältnissen hochgearbeitet. Jetzt aber brauchte Bertha Benz sich um die groben Arbeiten überhaupt nicht mehr zu kümmern. Dafür waren die Dienstmädchen, die Köchin und die Aufwartefrau da. Für die kleine Ellen wurde ein Kindermädchen engagiert, die mit ihr spazieren fuhr und sich um die Windeln und alles andere kümmerte. Die Fabrik blühte immer mehr auf. Die Hallen sollten vergrößert werden und auch das Bürogebäude und damit zugleich die Wohnung der Familie Benz wurde mehrmals erweitert.[356]

Carl Benz trieb in dieser Zeit das Problem der Lenkung um. Wie immer konnte er nicht aufhören, an etwas herumzutüfteln, und war erst zufrieden, wenn alles ganz genau so funktionierte, wie er es sich ausgedacht hatte. Schon seitdem Daimler in Cannstatt seinen Motor in einen vierrädrigen Wagen eingebaut hatte, war klar, dass auch die Firma Benz in Mannheim nachziehen musste. Dazu kam, dass das Dreirad auf schlechten Straßen kaum zu lenken war. Die beiden hinteren Räder liefen in den tiefen Furchen, die die Fuhrwerke ausgefahren hatten, während das kleine Vorderrad oben in der grasbewachsenen Mitte hin und her holperte. Wenn man geradeaus fuhr, konnte man den Wagen nur schwer in der Spur halten, und wenn man abbiegen wollte, kam man kaum aus der Spur heraus. Bertha kannte das Problem. Sie war oft genug abgestiegen und hatte geholfen, den Wagen aus den Furchen herauszuschieben. Und sie wusste nur zu gut, wie das Gefährt einen durchschüttelte, wenn man damit

Mathilde und Klara Benz im Alter von etwa zehn und fünfzehn Jahren im sommerlichen Festgewand, um 1892.

länger auf unbefestigten Wegen fuhr. Und ehrlich gesagt waren die meisten Wege in diesem Zustand. Sie waren schmal und – wenn überhaupt – schlecht gepflastert, hatten Furchen und waren im Sommer schrecklich staubig und bei Regen matschig.[357] Das dürfte auch ein Grund gewesen sein, dass Bertha Benz es aufgab, selbst zu fahren. Denn während sie mit Ellen schwanger war, muss sie eigentlich jede Fahrt auf dem schüttelnden Wagen vermieden haben, um ihr Kind nicht zu gefährden.

Carl Benz musste also, wenn er weiter vorankommen wollte, einen Wagen mit vier Rädern bauen. Dafür musste er allerdings eine neue Lenkung entwickeln. Der Drehschemel, der üblicherweise in die Pferdefuhrwerke eingebaut wurde, war nämlich viel zu schwergängig. Mit ihm ließ sich die ganze Achse von ihrem Mittelpunkt aus drehen, so dass die Räder nach rechts oder links abbogen. Wenn

Pferde vorne zogen, war das kein Problem, aber mit einem Motor als Antriebskraft waren die Kräfteverhältnisse ganz anders. Die Räder mussten also beweglicher werden.

Bertha Benz wusste sicherlich, dass sie ihren Mann in Ruhe lassen musste, wenn er wieder einmal mit einem so kniffligen Problem beschäftigt war. Sie wird ihn in dieser Zeit mit ihren häuslichen Angelegenheiten noch weniger belästigt haben als sonst. Doch sie selbst muss schon damals beunruhigt gewesen sein, dass die kleine Ellen, je älter sie wurde, zu manchen Zeiten merkwürdig abwesend war. Auch die Konfirmation ihrer ältesten Tochter Klara dürfte sie in diesem Zeitraum beschäftigt haben und sicher noch vieles andere mehr, das mit der Entwicklung ihrer drei Töchter zusammenhing. Doch waren das offenbar Dinge, welche sie als Mutter allein verantwortete und über die sie sich höchstens mündlich oder per Brief mit ihren Freundinnen und Schwestern austauschte. Allerdings fehlen hier die schriftlichen Belege, so dass man auf Vermutungen angewiesen ist.

Carl Benz fand eine Lösung für sein Problem. Ohne zu wissen, dass es schon früher einmal einen gleichartigen Ansatz gegeben hatte, entwickelte er die sogenannte Achsschenkellenkung. Dabei brachte er an den beiden Enden der durchgehenden Vorderachse jeweils einen

> „zweiarmigen Winkelhebel“ an, „auf deren einem Schenkel das Rad sitzt, während die anderen Schenkel durch die Spurstange gelenkig miteinander verbunden sind. Durch Verschieben der Spurstange nach links oder rechts können die Räder so gelenkt werden, daß bei jeder Stellung die Verlängerungen der Radachsen sich in einem Punkte schneiden. Dabei ist ein ganz geringer Kraftaufwand nötig, weil ja jetzt jedes Rad einfach um seinen eigenen Drehpunkt geschwenkt wird und der Hebelarm des Straßenwiderstandes auf ein Mindestmaß verkleinert ist.“[358]

Zuerst wurden die vorhandenen Dreiräder mit dieser neuen Lenkung ausgerüstet und zu Wagen mit vier Rädern umgebaut. Später entwickelte Carl Benz ein schwereres und größeres Fahrzeug, das er voller Stolz „Viktoria“, also Sieg, nannte. Die Achsschenkellenkung war wirklich ein Sieg! Von nun an konnte man voll in das Geschäft mit den neuen Motorwagen einsteigen. Bis dahin waren nämlich insgesamt nur fünfundzwanzig Dreiradwagen verkauft worden, auch wenn die Zahl der Mitarbeiter inzwischen schon auf etwa 40 Köpfe angewachsen war.

Die stolzen Arbeiter von Benz & Cie. kann man übrigens auf einem Foto von 1893 sehen, für das sich die Arbeiter und Lehrlinge um den neuesten Wagentyp gruppierten, vor dem ein Motor aufgebockt ist. Ein großes Schild in der Mitte verkündet „Patent-Motor-Wagen, ‚Benz', Wagen ohne Pferde, Benz & Cie. Mannheim". Zwei der jungen Männer tragen anstelle der üblichen Arbeitermützen eine Melone auf dem Kopf, so dass man diese beiden wohl für Eugen und Richard Benz ansehen darf.[359] Denn ab 1891 hatte auch Richard sein Lehre in der väterlichen Fabrik begonnen.[360] Drei Jahre später wurde ein neues Foto gemacht: Zwei noch sehr junge Burschen sitzen mit einer Tafel in der Mitte am Boden, auf der die Beschriftung: „Motorenbau Benz & Cie. 1897" zu lesen ist. Wieder sind Motoren und Wagenbauteile am Boden und an den Seiten angeordnet. Die Zahl der Arbeiter aber hat sich fast verdoppelt.[361]

Das Gesellenstück von Richard Benz befindet sich heute im Dr.-Carl-Benz-Museum in Ladenburg.

6. Der Autopionier Theodor von Liebieg

Am 28. Februar 1893 meldete Carl Benz seine neue Lenkung zum Reichspatent an.[362] Der Bau von vierrädrigen Wagen hatte da schon lange begonnen.[363] Bald begann in der Mannheimer Firma eine richtige Modellpolitik, denn der kleine Wagen trat offiziell am 1. April 1894 als preiswerteres „Velo“ neben den größeren „Benz-Viktoria“, für den anstelle der leichten Drahtspeichenräder stabilere Eisenräder verwendet wurden.[364]

In der Fabrik wurde nun das „Technische Büro für den Wagenbau“ zum zweiten Zuhause von Carl Benz. Es lag in einiger Entfernung von den anderen Direktionszimmern und war sogar mit einer Drehbank und einen Schraubstock ausgestattet.[365] Auch Richard Benz, der inzwischen neunzehn Jahre alt geworden war und seine Lehre beendet hatte, fand dort seinen Arbeitsplatz. Wie für seine Eltern und seinen Bruder Eugen wurden auch für ihn die pferdelosen Wagen zum Lebensinhalt, wobei er sich besonders für den Motorenbau begeisterte.[366]

Inzwischen wurde die Werbung für den Motorwagen intensiviert. Eine erste Zeitungsanzeige, die im folgenden Winter in Mannheim geschaltet wurde, war allerdings noch ganz bescheiden: Sie bestand nur aus einem kleinen quadratischen Feld mit dem schlichten Text: „Benz & Co. / Rheinische Gasmotorenfabrik Mannheim / Ausschließlich Fabrikation von Gas= und Ligroin=Motoren / Motor-Wagen-Benz“.[367] Bald erschien ein mehrseitiger Prospekt, in dem der neue, vierrädrige Wagen ausführlich in Bild und Text vorgestellt wurde.[368]

Um zu zeigen, wie einfach seine Handhabung war, bildete man auf der Hauptseite eine Zeichnung des Wagens ab, der von einem jungen Mädchen gesteuert wurde. Ein Foto von Klara und ihrer jüngeren Schwester Mathilde stand dafür Pate. Denn nicht nur beide Söhne, auch die Töchter von Carl und Bertha Benz lernten den Motorwagen zu lenken. Klara erinnerte sich noch in hohem Alter, dass es für sie ein einschneidendes Erlebnis war, als sie mit vierzehn Jahren – also 1891 – vom Vater die Erlaubnis erhielt, „mit dem Motorwagen selbst kleinere Fahrten innerhalb Mannheims bzw. in die nähere Umgebung“ zu unternehmen. Sie machte von diesem

Das Werbeblatt der Firma Benz & Cie. zeigt Klara und Mathilde Benz auf einem der neuen Benz-Velos und vermerkt alle Auszeichnungen, die die Motoren der Firma Benz auf großen Ausstellungen erhalten haben. Nach 1894.

Anerbieten Gebrauch, soweit es die betrieblichen Belange zuließen, und erinnerte sich, dass der Wagen damals schon so gut ging, dass es bei ihren Fahrten nur ein oder zwei kleinere Störungen gab, die ihre

Brüder für sie behoben.[369] Wenn man bedenkt, dass selbst das Radfahren in dieser Zeit für Damen immer noch als unschicklich galt,[370] so kann man ermessen, wie ungewöhnlich diese Tatsache war und wie sehr Carl Benz damit innerhalb seiner Familie die Ebenbürtigkeit des weiblichen Geschlechts anerkannte.

Unter dem Werbebild ist eine eindrucksvolle Liste der Medaillen und Auszeichnungen aufgeführt, welche die Benz-Motoren zwischen 1885 und 1894 auf verschiedenen Ausstellungen eingeheimst hatten. Gleich am Anfang des Textes wird das „Alleinstellungsmerkmal" des neuen Produktes herausgestellt:

> „Nach langjährigem Bemühen ist es uns nunmehr gelungen, einen Wagen herzustellen, welcher die Pferde, deren theure Anschaffung, Unterhaltung und Abwartung vollständig entbehrlich macht."

Danach wird die „Ingangsetzung dieses, auch in seinen äusseren Formen sehr gefälligen Fuhrwerkes" als sehr bequem hervorgehoben. Sie geschieht, „nachdem der Gaszufluss regulirt, durch einfaches Andrehen einer Handkurbel. Ist so der Motor in Thätigkeit gelangt, besteigt man den sehr bequemen, 2 Personen fassenden Sitz, rückt durch den zur Linken befindlichen Hebel den Motor ein und der Wagen setzt sich sogleich in langsame Bewegung". Die Geschwindigkeit kann „durch einfaches Vor- oder Rückwärtsdrehen" desselben Hebels „gesteigert oder verlangsamt werden" und es wird betont, dass man „durch Anziehen des oben erwähnten Hebels den Wagen jederzeit sofort zum Stehen bringen kann". Zusätzlich hilft ein „einfacher und sinnreicher Bergsteigapparat" während der Fahrt Steigungen von bis zu 8 % zu überwinden.

Auch der günstige Preis für den Betrieb des Fahrzeuges wird unterstrichen: Circa ein Liter der gängigen Petroleum-Öle genügt, „um eine Stunde zu fahren, also 2 Personen etwa 16 Kilometer weit zu befördern. Nach dem gegenwärtigen Preise des Benzins wird sich die Stunde Fahrzeit auf etwa 30 Pfg. stellen."

Der Wagen für zwei Personen inklusive des „Bergsteigapparates" kostete 2750 Mark. Dazu gab es weitere Ausrüstungsgegenstände wie ein „Spritzleder als Fußsack", „ein paar elegante Laternen" oder einen verstellbaren „Sonnen- und Regenschirm als Schutzdach" beziehungsweise das etwas noblere „abnehmbare Halbverdeck aus Glanzleder mit Tuch gefüttert“.

Wenn man bedenkt, dass zum Beispiel der durchschnittliche Wochenlohn eines Handwerkers bei ungefähr 23 Mark lag,[371] kann man ermessen, wer sich damals einen solchen Wagen leisten konnte – und wer nicht!

Inzwischen gab es auch einen neuen Namen für den „Selbstfahrer“. Zuerst in Frankreich und später auch in Deutschland sprach man nun immer öfter vom Automobil und benutzte damit ein aus dem Griechischen und dem Lateinischen zusammengesetztes Fremdwort, das in den Ohren der Zeitgenossen vornehmer klang, aber auf Deutsch doch nichts anderes bedeutete als der „Selbstbewegliche“.

Werbung allein konnte allerdings nicht für eine größere Verbreitung des Automobils sorgen. Die Mehrzahl der Zeitgenossen war noch lange nicht überzeugt von dem Fortschritt, den das neue Fahrzeug bedeuten sollte. Den meisten Menschen waren diese stinkenden und knallenden Gefährte ein Dorn im Auge und sie hätten die Fahrer am liebsten zum Teufel gejagt. Sie kamen ihnen mit hoher Geschwindigkeit entgegen; machten einem solchen Lärm, dass die Pferde scheuten, und wirbelten zu allem Ärger auch noch riesige Staubwolken auf, so dass man sich hinterher erst einmal wieder säubern musste.

Doch es gab auch erste Enthusiasten, die sich für den Automobilismus begeisterten. Damit, dass einige junge Männer anfingen, die Leistungsfähigkeit ihrer neuen Wagen und zugleich ihre eigene Belastbarkeit auf immer längeren Reisen zu testen, entwickelte sich das Autofahren zu einer neuen Sportart der Reichen.[372] Schon die erste dieser Touren führte in einem funkelnagelneuen „Benz-Viktoria“ über insgesamt etwas mehr als 2500 Kilometer.

Der damals erst 21-jährige Theodor Freiherr von Liebieg aus Reichenberg im damaligen Böhmen (heute Liberec in Tschechien) kam Ende 1892 eigens nach Mannheim, um von Carl Benz einen „pferdelosen Wagen“ zu kaufen. Von Liebiegs Familie besaß eines der größten Webereiunternehmen Europas und er selbst wurde später als Baron zum Großindustriellen und Mitglied des österreichischen Herrenhauses.[373] Nachdem er in seiner Heimatstadt zuerst ein Jahr lang das Fahren geübt hatte, kam er auf die verwegene Idee, mit seinem Wagen nach Gondorf an der Mosel zu fahren, wohin sich seine verwitwete Mutter mit seinen jüngeren Geschwistern zurückgezogen hatte. Zusammen mit seinem Freund Franz Stransky, einem angehenden Mediziner, bestieg er am 16. Juli 1894 den mit fünf Pferdestärken und einem Klappverdeck ausgestatteten Wagen.

Das Reisetagebuch, in dem die beiden Freunde ihre Abenteuer festgehalten haben, ist Ende der 1930er Jahre in einer zeitgenössischen Überarbeitung veröffentlicht worden.[374] Darin wird nach der Hälfte der Fahrt Bilanz gezogen: Die beiden Freunde fuhren am ersten Tag vierzehn Stunden lang und brachten dabei die Strecke von insgesamt 196 Kilometer von Reichenberg bis nach Waldheim hinter sich. Am folgenden Tag erreichten sie nach acht Stunden und 112 Kilometern Fahrt das Städtchen Eisenberg in der Nähe von Jena. Nach dieser Anstrengung machten sie erst einmal einen Tag Rast.

Das kann man gut verstehen, wenn man an die schlechten Straßenverhältnisse denkt und in Betracht zieht, wie stark die beiden jungen Männer auf ihrem kaum gefederten, geschweige denn mit weiterem Luxus ausgestatteten Wagen durchgeschüttelt worden sein müssen. Die nächsten 136 Kilometer nach Eisenach überwanden sie in neun Stunden. Das Fahren gefiel ihnen so gut, dass sie beschlossen, während der folgenden Nacht einfach damit weiterzumachen. Der junge Fahrer lenkte seinen Wagen in sechsundzwanzig Stunden über die noch ausstehenden 282 Kilometer. Dadurch erreichten sie nach fünf Tagen Fahrt die „Heimatstadt" ihres Gefährtes. Eineinhalb weitere Tage brauchten sie dann noch, um die letzten 210 Kilometer zwischen Mannheim über Boppard an der Mosel nach Gondorf hinter sich zu bringen. Als Durchschnittsgeschwindigkeit rechneten sie 13,5 Stundenkilometer aus. Dafür verbrauchten sie 140 Kilo Benzin – man rechnete damals noch nicht in Litern – und 1500 Liter Wasser.[375] Man kann sich vorstellen, wie oft sie anhielten, damit der Beifahrer Stransky zu einem Brunnen oder einem Bachlauf gehen konnte, um neues Kühlwasser zu schöpfen. Die Fahrt nach Gondorf kostete sie übrigens 185 Mark. Für einen Handwerker wäre das der Verdienst von mindestens zwei Monaten Arbeit gewesen.

Von Gondorf aus, wo die beiden Fernfahrer sich einen Monat lang aufhielten, unternahmen sie mehrere Ausfahrten, die sie unter anderem sogar nach Reims in Frankreich führten. Am 22. August begaben sie sich auf ihren Rückweg. Nach einem zweiten Besuch in Mannheim trafen sie neun Tage später wieder in ihrer Heimatstadt ein.[376]

Ihren ersten Besuch in der Mannheimer Fabrik erinnerte Theodor von Liebieg offenbar am Ende seines Lebens als eine echte Sensation für alle Beteiligten. In dem publizierten Reisebericht heißt es, dass der Wagen kaum vorgefahren war, als Carl Benz und seine beiden Kompagnons aus ihren Büros herbeieilten. Hände wurden geschüttelt und Begrüßungsworte gewechselt. Der Erfinder strahlte. „Das habe ich nicht zu hoffen gewagt", sagte er und meinte damit die Tatsache, dass die beiden jungen Männer wirklich auf seinem Gefährt die ganze Strecke von Reichenberg bis nach Mannheim zurücklegen würden. Tatsächlich war er vorher ziemlich skeptisch gewesen, weil er befürchtete, dass sein Wagen einer solchen Dauerbelastung nicht standhalten würde. Den wagemutigen Käufer hatte er sogar gewarnt, dass die Firma bei so einem Unternehmen keine Garantie übernehmen könne.[377]

Die jungen Männer berichteten lebhaft von „dem langen, oft mühseligen Wege", dem häufigen Wasserholen, von dem Schläfer, der am Morgen ihrer Abfahrt quer über der Straße lag und erst weggezogen werden musste, davon, wie oft sie unfreiwillig hatten halten müssen, weil der Zünder ausgewechselt – das geschah mehrfach während dieser Reise – oder ein Loch im Benzinbehälter gelötet werden musste, von der Nachtfahrt, bei der Liebieg in Hanau im trüben Licht ihrer Kerzenlaternen von der Straße abkam und im Stadtpark landete, und ihren vielen weiteren Abenteuern. Carl Benz hörte ihnen schmunzelnd zu und unterbrach sie manchmal, um nachzufragen und ihnen seine Anerkennung auszusprechen. „Alle Hochachtung, meine Herren! Solche Männer brauche ich. Wer glaubt, gewinnt", soll er wörtlich gesagt haben.

Schließlich wurden die Besucher in den Fabrikhof geführt, wo man ein Holzgerüst mit einem großen Bierfass aufgebaut und dazu Tische und Bänke aufgestellt hatte. Aus Anlass des ungewöhnlichen Besuchs rief der stählerne Gong vorzeitig zum Arbeitsschluss. Kurz darauf strömten die Arbeiter in den Hof und ließen sich auf den Bänken nieder. Die jungen Gäste aus Böhmen nahmen zusammen mit Carl Benz und seinen Kompagnons den Ehrenplatz in ihrer Mitte ein. Das Fass wurde angezapft. Als alle etwas zu trinken hatten, erhob sich Carl Benz zu einer feierlichen Ansprache. Er begrüßte zunächst noch einmal die beiden jungen Männer, die den Mut gehabt hatten, auf einem Benz in die weite Welt zu fahren.

Danach wandte er sich an die Belegschaft, die er zum Erstaunen der jungen Gäste als seine Mitarbeiter anredete. Er dankte ihnen in dieser „Triumphstunde", die er zugleich mit dem Namen des Wagens, „diese Benz – V i k t o r i a – Stunde" nannte, sehr herzlich dafür, dass sie ihm geholfen hatten, diesen Wagen zu schaffen, der „nun wahrhaftig seine Probefahrt bestanden" habe, und er fuhr fort: „siebenhundert geschlossene Kilometer haben schon den Lauf der Benz-Viktoria-Räder verspürt. Siebentausend, hunderttausend werden noch dazukommen, weil ich an Ihnen allen, Thum, Axtmann, Hieronymus, Meister Spittler, Matthias Bender, treue Helfer, mutige Arbeitskameraden, unverdrossene, siegesbewußte Mitarbeiter habe. Mein Erfolg ist Ihr Erfolg! Meine Freude ist – das weiß ich – auch Ihre Freude".

Und er fuhr fort, dass sich für ihn der Kreis der namentlich Genannten und der ungenannten Helfer an diesem Werk durch jene schlösse, die den Wagen auf die Straße lenkten, wobei er an erster Stelle die beiden jungen Fernfahrer nannte, die das gemeinsame Werk „lebendig machen, die es hinauslenken in die Welt, die unsere Arbeit in die Sonne stellen". Mit dem Toast: „Der erste große Erfolgskreis ist damit geschlossen! Ich trinke auf sein leuchtendes Symbol! Es lebe die Zukunft!" beendete er seine Ansprache. Diese Rede und die Gemeinschaft von Fabrikherrn und Arbeitern, die sie im Anschluss beim gemütlichen Beisammensein erlebten, machte den jungen Männern einen tiefen Eindruck: „Das war wirklich: Benz & Co!", schließt dieser Abschnitt des Tagebuchs.[378]

Im originalen Reisebericht von 1894 liest sich die Ankunft in Mannheim leider sehr viel prosaischer. Dort heißt es dazu nur:

> „wir fahren sofort in die Fabrik von Benz & Cie., wo uns H. von Fischer und H. Benz schon erwarten; beide sind kolossal erfreut über unser gewagtes Unternehmen und den glücklichen Ausgang desselben. Der Wagen hatte ja in den letzten 26 Stunden 282 Kilometer zurückgelegt, eine Strecke, die noch niemand auf einem solchen Vehickel unternommen. H. von Fischer will uns einladen, doch ich danke, da ich den Abend mit Bruder Gisbert verbringen

will. Nachdem wir noch etwas geplauscht, gingen wir ins Hotel zum Pfälzer Hof…"[379]

Auch wenn das beschriebene gemeinsame Fest möglicherweise erst im folgenden Jahr, als die Reichenberger noch einmal nach Mannheim kamen, oder vielleicht überhaupt nicht stattgefunden hat, wird aus dem originalen Text Theodor von Liebiegs immerhin deutlich, wie stolz der Erfinder auf den Erfolg seines Werkes war.

Die später eingeschobene Festgeschichte dagegen zeigt ihn auch als unangefochtenes Oberhaupt seiner Fabrik, in der er ein freundschaftliches und fast schon väterliches Verhältnis zu seinen Arbeitern pflegte. Tatsächlich ist auch in anderen Erzählungen über diese Mannheimer Jahre immer wieder von dem Erfinder als „Papa Benz" die Rede. In der Fabrik dürfte sich letztere Bezeichnung besonders deswegen durchgesetzt haben, weil seine beiden Söhne, die eng mit ihm zusammenarbeiteten, stets die ihnen gewohnte kindliche Anrede „Papa" gebrauchten. Die Gesellen und Meister, die oft nach ihren Lehrjahren weiter bei Benz blieben, gaben ihm dann diesen freundlichen Spitznamen, mit dem sie ihren Chef natürlich niemals persönlich anzureden gewagt hätten.[380]

Noch 1924, als der Erfinder seinen achtzigsten Geburtstag feiern konnte, erhielt er eine ganze Reihe von Glückwünschen aus den Kreisen seiner früheren Mitarbeiter, deren lange Anhänglichkeit ihn sehr rührte. Da er sich selbst „von der Pike auf" hochgearbeitet hatte, verstand er die Freuden und Leiden seiner Arbeiter besser als jene Chefs, die ihre Unternehmen geerbt hatten und Sorge und Not nur vom Hörensagen kannten, wie er in seinen Memoiren schrieb. Und verhalten klingt darin Kritik an jenem Unternehmertum hindurch, das im letzten Drittel des 19. Jahrhunderts skrupellos riesige Vermögen anhäufte, indem es die Arbeiter bis zum Letzten dadurch ausbeutete, dass man ihnen Hungerlöhne zahlte, ihre Arbeitsbedingungen ständig verschärfte und ganz und gar auf ihre soziale Absicherung im Fall von arbeitsbedingter Krankheit und Invalidität verzichtete.

Dieser Einstellung entsprach auch die relativ bescheidene Wohnung, in der die Familie Benz lebte. Auch wenn der Umzug für Bertha Benz schon einen deutlichen Aufstieg bedeutet hatte, so kam dem reichen jungen Freiherrn aus Böhmen das Mannheimer Werk mit seinen fünfzig Arbeitern doch noch sehr schlicht vor. Nach seiner Beschreibung bestand es aus „mehrere[n] kleine[n] Gebäude[n], in denen die Arbeitsräume untergebracht waren" und hatte dazu ein „vorderes, unscheinbares Bürohaus", in dem sich – für den adeligen Besucher offenbar erstaunlicherweise – auch noch die Wohnräume des Fabrikherren befanden. Das Foto des Büro- und Wohnhauses der Fabrik, das in dem originalen Reisebericht eingeklebt ist, bestätigt übrigens diesen Eindruck:[381] Im Gegensatz zu den üblichen protzigen Fabrikantenvillen zeigt es einen relativ schlichten Zweckbau, dessen Dach kaum die noch jungen Bäume am Straßenrand überragt.

Carl Benz selbst war in seinem Betrieb dafür bekannt, dass er sich für seine Arbeiter einsetzte und bereit war, auch denen zu helfen, denen sein Kompagnon Fischer die Entlassung androhte. Allerdings hatte er feste moralische Grundsätze, die er konsequent durchsetzte. So duldete er keine tätlichen Auseinandersetzungen in seiner Fabrik und griff dabei sogar selbst einmal resolut ein, wie er in seiner „Lebensfahrt" erzählte:[382]

> „Übrigens legte ich großen Wert darauf, daß die Arbeiter sich als lebendige Glieder eines einheitlichen, gemeinsamen Organismus fühlten. Keiner sollte im Notfalle seinen hilfebedürftigen Kollegen im Stiche lassen. Folgender aufregender Zwischenfall mag das im einzelnen dartun.
> Es war frühmorgens, kurz nach sechs Uhr. Die Lampen brannten noch, als ich den Fabrikraum betrat. Da hörte ich, wie hinter einem Eisengestell zwei Männer schwer miteinander rangen. Sofort rief ich die Leute auf den nächsten Arbeitsplätzen zu Hilfe. Doch sie stellten sich taub und sahen nicht von der Arbeit auf.
> Da trat ich näher und sah, wie ein baumlanger starker Mensch einen Meister an der Kehle hatte.
> Ich bin von Natur aus kein Riese, aber in diesem Augenblick höchster Gefahr verlieh mir eine bis heute unerklärliche Macht Riesenkräfte. Wie mit eisernen Titanenarmen umschlang ich den Angreifer und drückte ihn in fester Umklammerung so dicht an mich, daß er – an die Wand gestellt – jeden weiteren Angriffsversuch aufgab.
> Der Angreifer wurde entlassen und mit ihm auf der Stelle auch die zwei ‚Tauben'. ‚Aber, Herr Benz, wir haben Frau und Kinder

daheim, und das ist doch der gefährlichste Raufbold von der Welt', wenden sie ein. ,Hilft nichts', sage ich. ,Wer so wenig Nächstenliebe übrig hat, wo Menschenleben auf dem Spiele stehen, den sehe ich bei mir nicht gerne an der Arbeit. Sie sind entlassen.'"

Wahrscheinlich berichtete Carl Benz seiner Frau umgehend von diesem aufwühlenden Erlebnis und man kann sich vorstellen, wie Bertha erschrocken ausrief, dass das ja auch ganz anders hätte ausgehen können. Natürlich kam es immer wieder vor, dass Arbeiter sich mit ihren Vorgesetzten stritten. Eine solche Prügelei war aber offenbar die Ausnahme und muss deshalb Carl Benz so gut im Gedächtnis geblieben sein. Ein Grund für diese Auseinandersetzungen dürfte darin gelegen haben, dass die Zeiten sich geändert hatten. Überall in Deutschland taten die Arbeiter sich zusammen und gründeten Gewerkschaften. Mit Streiks forderten sie mehr Lohn und bessere Arbeitsbedingungen. Im Ruhrgebiet hatten sich 1889 nahezu alle Bergarbeiter an dem Streik beteiligt, auf den die Obrigkeit mit dem Einsatz von Militär reagiert hatte. Sechs Jahre später weitete sich in Hamburg ein Streik der Seeleute und Hafenarbeiter zum regionalen Generalstreik aus, der elf Wochen dauerte.

Wann diese Szene genau stattgefunden hat und warum der Arbeiter so gewalttätig wurde, wird in der Autobiografie leider nicht angegeben. Als ein Zeichen für die Unruhe und Spannung, die in dieser Zeit auch in Mannheim in den Fabriken herrschte, kann man sie aber sicher ansehen.

Das Zitat aus dem Original des Tagesbuchs der Fernfahrt aber macht auch deutlich, dass sich der junge Adelige bei seinem ersten Besuch überhaupt nicht für die Fabrik des Autoerfinders interessierte. Er war nur zufrieden, dass er seinen Wagen am nächsten Tag – einem Sonntag – frühmorgens um sieben Uhr wieder abholen konnte und dass an ihm „alles blinkte und blitzte, eine solche Reinigung war ihm seit Reichenberg nicht mehr passiert." Man dankte Herrn Benz für die Instandsetzung des Wagens und fuhr sofort ab, nicht ohne den Drehermeister Spittler auf dessen Bitte hin bis Worms mitzunehmen.[383]

Auch als von Liebieg und sein Freund einen Monat später wieder nach Mannheim zurückkamen, wurde der Wagen wieder einfach „Herrn Benz, der sehr erfreut ist, uns wieder zu sehen, übergeben".

Dabei machte der Adelige den Erfinder „auf alle Mängel aufmerksam und er versprach mir, daß in zwei Tagen der Wagen wieder blitz und blank sein werde. Wir verabschieden uns hierauf".[384]

Die nächsten beiden Tage verbrachten die beiden Autofahrer in Karlsruhe und Baden-Baden, wobei der Eintrag, dass sie zwar voll Bewunderung über die Pracht der Kuranlagen in Baden-Baden waren, ihnen nur eins den Genuss störte, „nämlich daß soviel von Israels Stamme die Natur verunzierte", ein sehr bezeichnendes Licht auf den in dieser Zeit schon vorhandenen Antisemitismus in Deutschland wirft.[385] Zurück in Mannheim stellte von Liebieg dann erfreut fest, dass Herr Benz sein „Versprechen pünktlich gehalten" hatte und der Wagen „fix und fertig" auf ihn wartete. Diesmal verlebten die beiden Fernfahrer den Abend „in Gesellschaft des jungen Benz u. Monteur Bender in einem Concert im Mannheimer Stadtgarten". Am folgenden Tag, wieder einem Sonntag, wurde dann die weitere Rückreise nach Reichenberg angetreten, auf der man langsam nähere Bekanntschaft schloss. Denn die beiden Fernfahrer waren

> „in Begleitung der ganzen Familie Benz, die bis Gernsheim mit uns fuhren. Bei der letzten Flasche Mosel sagten wir uns Lebewohl und nachdem wir die beiden Wagen photographiert, fuhren wir allein weiter gegen Offenbach."[386]

Im handschriftlichen Reisebericht ist an dieser Stelle eines der bekannten Fotos zu sehen, das die beiden Wagen und ihre Insassen zeigt.[387] In dem gedruckten Reisebericht wird dagegen betont: So fuhren „z w e i stolze Wagen"[388] hintereinander auf badischen Straßen. Möglicherweise war diese Fahrt tatsächlich das erste Mal in der Geschichte des Automobils in Deutschland, dass ein solcher doppelter „Familienausflug" stattfand. Selbst bei den Probefahrten, auf denen die fabrikneuen Wagen eingefahren wurden, dürfte bis dahin selten mehr als ein Wagen auf der Straße zu sehen gewesen sein. Erst als sich die Bestellungen immer mehr häuften, kann Carl Benz dazu übergegangen sein abzuwarten, bis mehrere Wagen fertig waren, die dann gemeinsam starteten.[389]

Für die beiden jungen Männer war diese Begleitung durch einen zweiten Motorwagen auf jeden Fall ungewöhnlich, da sie sonst fast überall die Einzigen gewesen waren, die mit einem solchen Gefährt unterwegs waren. Um wie viel erhebender aber muss diese Fahrt für Carl und Bertha Benz gewesen sein! Was für ein Hochgefühl muss es gewesen sein, endlich nicht mehr allein über Land zu kutschieren, sondern sehen und erleben zu dürfen, wie sich die eigenen Ideen durchsetzten und andere Menschen mit Stolz und Freude erfüllten! In dieser Fahrt kulminierten sozusagen die langen Jahre voller Bemühungen und Arbeit, voller Sorgen und Ängste zum Erlebnis des Erfolges und verstärkten damit auch den Glauben an eine große Zukunft.

Als man in Gernsheim noch einmal gemütlich beisammen saß, führten die jungen Männer natürlich während der ganzen Zeit mit Carl Benz und seinen beiden Söhnen „Benzingespräche", diskutierten also über technische Einzelheiten, Verbesserungswünsche und Änderungsvorschläge. Sie sprachen zum Beispiel darüber, welche Teile verstärkt oder erleichtert werden mussten; wie die Zündung funktioniert hatte und dass es doch sehr mühsam war, immer wieder Wasser schöpfen zu müssen, um die Kühlung in Gang zu halten. Carl Benz sparte dabei sicher nicht mit Anerkennung und Lob für seine beiden begeisterten Verehrer. Im Grunde hatten sie seinen Wagen erstmals im Dauerbetrieb getestet und ihm dabei Höchstleistungen abverlangt. Außerdem waren sie trotz aller Verbesserungswünsche ungewöhnlich zufriedene Kunden. Oft genug musste er sich mit ganz anderen Käufern herumschlagen, die den Wagen nur ausnützen wollten und bei der kleinsten Schwierigkeit verärgert reagierten, wie er sagte. Dabei wollte er doch nur, dass die Menschen ihre Freude mit dem Gefährt hatten, und es lag ihm natürlich auch daran, die Leistungsfähigkeit seines Fahrzeugs weiter zu verbessern. Er schloss diesen Gedankengang mit den Worten:

> „Das wird noch eine Weile dauern. Aller Anfang ist schwer. Die einfachsten Sprichwörter sind die wahrsten. Aber auch die siegreichsten. Wir haben es begonnen und führen es zu Ende und Sie meine Herren, sind die Herolde"![390]

An diesem Nachmittag lernten sich anscheinend auch Bertha Benz und der junge Freiherr von Liebieg zum ersten Mal näher kennen. Die Frau des Erfinders erzählte von ihrer eigenen Fernfahrt, damals vor sechs Jahren, die ja noch wesentlich kürzer, aber sicher nicht weniger abenteuerlich gewesen war. Der Besucher fragte auch nach den früheren Zeiten und wollte wissen, wie es war, als der Motorwagen erfunden wurde. Lebhaft erinnerte sich Bertha Benz dabei an jene Tage und kam dabei auch darauf zu sprechen, wie sie und ihr Mann manchmal fast am Ende ihrer Kraft gewesen waren. Im Buch heißt es an dieser Stelle:

> „‚Aber wir rissen uns immer wieder auf. Einer half dem anderen hoffen und so brach das Vertrauen in die Zukunft niemals ab. Dieser unbedingte Glaube an das Glück hat unseren Motor geschaffen, und so oft ich ihn rattern höre, denke ich an den eigenen Herzschlag voll Sorge und Erwartung.'
> ‚Ich bewundere Sie, gnädige Frau!' sagte Liebieg.
> Sie wehrte ab: ‚Bewundern Sie nicht mich, bewundern Sie meinen Mann. Er war der Schaffende, ich schritt nur neben ihm.'
> ‚Aber im gleichen Schritt und Tritt', fiel Carl Benz ein, der dem Gespräche zugehört hatte. ‚Mein lieber, junger Freund', wandte er sich dann an Liebieg. ‚Die Kameradschaft ist eine Weltmacht. Es lebe der gute Kamerad!'
> Die Gläser klangen.
> ‚In diesen Bund sind nun auch S i e eingetreten, lieber Baron!' lächelte Frau Benz. ‚Ihre Fahrt in die weite Welt ist auch ein Kameradenstück. Sie sind zum Verkünder unseres Sieges geworden. Mein Mann hat schon oft gesagt: ‚Wenn wir nur lauter solche Fahrer hätten! Dann hörten die Leute bald auf zu spötteln und zu zweifeln.'''"[391]

Auch diese Unterhaltung ist im Reisebericht von 1894 noch nicht festgehalten worden, allerdings haben sich die Protagonisten später noch manches Mal wiedergesehen. Aber auch wenn die Betonung der „Kameradschaft" stark nach der Ausdrucksweise der Nationalsozialisten und damit nach einer zeitgenössischen Überarbeitung klingt, so unterstreicht diese Passage doch noch einmal die Aussagen der „Lebensfahrt", in denen immer wieder die Verbundenheit und die große Achtung betont wird, die Carl Benz sein Leben lang für seine Frau bewahrte.

Bevor sich die neuen Freunde endgültig voneinander verabschiedeten, lud der junge Freiherr seine Gastgeber und explizit Bertha

Benz ein, ihm einen Gegenbesuch in Reichenberg abzustatten, was diese auch versprach.[392] Von Liebieg und sein Begleiter waren übrigens so begeistert von ihrer ersten Reise mit dem Automobil, dass sie – wie oben erwähnt – diese ein Jahr später wiederholten. Auf dieser zweiten Fahrt besuchten sie die Mannheimer Fabrik und die Familie Benz erst auf dem Rückweg, blieben dort aber drei Tage lang, so dass ihr weidlich strapazierter Wagen komplett überholt werden konnte.[393]

Auch später gehörten von Liebieg und sein Freund zu jenen Autokäufern, die Carl Benz wirklich gern bei sich sah. In der Lebensfahrt heißt es:

> „Wenn der Baron zu uns kam und über seine Reiseerlebnisse berichtete ..., dann freute sich das ganze Haus. Hatte er aber gar noch seinen Fabrikarzt bei sich und seinen Hauskaplan – diesen Mann mit seinem unversiegbaren goldenen Humor –, dann beherrschte laute und feuchte Fröhlichkeit die Stunde."[394]

Der Enthusiasmus der jungen Männer aus Böhmen war selbst für damalige Zeiten ungewöhnlich. Sie scheuten keine Mühe und waren nicht ungeduldig, wenn der Wagen ihnen Enttäuschungen bereitete, wie zum Beispiel während ihrer ersten Rückfahrt von Mannheim nach Reichenberg. Bei der Überholung des Wagens in der Fabrik war die Schnelligkeit erhöht worden und von Liebieg war ganz begeistert, wie großartig er seitdem ging.[395] So überkam ihn der Übermut und er versuchte, bei einer „langen Thalfahrt die größte Schnelligkeit unseres Rosses zu erproben". Die Luft sauste immer stärker um ihre Köpfe, so dass sie vorsorglich ihre Hüte abnahmen und sich darauf setzten, um sie nicht zu verlieren. Liebieg musste sich bemühen, sein Fahrzeug in der Bahn zu halten. Die Räder holperten so über die zahlreichen Schlaglöcher, Steine und Unebenheiten, dass der Wagen von einer Seite zur anderen sprang. Das Ende vom Lied war, dass sich das Gummi von einem der beiden Vorderräder löste und wie eine Spirale durch die Luft flog. Liebieg bremste sofort, kam allerdings erst ungefähr zweihundert Meter weiter zum Stehen. Kein Wunder also, dass die beiden Insassen blass waren, als der Wagen endlich anhielt. Das Gummi lag ziemlich weit hinter ihnen auf der Straße. Liebieg versuchte den Wagen zu wenden, um dorthin zu fahren. Doch damit rief er erst richtig das Unglück herbei: Er rutschte mit den Hinterrädern in den Graben. Selbst mit Hilfe von fünf wandernden Handwerksburschen ließ der Wagen sich nicht mehr von der Stelle bewegen. Erst ein Bauer zog ihn auf Bitten der beiden Fernfahrer mit seinen Pferden heraus. Für Spott brauchten sie bei dieser Aktion nicht selbst zu sorgen! Doch sie klopften ungerührt ihren Kautschuk wieder auf dem Rad fest und fuhren weiter.[396]

Der Erfolg seines „Benz-Viktoria" auf langen Strecken spornte Carl Benz zu noch mehr Arbeit an. Jetzt gab es Zeiten, in denen in der Wagenbauabteilung Tag und Nacht geschuftet wurde.[397] Tausend Einzelteile mussten weiterentwickelt und verbessert werden, damit die Wagen immer zuverlässiger und einfacher zu handhaben waren. Fast alles wurde damals in der eigenen Fabrik hergestellt. Erst als neben dem „Benz-Viktoria" der „Velo" auf den Markt gebracht wurde, bezog man dessen Drahtspeichenräder von der Kleyerschen Fabrik aus Frankfurt, also von jenem Fahrradhändler, der schon lange zur Firma in Beziehung stand und von dem man bisher nur die Felgen für die selbst hergestellten Holzräder gekauft hatte.[398]

Der Benz-Viktoria von Theodor von Liebieg wird von einem Pferdegespann abgeschleppt. Zeichnung aus dem Tagebuch der Fernfahrt von 1894.

Allerdings gab es einen Wermutstropfen in dem Eifer, mit dem das Automobil bei Benz weiterentwickelt wurde: In der Fachwelt war es zu einem Streit um das Daimlersche Grundpatent über die Glührohrzündung von 1883 gekommen. Der frühere Arbeitgeber Daimlers, die Gasmotorenfabrik Deutz, verlangte nämlich jetzt auf einmal - zehn Jahre nach der Vergabe –, dieses Grundpatent frei verwenden zu dürfen, weil die Erfindung gar nicht patentfähig sei. Daimler dagegen hatte die Leipziger Motorenfabrik J. M. Grob & Cie. wegen Verletzung des Patents verklagt. Auch den Rheinischen Gasmotorenwerken Benz & Cie. flatterte eine entsprechende Klage ins Haus. Jetzt kam es darauf an: Wenn Daimler seinen Prozess gegen die Leipziger Firma gewann, dann würde auch Benz eine Strafe und nachträgliche Patentgebühren zu bezahlen haben.

Sicher war dieser Streit auch ein Anlass dafür, dass Carl Benz sich in den 1890er Jahren immer wieder mit der Frage der Zündung beschäftigte. 1896 erhielt er sogar ein Patent für eine „Platin-Glühhut-Zündung“, die sich aber leider in der Praxis nicht bewährte.[399] Zwar belebt Konkurrenz das Geschäft, doch die Konkurrenz zu Gottlieb Daimler, dessen Wagen in Frankreich schon viel stärker Fuß gefasst hatten als diejenigen aus Mannheim, muss für Carl und Bertha Benz nicht immer leicht zu ertragen gewesen sein. Obwohl die beiden Hauptkonkurrenten im Autobau nicht weit voneinander entfernt in Stuttgart und Mannheim am Werke waren, behauptete Carl Benz in der „Lebensfahrt“:

> „Ich habe Daimler in meinem ganzen Leben nie gesprochen. Einmal sah ich ihn in Berlin von weitem. Als ich näher kam – ich hätte ihn gerne persönlich kennengelernt –, war er in der Menge verschwunden.“[400]

Wenn das wahr ist, dann haben die beiden Erfinder 1897 in Berlin zwar im selben Raum gesessen, doch müssen sie sich dabei geflissentlich gemieden und kein einziges Wort miteinander gewechselt haben. Sie gehörten nämlich beide dem Komitee an, das dort am 30. September den „Mitteleuropäischen Motorwagenverein“ und damit den ersten Automobilverein in Deutschland überhaupt gründete. Anlässlich der Vereinsgründung wurde im Berliner Hotel Bristol zum ersten Mal eine Automobilausstellung gezeigt. Insgesamt acht Motorwagen waren zu sehen. Selbstverständlich spielten die Automobile von Benz und Daimler die Hauptrolle.[401]

Der schwelende Patentstreit mit Daimler hinderte Carl Benz natürlich keineswegs daran, immer neue Entwicklungen anzustoßen und eine ganze Reihe von unterschiedlichen Fahrzeugmodellen auf den Markt zu bringen. Er hatte in den langen Jahren, in denen er nun schon an seinen Fahrzeugen arbeitete, ein hochmotiviertes Team von Mitarbeitern in seiner Fabrik versammelt, das ihn mit großer Begeisterung unterstützte. Sukzessive wurden die Wagen weiter verbessert: Zum Beispiel wurde der Zulaufhahn zum Benzinbehälter so abgeändert, dass das Benzin automatisch nachlaufen konnte; die Räder wurden mit Vollgummireifen versehen, eine Andrehkurbel zum Anlassen des Motors eingefügt, die Wasserkühlung mit einen Kondensator ausgestattet, so dass man nicht mehr andauernd anhalten und Wasser nachschöpfen musste; 1897 wurde außerdem ein Planeten-Zahnrad-Getriebe eingebaut, durch das die Fahrzeuge Steigungen besser bewältigen konnten, da sie nun über einen kleinen dritten Gang verfügten und zusätzlich auch einen Rückwärtsgang besaßen.[402] Und das sind nur einige Beispiele für die vielen Änderungen und Verbesserungen, die im Laufe des letzten Jahrzehnts des 19. Jahrhunderts an den Wagen der Mannheimer Firma vorgenommen wurden.

Vieles davon wurde aufgrund der regelmäßigen Probefahrten entwickelt, für die Carl Benz eine ganze Reihe von Fahrern ausbildete. Fuhr er nicht selbst mit, so stieg er auf den Aufzugsturm der Fabrik hinauf, von wo er die Fahrtroute, das sogenannte kleine Dreieck – Fabrik–Waldhof–Käfertal und zurück – beziehungsweise das große Dreieck – Waldhof–Sandhofen–Käfertal und zurück – mit dem Fernglas überblicken konnte.[403] Wenn aber im Sommer das Wetter schön war, nahm er sonntags gern seine ganze Familie mit auf die Probefahrten. Dann brachen mehrere Wagen in einer Kolonne von der Fabrik aus auf. Unterwegs hielten sie häufig an, um kleine Reparaturen vorzunehmen oder Besprechungen abzuhalten, und meistens spendierte der Chef im „Löwen“ in Käfertal allen eine Brotzeit.[404] Diese zu Fahrern ausgebildeten Meister und Techniker der Fabrik bildeten einen fast familiären Kreis um Carl Benz und seine Frau und blieben ihnen teilweise ihr Leben lang verbunden.[405]

Natürlich beobachtete man in Mannheim mit Argusaugen die Entwicklung, die seit Beginn der 1890er Jahre in Frankreich vor sich ging. Ganz anders als in Deutschland wurde der Automobilismus dort nämlich mit offenen Armen empfangen. Zwar verkauften die Mannheimer ihre Fahrzeuge weiterhin in Paris an Émile Roger und später dann an Monsieur Cambier, einen bekannten und reichen Industriellen, der die Lizenz der Marke Benz übernahm. Doch war auch dieser nicht erfolgreicher als sein Vorgänger,[406] während sich der Name Daimler in Frankreich durchsetzte. Bald aber waren Benz und Daimler nicht mehr die einzigen Fabriken, die in Frankreich Motorwagen verkauften. Anders als in Deutschland erkannten dort

> „Geschäftsleute und Unternehmer aus verschiedenen Branchen das wirtschaftliche Potential und die Profitchancen, die im Motorwagen steckten, und investierten rasch. Nicht Newcomer nahmen die Autoproduktion auf, sondern kapitalkräftige, eingeführte Unternehmen mit gutem Ruf und Orientierung am Kunden“[407]. Die Pionierfirmen bei diesem Investitionsboom waren De Dion, Panhard et Levassor und Peugeot. Bald kamen weitere Unternehmer dazu. „Dabei folgte die französische Industrie oft einem typischen Muster: Erst verkauften sie deutsche Wagen, dann stellten sie sie in Lizenz selber her, verbesserten später das Produkt und konstruierten schließlich eigene, zielgruppengerechtere Wagen, die dann teilweise ihrerseits im deutschen Ursprungsland lizenzgefertigt wurden.“

Zugleich aber wurden in diesem ersten Jahrzehnt des Automobils immer noch Versuche mit elektrisch sowie mit Dampf angetriebenen Straßenfahrzeugen angestellt.[408] Der Motorwagen musste sich erst noch durchsetzen. Gerade in den Tagen, als der junge Freiherr von Liebieg in Mannheim zu Besuch war, fand in Paris die erste öffentlich ausgeschriebene Zuverlässigkeitsfahrt für „Wagen ohne Pferde“ statt. Sie ging über knapp 130 Kilometer nach Rouen. Veranstalter war die Pariser Zeitung „Le Petit Journal“. Am Sonntag, dem 22. Juli, starteten morgens um acht Uhr einundzwanzig Wagen, die in den Tagen zuvor aus über hundert gemeldeten Fahrzeugen ausgewählt worden waren. Der Jubel einer riesigen Menschenmenge begleitete ihre Abfahrt. Natürlich wollte jeder der Schnellste sein.

Siebzehn Wagen kamen schließlich am Ziel an. Die Höchstgeschwindigkeit betrug 20 Stundenkilometer. Den ersten Preis, für den Schnelligkeit nicht das einzige Kriterium war, teilten sich zwei französische Wagen, die mit Benzinmotoren „Lizenz Daimler" angetrieben wurden. Sie hatten knapp sechs Stunden für die Strecke gebraucht. Am schnellsten war übrigens nicht ein Wagen mit Benzinmotor, sondern ein mit Dampf angetriebenes Gefährt gewesen.

Gottlieb Daimler war während dieser zukunftsweisenden Wettfahrt die ganze Zeit persönlich anwesend und sein Name wird in den Berichten des „Le Petit Journal" mehrfach genannt. Im Gegensatz dazu kamen in ihnen weder die Mannheimer Firma noch der Name Benz vor.[409] Émile Roger war zwar auf einem Benzwagen gestartet, kam aber als drittletzter ans Ziel. Trotzdem wurde er mit einem fünften Preis geehrt und zwar für die „gelungenen Änderungen, die er am Petroleumwagen vorgenommen hat".[410] Dass damit Carl Benz' Erfindung geehrt wurde, erfuhren die französischen Leser allerdings nicht.

Als die Familie Benz sich also über den Erfolg ihres Wagens bei seiner ersten Fernfahrt über mehr als siebenhundert Kilometer freute, verpasste sie zugleich das erste Großereignis der Automobilgeschichte. Einen Monat, bevor sie selbst stolz auf einen Ausflug mit zwei Motorwagen gingen, jubelte in Frankreich eine große Volksmenge dem Start von einundzwanzig selbstfahrenden Gefährten zu! Ein Jahr später beim zweiten Internationalen Wettbewerb in Frankreich war Carl Benz allerdings gewarnt. Für die Mannheimer Firma gingen die beiden Werksfahrer Hans Thum und Fritz Held auf die Strecke, die diesmal über 1200 Kilometer von Paris nach Bordeaux und zurück ging. Der Benz aus Mannheim kam immerhin als fünfter ins Ziel, während die ersten sowie sechsten und siebenten Plätze wieder von Fahrzeugen mit Daimler-Motoren gehalten wurden. Émile Roger auf seinem Benz folgte auf Platz acht.[411]

1896 kam dann der Durchbruch für Carl Benz in Frankreich: Für die Fernfahrt Paris–Marseille–Paris im September des Jahres ließ er unter seiner persönlichen Aufsicht zwei Wagen bauen. Von insgesamt fünfzig gestarteten Autos kamen überhaupt nur neun ans Ziel. Die beiden Benzwagen gehörten zu ihnen. Damit war das Durchhaltevermögen dieser Wagen bewiesen. Laut dem „Controllbuch der abgegangenen Patent-Motor-Wagen" im Archiv der Daimler AG lieferte Benz im Folgejahr insgesamt 121 Wagen nach Frankreich und damit doppelt so viele wie im Jahr zuvor.[412]

7. Bertha von Suttner und die Rolle der Frau

Bertha Benz hatte drei Monate, bevor Theodor von Liebieg zum ersten Mal mit seinem Wagen in ihren Fabrikhof einfuhr, ihren 45. Geburtstag gefeiert. Ihr Mann sollte im November desselben Jahres 50 Jahre alt werden. Die Kinder waren „aus dem Gröbsten raus". Eugen und Richard arbeiteten in der Fabrik; Klara mit ihren knapp siebzehn Jahren hatte die Höhere Töchterschule verlassen und bereitete sich, so wie einst ihre Mutter in Pforzheim, jetzt zu Hause in Mannheim darauf vor, später einmal einen eigenen Haushalt zu führen und die Mutterrolle zu übernehmen. Dabei kümmerte sie sich sicher auch um ihre kleine vierjährige Schwester Ellen, während die zwölfjährige Mathilde noch jeden Morgen zur Schule ging.

Alle Kinder, auch die beiden erwachsenen Söhne, wohnten noch zu Hause, so dass der Haushalt mit seinen sieben Personen immer noch groß war. Doch es gab genug Dienstmädchen und Zugehfrauen, die sowohl die groben Arbeiten erledigten als auch für Sauberkeit und gutes Essen sorgten. Junge Mädchen aus einfachen Familien hatten damals kaum eine andere Möglichkeit Geld zu verdienen, als sich in bürgerlichen Haushalten als Hilfskraft zu verdingen, in die Fabrik zu gehen oder als Prostituierte auf der Straße zu landen. Da ihre Arbeitskraft schlecht bezahlt wurde, konnte sich fast jede Familie, die etwas auf sich hielt, mehrere solcher „guten Geister" im Haushalt leisten.

In der Fabrik wurde die Hilfe der „Chefin" schon lange nicht mehr gebraucht. Meister, Gesellen und Lehrlinge und daneben auch die beiden Söhne von Carl Benz setzten die technischen Ideen des Erfinders um und probierten sie aus. Bertha Benz hatte jetzt also viel freie Zeit zur Verfügung. Zugleich kam sie aber auch gerade in die sogenannten Wechseljahre, mit denen damals für die meisten Frauen das Leben im Grunde fast zu Ende war.

Deutschland hatte sich in den letzten dreißig Jahren so stark verändert wie nie zuvor. Das frühere Staatenkonglomerat war zum

Deutschen Reich zusammengewachsen und damit zu einem Land, in dem es im Gegensatz zu früher kaum noch Grenzen und Schlagbäume gab und in dem man mit einer einheitlichen Währung bezahlte. Wie überall in Europa gingen durch die Maschinenkraft immer mehr Arbeitsstellen auf dem Land verloren. Die Folge war, dass die Menschen in die Städte zogen, um dort ihren Lebensunterhalt in den neuen Fabriken zu suchen.

In Mannheim hatte man diese Entwicklung direkt vor Augen: Die Stadt hatte sich, wie Carl Benz es schon bei der Standortwahl für seine „Mechanische Werkstatt" vorausgesehen hatte, seit den siebziger Jahren des 19. Jahrhunderts zu einem bedeutenden Industriezentrum entwickelt. Er war damals zu Recht davon ausgegangen, dass die Stadt eine „vorzügliche geographische Lage" und „geradezu großartige Hafen- und sonstige Verkehrsanlagen" hatte, die den „leichten und billigen Bezug von Rohmaterialien" ebenso ermöglichten wie die „bequeme und billige Gelegenheit zum Versand der fertigen Produkte nach allen Weltgegenden".[413] Wie sehr sich die Stadt bis zum Beginn des 20. Jahrhunderts veränderte, wird in dem Buch „Mannheim und seine Bauten" aus dem Jahr 1906 so beschrieben:

> „Heute ragen eine riesige Anzahl mächtiger Schornsteine rings um Mannheim herum gen Himmel und verkünden den großen Gewerbefleiß, der hier herrscht. Eine Menge Arbeiterzüge durcheilen die Umgebung, die in jedem den Eindruck erwecken, daß man sich hier auf dem Konzentrationspunkt einer gewaltigen Industrie befindet."[414]

Auch die sprunghaft ansteigenden Einwohnerzahlen verdeutlichen diese Beschreibung: 1871, als Carl Benz seine Werkstatt einrichtete und im Jahr darauf die junge Bertha Ringer zur Frau nahm, lebten in der Stadt ungefähr 40.000 Menschen; 1890 waren es schon doppelt so viele und bis 1905 verdoppelte sich die Zahl noch einmal auf 160.000 Einwohner. Parallel dazu wurden auch die Fabriken immer größer. Die Firma „Rheinische Gasmotorenwerke Carl Benz & Cie." war dabei nur eine von vielen und konnte lange Zeit nicht mit der Größe von Werken mithalten wie der „Zellstoffabrik Waldhof" mit ihren 1800 Arbeitern, der „Deutschen Steinzeugwaarenfabrik für Canalisation und Chemische Industrie" mit 700 Beschäftigten oder

der ältesten Maschinenfabrik der Stadt, der Firma „Mohr & Federhaff", mit 600 Beschäftigen.[415] Immerhin standen aber zum Ende des 19. Jahrhunderts auch bei Benz schon ungefähr 400 Arbeiter und Angestellte in Lohn und Brot.

Es war die Zeit, in welcher der Riss, der sich durch die Gesellschaft zog, immer sichtbarer wurde. Einerseits gab es eine neue, teilweise immens reiche Oberschicht, zu der zum Beispiel auch die Besitzer großer Fabriken gehörten. Andererseits lebten die Arbeiter häufig in äußerst schlechten Verhältnissen. In Mannheim war die soziale Lage der Arbeiterschaft sogar schwieriger als in den meisten anderen badischen Städten. Das betraf besonders die Wohnverhältnisse. Bauspekulanten errichteten in den Vorstädten und am Rande der Altstadt für die Zugezogenen in kürzester Zeit billige und völlig unzureichende Mietswohnungen – oft ohne Küche und Sanitärräume –, die ihnen horrende Renditen einbrachten.[416] In den Fabriken waren die Arbeitszeiten lang und es wurden Löhne gezahlt, die kaum für das Notwendigste ausreichten. Unternehmer und Fabrikherren dagegen konnten sich einen immer aufwendigeren Lebensstil leisten und errichteten im Mannheimer Osten protzig ausgestattete Villen.

Im Jahr 1888 hatte Deutschland mit Wilhelm II. einen neuen jungen Kaiser bekommen. Während der Regierungszeit seines Vaters hatte Reichskanzler Otto von Bismarck jahrzehntelang die Außen- und Innenpolitik gelenkt. Doch zwei Jahre nach seinem Amtsantritt hatte der junge Kaiser sich mit dem Kanzler zerstritten, so dass dieser seiner Aufforderung zum Rücktritt nachgekommen war. Wilhelm II. lag die militärische Aufrüstung und dabei besonders der Besitz einer großen Flotte am Herzen. In Schleswig-Holstein wurde ein breiter Kanal zwischen Nord- und Ostsee gebaut, damit die Kriegsschiffe von der Kaiserlichen Werft in Kiel direkt die Weltmeere erreichen konnten. In der ganzen Gesellschaft begann das Militär eine immer größere Rolle zu spielen. Nicht nur der Kaiser, sondern auch das Volk liebte prunkvolle Paraden und den Anblick von schneidigen Offizieren in bunten Uniformen.

Bismark hatte in seiner Außenpolitik versucht, den Frieden in Europa durch Bündnisse zu sichern. Im Innern hatte er anfangs sozialpolitische Reformen gefördert: 1883 war die allgemeine Krankenversicherung sowie ein Jahr später eine Unfallversicherung für Arbeiter eingeführt worden. Doch Bismark hatte auch die Sozialistengesetze erlassen und damit die Arbeiterbewegung und ihre politischen Forderungen nach mehr Gerechtigkeit in den Untergrund getrieben. Diese Gesetze hatte der junge Kaiser wieder abgeschafft. Allerdings nahm deswegen die Kluft zwischen den Arbeitern und den Unternehmern – oder, um es mit Karl Marx auszudrücken, zwischen „Arbeit" und „Kapital" – nicht ab.

Bertha Benz stammte aus bürgerlichen Verhältnissen. Aber in ihrer jungen Ehe hatte sie am eigenen Leib die Mühsal und Angst all jener kennengelernt, die von ihrer Hände Arbeit leben mussten. Trotzdem ist nirgendwo überliefert, dass sie oder ihr Mann sich für sozialistische Ideen begeistert hätten. Der jeweiligen politischen Lage dürften sich allerdings beide durchaus bewusst gewesen. Bertha Benz war auch im Alter über die Tagesereignisse gut informiert. Die Freundin Elisabeth Trippmacher schrieb jedenfalls in ihrem Nachruf im Kriegsjahr 1944:

> „Und wie verfolgte sie auch in den älteren Jahren die Zeitereignisse. Wie oft sprachen wir von der edlen Friedensfreundin Bertha von Suttner, deren Friedensideen ihr sehr imponierten."[417]

Bertha von Suttner war zu diesem Zeitpunkt allerdings schon seit knapp dreißig Jahren tot.[418] Ihr Stern war im letzten Jahrzehnt des 19. Jahrhunderts aufgestiegen. Mit ihren Roman „Die Waffen nieder!"[419] hatte sie die internationale Friedensbewegung in ganz Europa bekannt gemacht. Diese Bewegung wurde vom Bürgertum getragen. Parallel dazu gab es auf Seiten der Arbeiterbewegung die Sozialistische Internationale, in der man um den richtigen Weg zur Erhaltung und Förderung des Friedens in der Welt stritt. Diese beiden Kräfte, die im Grunde am selben Strang ziehen wollten, konnten nicht zusammenkommen, da die politischen und gesellschaftlichen Gegensätze zwischen ihnen zu groß waren. Die sozialistisch organisierte Arbeiterschaft ging von einem klassenkämpferischen Ansatz aus und sah das Kapital als maßgeblichen Kriegstreiber an. Die bürgerliche Friedensbewegung hatte dagegen das Ziel, die Streitigkeiten der Völker vor ein internationales Gericht zu bringen und so der Auseinandersetzung mit Waffengewalt zuvorzukommen.

Wenn Bertha Benz sich für das Werk ihrer Namensvetterin Bertha von Suttner begeisterte, stand sie also innerlich ganz auf Seiten des Bürgertums. Der Roman der Autorin erreichte übrigens eine Auflage in Millionenhöhe und wurde in zahlreiche Sprachen übersetzt. Seine Verfasserin wurde bald zur wichtigsten Verfechterin des Pazifismus. Obwohl damals Frauen nicht einmal das Recht hatten, Mitglied einer politischen Gesellschaft zu werden, ließ sie sich 1891 zur Präsidentin der von ihr neugegründeten österreichischen Friedensgesellschaft wählen. Ein Jahr später kam sie in die deutsche Hauptstadt und half dort mit, die „Deutsche Friedensgesellschaft" aus der Taufe zu heben. Noch im selben Jahr entstand auch in der Vaterstadt von Bertha Benz eine Ortsgruppe dieser Gesellschaft, ins Leben gerufen von dem angesehenen Pforzheimer Industriellen und langjährigen Stadtrat Adolf Richter.[420]

Bertha Benz blieb, wie erwähnt, ihr Leben lang eng mit ihrer Heimatstadt verbunden und besuchte ihre Verwandten dort regelmäßig. Es ist daher gut möglich, dass sie in Pforzheim erstmals von den Pazifisten hörte und daraufhin auch Bertha von Suttners berühmtes Buch las. Dieser Roman stellt zwar die Frage von Krieg und Frieden in den Mittelpunkt und enthält eine Reihe von sehr realistischen Kriegsszenen mit schrecklichen Details, die in schroffem Gegensatz zu der üblichen Glorifizierung und Heroisierung des Soldatenlebens stehen, zugleich aber wird an vielen Stellen das Selbstverständnis und die Rolle der Frauen in der Gesellschaft thematisiert. So beginnt er mit einem Stoßseufzer aus der Kindheit der Heldin:

> „Ach, warum war ich nicht als Knabe zur Welt gekommen! … – da hätte ich doch Erhabenes erstreben und leisten können. Vom weiblichen Heldentum bietet die Geschichte nur wenig Beispiele. Wie selten kommen wir dazu, die Gracchen zu Söhnen zu haben, oder unsere Männer zu den Weinsberger Thoren hinauszutragen … Aber wenn man ein Mann ist, da braucht man ja nur das Schwert umzugürten und hinauszustürzen, um Ruhm und Lorbeer zu erringen – sich einen Thron erobern – wie Cromwell, ein Weltreich – wie Bonaparte! Ich erinnere mich, daß der höchste Begriff menschlicher Größe mir in kriegerischem Heldentum verkörpert schien."[421]

Erinnert das nicht an das lebenslange Problem, das Bertha Benz mit dem Eintrag in der Familienbibel hatte, dass sie für ihre Mutter „leider ein Mädchen“ war? Den ganzen Roman durchzieht das Dilemma, das aktive und intelligente Frauen damals empfunden haben müssen: Ihre Möglichkeiten zu handeln waren viel zu eingeschränkt, als dass sie aufgrund eigener Leistung außerhalb der allgemein anerkannten Mutter- und Hausfrauenrolle Ansehen und Beifall erlangen konnten. Bertha von Suttner war eine der wenigen Ausnahmen, doch hatte sie stets mit Anfeindungen zu kämpfen: Ihre „Friedenswut“ wurde verhöhnt oder sie wurde herabsetzend als „Judenbertha“ tituliert, da sie gegen jede Art von Intoleranz und vor allem gegen den grassierenden Antisemitismus zu Felde zog.

Ob Bertha Benz ihre Namensvetterin wirklich schon in den 1890er Jahren bewundert hat oder ob es die Freundin Elisabeth Trippmacher war, die erst in den Bombennächten des Zweiten Weltkrieges in ihr das Interesse an dieser Streiterin für den Frieden erweckt hat, lässt sich nicht mehr ermitteln. Als Gattin des Fabrikanten Carl Benz war Bertha Benz auf jeden Fall dem herrschenden Gesellschaftssystem soweit verhaftet, dass sie die meiste Zeit ihres Lebens die bürgerliche Frauenrolle voll ausfüllte. Für sie war es selbstverständlich, in guten wie in schlechten Zeiten an der Seite ihres Mannes zu leben, ihn in seiner Arbeit zu unterstützen und an seinen Erfolgen ebenso wie an seinen Misserfolgen teilzuhaben. In diesem Sinne antwortete sie auch in dem Rundfunkinterview von 1933 auf die Frage:

> „Sie, gnädige Frau, waren immer eine Mitarbeiterin ihres Gemahls?“
> „Ja nu, wie jede Frau doch eine Mitarbeiterin is, ich werd nich mehr gewese sein als wie jede Frau, die ihrem Mann halt zur Seite steht.“
> „Aber sie hatten doch technische Kenntnisse?“
> (Belustigt) „Technische Kenntnisse hat ja wirklich jede Frau, wenn sie Interesse hat für ihren Mann und sein Gewerbe und den Verdienst a, dann hat se schon Interesse daran.“[422]

Und noch zu ihrem 90. Geburtstag nahm sie in einem weiteren Interview ihren Beitrag am Werk ihres Mannes bescheiden zurück:

„… Und bei der Erfindung haben sie doch auch mitgeholfen, bei ihrem Mann?"

„Ja, ja, helfe, helfe … helfe, helfe, beschimpft manchmal auch, wenn alles nit so gegange ist, wie man's gern gehabt hätte, mancherlei Schwierigkeite gehabt."

„Aber sie waren jedenfalls gute treue Ehekameraden."

„Nu ja …"

„Ja, ja"

„Da find ich gar nichts besonders, da bin ich streng, das tut man, hat jede Frau, die ihrem Mann verbunde is."[423]

Wenn Bertha Benz bereit gewesen wäre, sich aktiv für die Friedensideen der Bertha von Suttner einzusetzen, dann hätte sie sicher auch ihren Mann daran hindern müssen, militärische Aufträge in seiner Firma anzunehmen. Denn die Ideen der Bertha von Suttner waren jenen Aktivitäten diametral entgegengesetzt, die sich am Ende des 19. Jahrhunderts auch für die Firma Benz aus der Aufrüstung des Reiches ergaben. Damals wurde die militärische Bewaffnung durch den Einsatz neuer Maschinen immer „effizienter" gemacht. Im September 1899 forderte Graf Alfred von Schlieffen, der Chef des Generalstabs, die Mannheimer Gasmotorenwerke auf, sich an einer Studienreise über die Schlachtfelder von 1870/71 in Frankreich zu beteiligen. Immerhin nahm Carl Benz nicht selbst an dieser Fahrt teil, sondern schickte seinen langerprobten Monteur Jakob Schmidt, der das Automobil der Firma Benz lenkte, in dem von Schlieffen reiste.[424]

8. Carl Benz verlässt seine Fabrik

Das Jahrzehnt bis zur Jahrhundertwende, das sie an der Waldhofstraße verlebten, muss für Bertha Benz wie im Fluge vergangen sein. In einem Brief an den Freund von Theodor von Liebieg, der ihr eine alte Aufnahme der Fabrik geschickt hatte, erinnerte sie sich Ende 1925: „In dieser Fabrik, sowie in dieser Wohnung verlebten wir unsere schönsten Jahre! Es war die Zeit für die Grundlegung des späteren großen Aufschwungs der Fabrik."[425]

Ihre finanziellen Verhältnisse wurden in dieser Zeit immer besser und zusätzlich konnten sie sich etwas leisten, was außer ihnen nur die Oberschicht besaß: das Automobil. So zeigen eine ganze Reihe von Fotos die Familie Benz auf Ausflugsfahrten in die nähere Umgebung der Stadt, auf denen sie zum Beispiel im Wirtshausgarten bei einer Erfrischung sitzen oder in beziehungsweise neben einem oder mehreren Automobilen zu sehen sind – oft von Neugierigen umstanden.

So stammt zum Beispiel ein Bild, das später in einer Zeitung veröffentlicht wurde, sicher von einem dieser Sonntagsausflüge, es ist laut Beschriftung 1893 im Wirtsgarten in Edingen aufgenommen. Man sieht darauf die Eltern Benz mit ihren Töchtern und den beiden Söhnen sowie einem weiteren jungen Mann. Die Mädchen sitzen auf der einen und die jungen Männer auf der anderen Seite eines Gartentisches, auf dem Bierflaschen und Kaffeetassen stehen. Bertha und Carl Benz sind etwas im Hintergrund, offensichtlich in ein Gespräch vertieft.[426]

Ein anderes, bekannteres Bild zeigt das Ehepaar Benz auf einer Ausfahrt nach Worms. Drei Wagen sind hintereinander aufgereiht. Um sie drängen sich viele fremde Menschen, darunter auch ein Polizist in Uniform mit Pickelhaube. Der Erfinder selbst steuert den

Die Familie Benz erfrischt sich bei einem Sonntagsausflug im Wirtshausgarten, um 1900.

großen „Benz-Viktoria" in der Mitte, seine Frau Bertha sitzt, wie so oft auf diesen Fahrten, an seiner Seite.[427]

Auf allen diesen Bildern sind die weiblichen Familienmitglieder elegant angezogen und tragen häufig reich garnierte modische Hüte auf dem Kopf. Man kann sich vorstellen, dass Mutter und Töchter, jetzt wo sie es sich leisten konnten, manchen Nachmittag zusammen über Blättern wie „Der Basar. Erste Damen- und Modezeitung" oder „Die Modenwelt. Illustrirte Zeitung für Toilette und Handarbeiten" verbracht haben, um die neuesten Pariser Moden zu studieren und sich daraus die Modelle auszuwählen, die für sie angefertigt werden sollten. Denn damals ließ man, wenn man nicht selbst nähte, seine Kleider meistens noch von der eigenen Hausschneiderin herstellen.[428] Besonders als Klara und Mathilde am Ende des Jahrhunderts zur Tanzstunde und auf die ersten Bälle gingen, mussten nicht nur die Sommer- und Wintergarderobe, sondern auch Ball- und Gesellschaftskleider für sie ausgesucht werden.

Natürlich kümmerte Bertha Benz sich auch weiterhin um den Haushalt. Zwar waren ihre Söhne immer öfter außer Haus, doch die beiden ältesten Töchter blieben auch nach der Schulzeit bei den

Ausfahrt mit der Familie: Eugen Benz hält in einem Benz Phaeton vor der Villa Hartmann in Mannheim. Hinten sitzt seine Großmutter Auguste Ringer zusammen mit seiner kleinen Schwester Ellen und seiner Cousine Julie Collmar. Um 1895.

Eltern und die kleine Ellen als Nachzüglerin kam sowieso erst Mitte der neunziger Jahre zur Schule. Klara und Mathilde warteten, wie es sich für junge Mädchen aus gutem Hause gehörte, nach dem Abschluss der Höheren Töchterschule darauf, einen passenden Mann zu finden, denn selbstverständlich hatten sie es nicht nötig, einen Beruf zu ergreifen.

Währenddessen war Carl Benz wie in den Jahren zuvor immer noch mit seiner Arbeit in der Fabrik ausgefüllt. Es schien keine Frage zu sein, dass es mit dem Werk immer weiter aufwärts gehen würde. Von Jahr zu Jahr steigerte die Firma den Verkauf ihrer Automobile und stellte zugleich eine immer größere Vielfalt von Autotypen her. In der Wirtschaft hatte der Name Benz inzwischen einen außerordentlich guten Klang. Bis zum Ende des Jahres 1901 hatte man insgesamt 2702 „Benz-Wagen" an den Mann gebracht. Die Zahl der jährlich verkauften Wagen war von 69 Fahrzeugen im Jahr 1894 kontinuierlich auf schließlich 603 im Jahr 1900 angestiegen. Wem diese Zahlen gering erscheinen, der sollte bedenken, dass damals noch jeder Wagen in allen seinen Einzelteilen in Handarbeit angefertigt wurde.

Anfangs lieferte man deutlich mehr Fahrzeuge ins Ausland und zwar besonders nach Frankreich. Dass so viele Wagen geordert wurden, verdankte die Firma hauptsächlich dem Verkaufstalent von Julius Ganß. 1898 holte er sogar auf einen Schlag einen Auftrag über zweihundert Wagen herein. Allerdings hatte er vorher offenbar nicht nachgefragt, ob das Werk diese Wagen auch in der vereinbarten Zeit produzieren konnte. August Horch hat erzählt, wie Carl Benz darauf reagierte:

> „Eines Morgens in aller Frühe war ich gerade bei Papa Benz auf seinem Büro, da geht die Türe auf, der Herr Julius Ganß kommt hereinspaziert und sagt in seiner hastigen, die Worte überstürzenden Art: ‚Guten Morgen, ich habe zweihundert Wagen verkauft'. Papa Benz runzelte die Stirn, tat, als ob Herr Ganß überhaupt nicht da sei, sah zu mir herüber und fragte: ‚Was hat der Herr Ganß gesagt?'"
>
> Horch wiederholte die Worte des Verkäufers. Benz stand auf und fragte den Verkäufer, ob er dass wirklich getan habe. Der bestätigte stolz:

„‚Ja, das habe ich.‘ ‚An wen?‘ ‚Paris.‘ ‚Wo wolle Sie denn die zweihundert Wage baue?‘ ‚Hier in Mannheim.‘“

Daraufhin begann eine längere Auseinandersetzung, die damit endete, dass man sich entschloss, die Fabrik sofort zu vergrößern. Aber wirklich zufrieden war Carl Benz mit der ganzen Sache nicht. Er fürchtete um das Renommee seiner Firma, weil durch diesen Massenverkauf Benzwagen laufen würden, „die überhaupt noch nicht auf der Höhe sind“, wie er es ausdrückte.

Vierzehn Tage später kam Herr Ganß übrigens wieder morgens in das Büro und berichtete, jetzt habe er weitere zweihundert Wagen nach London verkauft. „Diesmal sprang Papa Benz empört hinter seinem Schreibtisch auf und rief: ‚Höre Sie mal, Herr Ganß, Sie könne einem aber doch die Ruh nehme.‘“ [429]

Die bestellten Wagen wurden Ende 1899 und im Frühjahr 1900 ausgeliefert. Da sie eine gewisse Bauzeit brauchten, muss die Vergrößerung der Fabrik 1898/99 stattgefunden haben.[430]

Das Jahr 1899 aber bildete aus einem ganz anderen Grund eine wichtige Zäsur in der Firmengeschichte. Friedrich von Fischer, der kaufmännische Leiter der Fabrik, war schwer erkrankt. Damit war es an der Zeit, an die Zukunft zu denken und festzulegen, wie es weitergehen sollte, wenn die Gründergeneration ausscheiden würde. Von Fischer machte seinen beiden Kompagnons den Vorschlag, das Unternehmen in eine Aktiengesellschaft umzuwandeln.[431] Sie wurde am 8. Mai 1899 als „Benz & Cie, Rheinische Gasmotorenfabrik Aktiengesellschaft in Mannheim“ mit einem Grundkapital von drei Millionen Mark gegründet. Dieses Kapital bestand aus den Rücklagen, welche die drei Gesellschafter mit ihrer unermüdlichen Tätigkeit in den vergangenen Jahren erwirtschaftet hatten. Sie behielten sich den ganzen Aktienstock und damit die uneingeschränkte Leitung des Unternehmens selbst vor.[432] Jeder erhielt 999 Aktien. Den Rest von 3000 Mark verteilten sie in Aktien mit je 1000 Mark auf den Bankier Heinrich Perron – dessen Sohn mit demselben Namen später Ellen Benz heiratete –, Jean Ganß, einen Bruder von Julius Ganß, und den ehemaligen Gesellschafter der Firma, Max Rose. Benz, Fischer und Ganß verzichteten dabei ausdrücklich auf eine Auszahlung des Reingewinns für das Jahr 1898/99. Dieser Gewinn von 147.000 Mark wurde für einen ordentlichen sowie einen zweiten speziellen Reservefonds und die Gründung einer Arbeiter-Unterstützungskasse sowie für Sonderaufgaben verbucht.

Laut Gründungsvertrag war das Ziel nun nicht mehr nur „die Fabrikation und der Vertrieb von Motoren“, sondern auch von „Motorwagen und Maschinen aller Art, sowie der Betrieb verwandter Geschäfte“. Der gewählte Aufsichtsrat aus acht Mitgliedern, zu denen Benz und Julius Ganß nicht gehörten, bestellte absprachegemäß die beiden ehemaligen Partner zu Vorstandsmitgliedern, die wie zuvor einzeln zeichnungsberechtigt waren. Friedrich von Fischer schied ganz aus dem Arbeitsleben aus. Seine Krankheit war so weit fortgeschritten, dass er im folgenden Sommer starb.[433] Einen Monat nach der Gründung wurden an seiner Stelle der Kaufmann Josef Brecht – er war von Max Rose empfohlen worden und schon seit sieben Jahren in der Firma tätig[434] – und der 27-jährige und damit zehn Jahre jüngere Eugen Benz zu Prokuristen bestellt. Sie erhielten Kollektivprokura, mussten sich also jeweils miteinander abstimmen, bevor sie nach außen hin aktiv wurden.[435] Da Carl Benz weiterhin die technische Leitung innehatte und Julius Ganß für den Verkauf zuständig blieb, übernahmen die beiden neuen Vorstandsmitglieder zusammen die kaufmännische Leitung und waren damit sowohl für die Einstellung und Entlassung der Arbeiter und Angestellten als auch für den Material- und Werkzeugeinkauf sowie die Kalkulation der Verkaufspreise zuständig.

Eugen Benz stand damit voll im Berufsleben und begann sich seine ersten Sporen zu verdienen. Privat gründete er zur selben Zeit den Rheinischen Automobilclub, dessen Vorsitzender er jahrelang blieb.[436] Als eine seiner ersten öffentlichen Aktivitäten organisierte der neue Club eine Fahrt über die Strecke Mannheim–Pforzheim–Mannheim. Zum einen dürfte sie in Erinnerung an die erste Fernfahrt von 1888 ausgeschrieben worden sein, zum anderen war Pforzheim natürlich ein vertrautes Ziel für die Söhne der Familie Benz, die dort auf Unterstützung für Fahrer und Automobile rechnen konnten. Allerdings ergibt sich aus der zeitgenössischen Literatur nicht, dass diese Wettfahrt als „Gedächtnisfahrt“ bekannt gemacht wurde. In der Zeitschrift „Der Motorwagen“, die der mitteleuropäische Motorwagen-Verein herausgab, wird sie nur als Fernfahrt für den 13. Mai 1900, einen Sonntag, angekündigt.[437] Hinterher wird berichtet, dass fünfzehn Fahrzeuge am Start waren, die

Fahrt ohne Unfall verlief und der schnellste Wagen die ganzen 165 Kilometer in knapp vier Stunden zurücklegte. Am Schluss heißt es:

> „Dem recht hübsch ausgestatteten Programm waren sieben offenbar von Sachverständigen dargebotene Lieder beigefügt, die, reich an Witz und Frohsinn, bestimmt waren, die Teilnehmer in freudiger Stimmung zu erhalten und zum baldigen Wiederkommen anzuregen, und die ihren Zweck nicht verfehlten."[438]

Da dieses Programm bisher nicht aufzufinden war,[439] kann man nur vermuten, dass eines dieser Lieder auf die Fernfahrt von 1888 angespielt haben könnte.

Ein Jahr später wurde die Wettfahrt übrigens erneut ausgetragen und Eugen Benz ging als Sieger in der „Klasse der Tourenwagen" aus dem Rennen hervor. Selbstverständlich traf man sich am Abend nach einer solchen Veranstaltung zu einer gemeinsamen Clubsitzung und feierte die Sieger. Sowieso gab es immer mehr fröhliche Anlässe, bei denen Automobilisten auf Gleichgesinnte treffen konnten. Im Jahr 1900 hatten nämlich Liebhaber des Automobils während der Nürnberger „Motorfahrzeugausstellung" den „Allgemeinen Schnauferl-Club" gegründet.[440] Dieser verstand sich als eine Vereinigung, in der Geselligkeit und Kameradschaft gepflegt und gemeinsam die damals noch überall auszufechtenden „Kämpfe mit den Behörden, der Polizei, den Fuhrleuten, Bauern und störrischen Rössern" vergessen beziehungsweise mit Humor ertragen werden sollten. Um von Anfang an keine Klassenunterschiede unter den Clubmitgliedern aufkommen zu lassen, gab man die damals noch unumgänglich notwendigen Titel in der Anrede auf und beschloss, sich untereinander nur als „Schnauferlbruder" beziehungsweise „Schnauferlschwester" anzusprechen.

So kam man zum Beispiel am 13. Oktober desselben Jahres bei der „Bergfahrt von Heidelberg auf den Königsstuhl" wieder zusammen und saß abends bei Wein und Bier in einem Lokal. Das Treffen wurde vom Schnauferlclub ausgerichtet, in dem die „Schnauferlbrüder" und „-schwestern" bald eine eingeschworene Gemeinschaft bildeten. In dem sogenannten „Schnauferlbuch" – es handelt sich tatsächlich um eine ganze Reihe von Büchern – sind noch heute neben vielen humoristischen Zeichnungen die Unterschriften der jeweiligen Teilnehmer

Die ersten mit Pneumatik(-Luft)-Reifen montierten Wagen der Firma Benz. Den vorderen Wagen steuert Klara Benz, im hinteren sitzt die kleine Ellen wahrscheinlich mit ihrer Schwester Mathilde und ihrem Bruder Richard, um 1900. Der vordere Bildausschnitt wurde in Braunbecks Sportlexikon von 1910 abgedruckt mit der Beschriftung „Die Benz-Voiturette von Richard Benz, die am 13. Mai 1900 in Klasse III die Fernfahrt Mannheim–Pforzheim–Mannheim zuerst beendete."

an Ausfahrten, Rennen und vergnüglichen Abendveranstaltungen zu sehen.[441] Der Name Benz fehlt darunter nicht.

In der Mannheimer Fabrik hätte nach der Gründung der Aktiengesellschaft im Grunde alles so weitergehen können wie zuvor. Der Motorenbau bildete immer noch ein wichtiges Standbein. Doch hatte der Wagenbau inzwischen stark aufgeholt und man plante schon, die Anlagen für den letzteren zu verlegen, weil man mehr Platz brauchte und dieser an der Waldhofstraße nicht mehr zur Verfügung stand. Carl Benz erschien zwei Monate nach der Gründung der Aktiengesellschaft im Büro des Mannheimer Bürgermeisters, um dort wegen der Überlassung von städtischem Gelände vorzusprechen.[442] Das Mannheimer Werk war damals die größte Automobilfabrik im Deutschen Reich und stellte sechsmal soviele Fahrzeuge her wie Daimler in Cannstatt. So glaubte man sorglos der Zukunft entgegensehen zu können.[443]

Doch dann gingen mit dem Beginn des 20. Jahrhunderts die Verkaufszahlen sowohl für die Motoren als auch für die Motorwagen deutlich zurück. Ende April 1901 konnte man zwar noch einen Gewinn verbuchen, doch in den beiden folgenden Jahren rutschte man in die Verlustzone. Offenbar kamen dabei mehrere Umstände zusammen: Zum einen schlief die Konkurrenz nicht. Auch wenn die Mannheimer Firma inzwischen ihre Wagen in alle Welt verkaufte, so holten doch sowohl der heimische Konkurrent Daimler wie die Firmen in Frankreich deutlich auf. Dazu kam, dass man im Nachbarland nicht nur die Motorwagen selbst weiterentwickelt hatte, sondern dort waren auch, wie schon erwähnt, viel früher als in Deutschland die neuartigen Autorennen aufgekommen.

Diese Veranstaltungen ließen besonders im Süden des Landes, wo die Reichen und Schönen aus ganz Europa überwinterten, die Popularität der neuen Fahrzeuge anwachsen. Auf Drängen des Autohändlers und Diplomaten Emil Jellineck in Nizza brachte Wilhelm Maybach, der Nachfolger des am 6. März 1900 verstorbenen Gottlieb Daimler, einen neuen Wagentyp heraus, der alle jene Motorwagen, die sich noch an die Form der Kutsche hielten, buchstäblich alt aussehen ließ. Dieser neue – nach dem Kosenamen der Tochter Jellinecks als „Daimler-Mercedes" vermarktete – Wagen besaß als erster einem langen Radstand mit breiter Spur sowie einen vergleichsweise niedrigen und schnittigen Aufbau, ähnelte also den heutigen Autotypen schon deutlich mehr als die bis dahin üblichen Fahrzeuge. Auch technisch übertraf er alles, was bislang auf dem Markt war. Als er dann im März in den ersten beiden französischen Rennen des Jahres siegte, war der „Mercedes" in aller Munde. Die „altmodischen" Benz-Automobile waren auf einmal nicht mehr gefragt. Die Zahl der verkauften Wagen sank innerhalb desselben Jahres ungefähr um die Hälfte.[444]

In Mannheim kritisierte man erst einmal im Geschäftsbericht „die neuerdings hervortretende Sucht, sich bei Wettfahrten in immer größeren Schnelligkeiten zu überbieten" und bezeichnete diese Rennen als nicht allein „wertlos, sondern geradezu schädlich". Das Werk wolle sich nicht an solchen Rennfahrten beteiligen und den Schwerpunkt auf die Herstellung „solider und dauerhafter Tourenwagen" legen.[445] Als sich aber die Absatzzahlen immer weiter verschlechterten, versuchte man doch umzusteuern, offensichtlich aber mit untauglichen Mitteln, denn die Aktiengesellschaft rutschte immer tiefer in die Verlustzone. Für das Jahr 1903/04 betrug der Gesamtverlust schließlich etwas mehr als eine halbe Million Mark, wovon der weitaus größte Teil auf den Wagenbau fiel. Doch auch der Motorenbau hatte die Gewinnzone verlassen.

Ein vertraulicher Bericht an die Mitglieder des Aufsichtsrates vom 14. September 1904[446] benennt als Mängel für die Sparte des Motorenbaus, dass die Produktion „unzuverlässig und mangelhaft", die Typen von „veralteter Construktion" und unrentabel seien, so dass es zu einer „Unmasse von Reklamationen" gekommen sei, denen von „Seiten der Firma mit grosser Unculanz begegnet wurde. Die Folgen waren Prozesse und die Schaffung eines schlechten Renommees." Außerdem seien die „Accordlöhne" zum großen Teil zu hoch.

Der wesentlich höhere Verlust im Wagenbau wird ausführlicher erklärt:

> „Im Jahre 1902 wurde das Modell der liegenden Motoren verlassen und Herr Richard Benz baute nach einem Renault-Wagen, der als Muster benützt wurde, den ersten Wagen mit stehenden Motoren. Es war dies ein 2Cylinder 10/12 HP[447] mit getrennten Cylindern zum Listenpreise von M 7500,–. Der Versuch glückte, aber zur eigentlichen Fabrikation kam es nicht, weil inzwischen ein Techniker engagiert worden war, ein Herr Blum[448], der zum selbstständigen Construiren die Vollmacht erhielt und dessen Tätigkeit darin bestand, das Bestehende zu verschlechtern und Maschinen zu bauen, die nichts taugten. Nachdem dieser Techniker abgewirtschaftet hatte und nach ca. 6 Monaten entlassen war, baute die Firma im Spätjahr 1902 zwei andere moderne 2 Cylinder-Wagen mit zusammengegossenen Cylindern …; die Motoren konstruiert von Herrn Diehl. Des Ferneren einen 4 Cylinder-Kettenwagen …, Motor konstruiert von Herrn Erle.
> Diese drei Wagen waren ganz vorzüglich … Unsere Klienten und Vertreter waren des Lobes voll über diese Wagen, die den Namen ‚Benz' wieder zu Ehren brachten.
> Inzwischen war im Dezember 1902 Herr Barbarou engagiert worden; im Mai 1903 wurde sein Rennwagen fertig und der Erfolg, den er mit demselben erreichte, liess in ihm einen genialen Con-

structeur vermuten. Es wurde ihm im Juni 1903 die technische Oberleitung des Automobilbaus übertragen ..."

Im Nachlass von Max Rose, dem damaligen Vorsitzenden des Aufsichtsrates, aus dem dieser Bericht stammt, liegt auch der handgeschriebene, lakonische Kündigungsbrief von Carl Benz vom 9. Januar 1903, in dem er an den Aufsichtsrat schreibt:

> „Mache hiermit die erg. Mittheilung, daß ich die seit dem 1. Mai 1902 bis jetzt aushülfsweise versehene Stelle eines Vorstands unserer Gesellschaft gegen Ende dieses Monats diesseitig aufgeben werde.
> Hochachtungsvoll
> Carl Benz"[449]

Es muss also schon im zweiten Geschäftsjahr der AG zu heftigen Auseinandersetzungen mit dem ehemaligen Kompagnon gekommen sein, wenn Carl Benz seit dem 1. Mai 1902 nur noch „aushülfsweise" als Vorstand agiert hatte. Jetzt – wenige Wochen nach der Einstellung von Barbarou – war das Fass offenbar endgültig übergelaufen.

Wenn man bedenkt, dass Carl Benz mit dieser Kündigung sein Lebenswerk aufgab und alles verließ, was bis dahin sein Stolz gewesen war, dann kann man ermessen, wie groß der Ärger und die Wut über die Entwicklung in seiner Fabrik innerhalb der letzten Jahre gewesen sein muss. Noch Jahre später erinnerte sich ein jugendlicher Tanzstundenfreund von Mathilde Benz an diese Zeit, die er bei seinen Besuchen im Hause der Familie am Rande miterlebte.[450] Nachdem er die „Lebensfahrt" erhalten hatte, schrieb er, dass seine Freude beim Lesen

> „durchwoben [war] mit teilweise sehr unangenehmen Gefühlen der Erinnerung. Dies wenn man sich der Begebenheiten, wie sie, und zwar hauptsächlich beim Übergang der Privatfirma Benz in eine Aktiengesellschaft, sich zutrugen, erinnert, die den damals schon alten Herrn Benz und seine beiden Söhne lange Zeit zu den unglücklichsten Männern machte."[451]

Porträtfoto des deutlich gealterten Carl Benz, wahrscheinlich aus der schwierigen Zeit um 1903.

Bei „Benz & Cie. Rheinische Gasmotoren-Fabrik Aktiengesellschaft“ setzte sich die Talfahrt nach dem Weggang des Gründers fort. Im vertraulichen Bericht für den Aufsichtsrat ist zu lesen, dass der neue technische Leiter des Automobilbaus Marius Barbarou, „sein Programm dahin entwickelte, für das Jahr 1904 vier ganz neue Typen von Wagen zu bauen.“ Nach ihrer Aufzählung heißt es, dass mit der Neukonstruktion sofort begonnen und sie auch gleich angekündigt wurden. Um die bewährten Modelle von 1903 kümmerte sich Barbarou dagegen nicht:

> „Die Fabrikation derselben wurde als eine Art Notbehelf angesehen, bis die neuen Typen fertig seien. Es wurde dadurch eine zwiespältige Production in der Fabrik geschaffen: auf der einen Seite Barbarou mit seinem Stabe französischer Ingenieure und Hilfsarbeiter, die sich um das Neue kümmerten, auf der andern Seite Herr Erle (Herr Richard Benz hatte inzwischen die Fabrik verlassen), der die alten Wagen bis Ende 1903 weiter bauen sollte, soweit Bedarf dafür vorhanden war.“

Am verhängnisvollsten erwies sich aber offenbar die Kalkulation der Preise für die alten und die neuen Modelle. Man nahm nämlich den 10/12 PS-Zweizylinder aus dem Programm und verteuerte dafür das schwächere Modell mit ungesteuerten Ventilen und Holzrahmen, das vorher 1000 Mark weniger gekostet hatte und als 8/10 PS verkauft worden war. Begründet wurde das mit einer genaueren Messung der Pferdestärken, die „11 HP an der Maschine ergeben hatte." Der Bericht konstatiert: „Verschiedene unserer Klienten machten uns dieserhalb den Vorwurf einer unreellen Handlungsweise."

Außerdem wurde bekannt, dass „das neue Modell Barbarou 2 Cylinder mit stärkerer Maschine, gesteuerten Ventilen und Stahlrahmen" genauso viel kosten sollte wie der bisherige Zweizylinder, so dass natürlich

> „kein Mensch mehr alte Wagen kaufen wollte und dass sich unsere Bücher mit Ordres auf neue Wagen füllten. Der gleiche taktische Fehler wurde in Bezug auf die 4 Cylinder-Wagen gemacht ... Es konnte unter diesen Umständen nicht ausbleiben, dass unsere Verkäufe vom 1. Juli bis 31. Dezember 1903 sich auf 33 Wagen Type 1903 beschränkten, während wir im gleichen Zeitraume Aufträge auf über 150 Wagen Type 1904 erhielten."
> So „fehlte der Mut, ein grösseres Quantum Type 1903 noch in die Fabrikation zu geben, ja es wurde sogar im Dezember Herrn Erle verboten, 6 Vier-Cylinder und 12 Zwei-Cylinder fertig zu stellen, die bereits angefangen waren und wofür das Material bestellt und teilweise fertig bereit lag."

Das bedeutete, dass „Benz & Cie." im Jahr 1903 alle Karten auf den Erfolg der Modelle des neuen französischen Ingenieurs setzte. In dem Bericht heißt es an dieser Stelle weiter:

> „Als dann das Fiasko der Barbarou'schen Construction kam, blieben uns nur ungefähr ein Dutzend 1903 Wagen, die im Nu vergriffen waren. Wir waren ausser Stande in Bezug auf die abgeschlossenen Geschäfte den eingegangenen Verpflichtungen nachzukommen."

Danach wird genau aufgezählt, wie wenige Wagen der verschiedenen Klassen tatsächlich abgeliefert werden konnten und wie viele Lieferungen von der Fabrik selbst annulliert werden mussten.[452] Da man aber das Material für alle bestellten Wagen schon im Januar und Februar in Auftrag gegeben hatte, wurde ein großer Teil davon wertlos,

> „weil sich mit der Zeit herausstellte, dass nicht nur die Barbarou'schen Motoren, wie wir zuerst annahmen, sondern die sämtlichen einzelnen Teile des Wagens, Kupplung, Vorgelege, Vorderachse, Hinterachse, Wasserpumpe, Ventilator, Bremsen, Hebel, Regulierung, ja selbst die Räder und der Stahlrahmen sich teils als Fehl-Constructionen, teils als zu schwach herausstellten."

Zum Schluss dieses Abschnittes wird eindeutig der Direktion – dort saß zum Zeitpunkt der Entscheidungen Julius Ganß – die Schuld an dem Desaster gegeben, wenn es heißt:

> „Wenn die Direction den Ingenieur Barbarou, in der Voraussetzung, dass er ein genialer Constructeur sei, mit der Aufgabe betraut hätte, einen neuen 30 HP und eventl. noch einen neuen 40 HP zu bauen, welche Typen uns fehlten, und wenn sich dann Barbarou's Unfähigkeit in der Fertigstellung dieser Typen gezeigt hätte, so wäre unserem Unternehmen der ganze ungeheure Verlust erspart geblieben, weil die Fabrikation der andern Typen ihren geordneten Verlauf genommen hätte und wir unseren sämtlichen Verpflichtungen hätten nachkommen können. Die Dispositionen in dieser Weise zu treffen, wäre umsomehr angezeigt gewesen, als die Erfahrungen der letzten zwei Jahre zur Genüge gezeigt hatten, welche Summe von Arbeit, Mühe und Zeitverlust die Construction einer einzigen Type und das richtige Ausprobieren derselben erforderte. Der Aufgabe, vier ganz neue Typen auf einmal zu schaffen, wäre selbst der Ingenieur nicht gewachsen gewesen, der die Eigenschaften und Fähigkeiten in Wirklichkeit gehabt hätte, die man bei Barbarou irrtümlich vermutete."

Unterschrieben ist dieser Bericht von dem neuen Direktor Fritz Hammesfahr, der 1904 verpflichtet worden war. Julius Ganß verließ zu diesem Zeitpunkt die Fabrik und starb ein Jahr später.[453]

Marius Barbarou und Julius Ganß lehnen an einem noch unfertigen Automodell, um 1904.

Auch von Carl Benz' Söhnen finden sich Kündigungsbriefe im Nachlass Max Roses. Richard Benz schrieb am 8. Juni 1903 an die „verehrliche Direktion", dass er seine Stellung als Betriebsleiter des Motorwagenbaus fristgerecht zum 1. April des folgenden Jahres kündigen wolle und darum bitte, ihn schon vorher zu entlassen. Offenbar verließ er die Firma tatsächlich für einige Zeit, wie auch in dem zitierten Bericht zu lesen ist. Auf dem Kündigungsschreiben steht allerdings der Vermerk, dass Richard Benz seine Kündigung zurückgenommen habe.[454] Er kündigte übrigens fünf Jahre später zum 1. Januar 1908 noch einmal seine Stellung in der Aktiengesellschaft mit den Worten, „da ich beabsichtige mich meinem eigenen Geschäft in Ladenburg zu widmen". Dieses Mal wurde er vom Aufsichtsrat dadurch zurückgehalten, dass man sein Jahresgehalt noch im selben Monat von 6000 Mark auf 10.000 Mark erhöhte.[455]

Eugen Benz verband nur zwei Wochen nach seinem Bruder eine wütende Beschwerde mit seinem Kündigungsschreiben. Er war verärgert, dass ausgerechnet ihm – er war schließlich Vorstandsmitglied – von dem neu eingestellten Leiter der Motorenabteilung Alwin Lüderitz verboten worden war, den üblichen zweitägigen Testlauf für seinen neu konstruierten Motor durchzuführen, „da die dazu zu verwendende Zeit eine verlorene wäre".

Eugen Benz hatte gerade einen neuen Sauggas-Motor für die Firma entwickelt, der sehr zukunftsweisend erschien. Diese Art Motoren war nämlich, da sie sehr wirtschaftlich arbeiteten, auch für große Leistungen geeignet und konnte in größerer Zahl an Mühlenbetriebe und ähnliche Firmen verkauft werden. Nun beanstandete Eugen Benz, dass ein „Objekt, dessen Construction und Ausführung mit einigen tausend Mark zu bewerthen ist, … weggeworfen" werden soll, „weil es einem nicht genügend fachkundigen Manne nicht gefällt. Es ist dies ein Beispiel aus dem ersichtlich wird, wie hier gewirthschaftet wird." Da er „an dem sicher zu erwarthenden Mißerfolg keinen Antheil haben" wollte, kündigte er zum 1. Oktober.[456]

III. Ladenburg

1. Ein neues Leben beginnt

Seine eigene Kündigung hatte nicht nur für Carl Benz, sondern für die ganze Familie Konsequenzen. Sie mussten sozusagen Hals über Kopf die Wohnung über den Büroräumen der Fabrik verlassen und sich eine neue Bleibe suchen. Während Klara Benz schon im Vorjahr den jungen Lehrer Heinrich Unger geheiratet hatte und ausgezogen war, wohnten Mathilde und die dreizehnjährige Ellen, die noch zur Schule ging, weiterhin bei den Eltern. Eugen und Richard Benz hatten anscheinend schon früher eigene Wohnungen in Mannheim bezogen.

Am 29. Januar 1903, also wenige Wochen nach seinem Kündigungsschreiben, meldete sich Carl Benz mit seiner Frau und den beiden Töchtern polizeilich in Darmstadt an. Als Beruf schrieb er „Rentner" in den Anmeldebogen. Sie zogen in eine der neuen Villen am Rande der Künstlerkolonie auf der Mathildenhöhe. Da in der Stadt ein Bauboom herrschte, der zum Leerstand von unzähligen Wohnungen und Häusern geführt hatte, waren dort neue Häuser relativ preisgünstig zu mieten.[457]

Warum die Familie Benz sich gerade in Darmstadt niederließ, lässt sich nicht sicher angeben. Ein Grund könnte gewesen sein, dass Carl Benz nicht jeden Tag auf Menschen treffen wollte, die ihn auf das Desaster mit seiner Fabrik ansprachen, und deshalb die räumliche Entfernung suchte. Außerdem gab es nach Darmstadt mindestens eine langjährige Verbindung, da das gute Verhältnis zu Carl Schenck, dem ehemaligen Chef von Carl Benz bei der Firma Johann Schweizer in Mannheim, nicht abgebrochen war, als dieser schon 1881 seine Firma als Eisengießerei & Waagenfabrik in Darmstadt neugegründet hatte. Carl Schenck stand unter anderem in Kontakt mit dem geheimen Baurat Professor Otto Berndt, der 1892 an die Technische Hochschule der Stadt berufen worden war. Dieser Hochschullehrer experimentierte auch mit Gasmotoren und war für den Maschinenbau in Darmstadt, der um die Jahrhundertwende immerhin fünf Lehrstühle umfasste, von herausragender Bedeutung. Vielleicht hatte Carl Benz die Hoffnung, dass sich daraus etwas für ihn ergeben könnte.

Außerdem war die neue Künstlerkolonie auf der Mathildenhöhe gerade zwei Jahre zuvor mit der Ausstellung „Ein Dokument Deutscher Kunst" hervorgetreten. Mit dieser Ausstellung war der Jugendstil mit seinem Anspruch, Gesamtkunstwerke aus Architektur, Einrichtungs- und Gebrauchsgegenständen zu erschaffen, erstmals einer breiten Öffentlichkeit in Deutschland vorgestellt worden. Die Ideen der Künstler hatten lebhafte Debatten ausgelöst, die von begeisterter Zustimmung bis zu heftiger Ablehnung reichten.[458]

Natürlich brachte der Umzug den ganzen Haushalt der Familie Benz durcheinander und das betraf nicht nur die Möbel, die einen neuen Platz finden, oder die Vasen und das Geschirr, die aus den Umzugskisten wieder in die Schränke eingeräumt werden mussten. Sicher hat Carl Benz am meisten darunter gelitten, dass er jetzt von allem abgeschnitten war, was bisher seine Welt gewesen war. In Darmstadt war er plötzlich allein, fern von seiner Fabrik, fern von seinen Freunden, fern von jeglicher Möglichkeit, mehr zu tun als zu zeichnen und zu entwerfen. Ihm muss alles gefehlt haben, was bisher seinen Alltag bestimmt hatte: die Fabrikhallen; die Maschinen; der Klang der Hämmer auf dem Metall; der Gong, der früh morgens zur Arbeit rief, dann die Pausen und später den Feierabend verkündete; der Umgang mit Werkzeug und Material; die Mitarbeiter und Kollegen. Wahrscheinlich kam sich Carl Benz sehr alt und nutzlos vor, nachdem er von einem Tag auf den anderen seinen ganzen Lebensinhalt verloren hatte. Zumindest die Anmeldung als Rentner spricht für diese Interpretation.

Auch Bertha Benz muss die Geräusche der Fabrik vermisst haben, die jedem Tag seinen festen Rhythmus gegeben hatten. Ohne die vielen Menschen, die gemeinsam in dem großen Werk tätig waren, muss es um sie entsetzlich still gewesen sein. Aber immerhin waren sie keine „armen Schlucker" mehr wie damals, als Carl seine erste Aktiengesellschaft verlassen hatte. Carl beauftragte einen Rechtsanwalt, der in Mannheim die Konditionen für sein Ausscheiden aus der Fabrik aushandeln sollte.[459]

Sicher haben sich die Eheleute oft darüber unterhalten, wie es zu dieser Situation hatte kommen können. Schließlich hatte Carl Benz jahrelang vertrauensvoll mit Friedrich von Fischer und Julius Ganß zusammengearbeitet. Gemeinsam hatten sie die Fabrik zum Erfolg geführt. Anscheinend hatte von Fischer bei den kleineren oder größeren Auseinandersetzungen zwischen Carl Benz und Julius Ganß immer wieder für Ausgleich gesorgt und die vorsichtigere Haltung von Carl Benz genauso gewürdigt wie die von Julius Ganß, der stets das Allerneueste und Ungewöhnlichste wollte. Von Fischers Krankheit und sein Tod müssen der Wendepunkt gewesen sein. Danach muss Julius Ganß die Führung immer mehr an sich gerissen und den Aufsichtsrat hinter sich gebracht haben. Sicher konnte er viel besser reden und die Leute überzeugen als Carl Benz, der für eine Modellpolitik stand, die den Vorrang nicht auf Geschwindigkeit, sondern auf Tourentauglichkeit legte.

Völlig gegen eine Erhöhung der Geschwindigkeiten kann der Erfinder allerdings auch nicht gewesen sein, denn man muss gerechtigkeitshalber auch erwähnen, dass sich Carl Benz schon seit den ersten Wettfahrten persönlich darum gekümmert hatte, dass besonders standfeste Modelle und Motoren speziell für diesen Zweck hergestellt wurden.[460] Schließlich waren seine Söhne Eugen und Richard Benz begeisterte Autosportler. Sie fuhren jeden Sommer bei einigen der Rennen mit, die inzwischen von den verschiedenen Motorsportclubs in Deutschland und Österreich ausgerichtet wurden, und hatten auch schon eine einige Preise mit nach Hause gebracht.[461] Selbstverständlich war man sich in der Familie Benz bewusst, dass dieser Sport nicht ganz ungefährlich war. Das war spätestens seit 1896 bekannt, als zum ersten Mal ein Fahrer verunglückte. Damals hatte es den französischen Autobauer Levassor beim Rennen Paris–Marseille–Paris getroffen. Er war im folgenden Frühjahr an den Unfallfolgen gestorben.

Wahrscheinlich überlegten Carl und Bertha Benz auch, wie es jetzt für ihre beiden Söhne weitergehen sollte. Carl Benz war ja nicht mehr der Jüngste. Anzunehmen ist, dass er sich sowieso immer mehr aus der Fabrik zurückgezogen und sein Werk in die Hände seiner beiden Söhne gelegt hätte, wenn es nicht zu diesem Eklat gekommen wäre. Eigentlich konnte es gar nicht anders sein, als dass die technisch begabten Söhne ihrem Vater in der Leitung der Fabrik folgten. Eugen Benz hatte damit ja auch schon den Anfang gemacht. Doch jetzt standen sie alle mit leeren Händen da.

Sicher aber hat Bertha Benz in diesen Tagen ihren Wahlspruch „Arbeiten und nicht verzweifeln" nicht nur einmal vor sich hergesagt. Für sie gab es genug zu tun. Nicht nur, dass nach dem Umzug das neue Haus wohnlich eingerichtet und neue Dienstboten engagiert werden mussten, auch die Zukunft der kleinen Ellen musste geregelt werden. Möglicherweise wurde sie zuerst in Darmstadt in die Höhere Töchterschule eingeschult. Diese Schule wurde allerdings von den Englischen Fräulein geleitet, die streng waren. Außerdem waren die Mädchen dort alle katholisch. Überliefert ist, dass Ellen ein Internat in Luxemburg besucht hat. Erzählt wird auch, dass sie einen Unfall hatte, von dem sie ihr Leben lang Narben im Bereich von Hals und Brustansatz zurückbehielt. Man kann sich einerseits gut vorstellen, dass der Stress, unter dem die ganze Familie in dieser Zeit stand, dem jüngsten Familienmitglied so gefährlich wurde, dass es zu diesem Unfall – zum Beispiel zu einer Verbrühung in der Küche – kam. Andererseits wird in der Familie aber auch überliefert, dass Ellen manchmal Schwächeanfälle, ja möglicherweise sogar die Fallsucht hatte, wie die Epilepsie früher genannt wurde.[462]

Das „Nest" der Familie Benz war nun also leer geworden. Am Mittagstisch, wo bisher immer Leben und Betrieb geherrscht hatte, saßen sich, nachdem Ellen ins Internat abgereist war, plötzlich nur noch die Eltern und ihre mittlere Tochter Thild gegenüber, die inzwischen einundzwanzig Jahre zählte. Mathilde, wie ihr Taufname lautete, ließ sich damals schon seit einiger Zeit als „Thild" anreden und unterschrieb auch ihre Briefe immer mit diesem Namen. Sie war sehr musikalisch und hatte oft mit ihrer Schwester Klara zusammen Hausmusik gemacht. Jetzt schrieb sie sich in der Darmstädter Akademie für Tonkunst ein und studierte Geige, um ihr Talent weiter zu entwickeln.[463]

So manchen Tag saßen Bertha Benz und ihre Tochter wahrscheinlich ganz allein zusammen, da Carl Benz oft nach Mannheim fuhr, um seine Beziehungen zur Aktiengesellschaft zu regeln. Erst Ende April 1903 wurde in das Handelsregister des Mannheimer Amtsgerichts eingetragen: „Carl Benz, Fabrikant aus Mannheim, ist aus dem Vorstande ausgeschieden".[464]

Eugen Benz verließ im Juni die Fabrik. Da hatte Julius Ganß gerade ihn und Josef Brecht, also die beiden bisherigen Prokuristen, kaltgestellt und die Kollektivprokura an Eugens Kontrahenten, den Ingenieur Alwin Lüderitz, zusammen mit dem Kaufmann Eduard

Schulze übertragen lassen. Anstelle von Richard Benz übernahm – wie erwähnt – der französische Ingenieur Marius Barbarou die technische Oberleitung des Automobilbaus.[465] Sicher kamen Eugen und Richard in diesem Sommer häufig nach Darmstadt, um mit dem Vater zu besprechen, wie es weitergehen sollte. Wie damals, als Carl Benz seine erste Aktiengesellschaft gegründet und wenig später verlassen hatte, lag auch jetzt die Idee nahe, sich wieder auf die eigenen Füße zu stellen und eine neue Firma zu gründen.

Einen Standort gab es schon: Carl Benz hatte seit längerer Zeit sein Geld immer wieder in den Ankauf von Äckern und Wiesen am Rand der kleinen Stadt Ladenburg am Neckar gesteckt.[466] Die Baupläne für eine neue Motoren- und Autofabrik wurden offenbar umgehend bei dem Mannheimer Architekten Josef Battenstein in Auftrag gegeben.[467] Schon im Herbst war in der neuen Zeitschrift „Automobilwelt" unter der Rubrik Mitteilungen zu lesen, dass die

> „Bauten der neuen Firma Benz in Ladenburg ... bei dem herrlichen Herbstwetter rasch aus dem Boden" wachsen, und dass die „Erbauer hoffen vor Eintritt des Winters unter Dach zu sein und während der kalten Monate die innere Einrichtung fertigstellen zu können, damit der Betrieb im nächsten Vorfrühling energisch einsetzen kann. Ueber die neuen Modelle, die Benz-Ladenburg bauen werden, konnten wir Näheres noch nicht in Erfahrung bringen, doch steht fest, dass eine Wagentype, die dem Erfindergeist des Herrn Richard Benz entsprungen ist, mit Vierzylindermotor als erster Wagen auf dem Markte erscheinen werde."[468]

Währenddessen ging es mit der Mannheimer Firma weiter bergab. Der Bericht des Vorstandes zur vierten Generalversammlung am 24. Oktober 1903 klang wenig ermutigend.[469] Natürlich wurde Carl Benz von seinen alten Mannheimer Kollegen haarklein über alles informiert, was in der Fabrik passierte. Und die schlechten Nachrichten müssen ihm weh getan haben: Es war sein Lebenswerk, das im Gefolge der fallenden Aktien immer mehr an Wert verlor!

Immerhin gab es noch mehr als die Fabrik im Leben der Familie Benz: Einen Tag nach der vierten Generalversammlung der Aktiengesellschaft kam ihre erste Enkelin Ella, die Tochter von Klara und Heinrich Unger, zur Welt. Es ist sehr wahrscheinlich, dass Bertha

Benz in dieser Zeit in Mannheim bei ihrer Tochter weilte. Auch diese Kindergeneration wurde noch zu Hause geboren und traditionell standen damals Mütter und Schwestern den Wöchnerinnen zur Seite.

Noch während Bertha Benz sich am Wochenbett ihrer Tochter befand, müssen im Aufsichtsrat von „Benz & Cie." endlich die Alarmglocken zu läuten angefangen haben. Der neue Prokurist Alwin Lüderitz wurde sofort nach dem Aufsichtsratsbericht entlassen – genau gesagt zum 3. November 1903 und damit nur wenige Monate nach seiner Einstellung. Richard Benz wurde gebeten, seine Kündigung zurückzunehmen und wiederzukommen, und man nahm Verhandlungen mit dem Kaufmann Fritz Hammesfahr auf, der zusammen mit dem ehemaligen Prokuristen Josef Brecht zum 26. Januar 1904, also ein Jahr, nachdem Carl Benz das Handtuch geworfen hatte, als neuer Vorstand berufen wurde. Am selben Tag zog sich Julius Ganß vollständig aus der Geschäftsleitung zurück.[470]

Ein halbes Jahr später gab Hammesfahr einen ersten offiziellen Bericht für den Aufsichtsrat ab, in dem erstmals die „Ursachen für den Mißerfolg unseres Unternehmens" benannt wurden. Darin wird noch einmal vermerkt, dass schon die Geschäftsjahre 1901/1902 und 1902/1903 „in ihren Ergebnissen wenig befriedigend" waren, und das gerade zurückliegende Jahr zum 30. April 1904 einen erheblichen Verlust aufwies. Hammesfahr hatte kurz zuvor Barbarou entlassen, dessen „nahezu unverständliche Selbstüberschätzung" er in diesem Bericht besonders anprangert.[471]

Auch Carl Benz kam wieder in seine Firma zurück, allerdings nicht mehr in die Geschäftsleitung. Er wurde – als einer der Hauptaktionäre – in den Aufsichtsrat berufen. Damit erhielt auch er den schon erwähnten vertraulichen Bericht, in dem Hammesfahr penibel die Gründe für die desolate Lage der Aktiengesellschaft aufgezählt hatte.

Bertha Benz konnte in diesem Jahr in Darmstadt deutlich wahrnehmen, wie die Stimmung ihres Mannes sich langsam wieder hob und sein Lebensmut zurückkehrte, während er zusammen mit den Söhnen an einer neuen Zukunft arbeitete. Sie selbst war allerdings mit der Wahl von Ladenburg als neuem Wohnort nicht ganz zufrieden. Lieber wäre sie wieder nach Mannheim zurückgekehrt.[472] Ihr gefiel die Großstadt besser. Dort hätte sie in der Nähe von Klara und der kleinen Enkeltochter gewohnt, wo inzwischen das zweite Kind erwartet wurde: Erich, der erste Enkelsohn, wurde am 30. März 1905 geboren.

Doch gab Bertha Benz selbstverständlich den Wünschen ihres Mannes nach, besonders da Mannheim von Ladenburg aus schnell mit dem Zug oder dem Automobil zu erreichen war. Gegenüber der Industriestadt hatte die kleine Nachbarstadt am Neckar den Vorteil, dass dort alles noch ländlich und überschaubar war. Auch die Preise für Häuser und Grundstücke waren bezahlbar, und soziale Spannungen, wie sie in Mannheim offen zu Tage traten, gab es in Ladenburg kaum. So verließen Carl, Bertha und Thild Benz Darmstadt schon nach einem Jahr wieder und zogen im März 1904 in eine Wohnung in der Ladenburger Bahnhofstraße.[473]

Carl Benz kümmerte sich dort zusammen mit Eugen um die neue Fabrik, die an der Ilvesheimer Straße direkt am Neckar errichtet worden war. Aber auch in der Mannheimer Fabrik muss Carl Benz noch einmal aktiv in die Arbeiten eingegriffen haben. Max Rose fragte im August brieflich nach: „Wie geht es Ihnen, lieber Herr Benz? Ist die Fabrikation für die Wagen nun besser im Gange? Wie sieht's im stationären Motorenbau aus?"[474]

Und Carl Benz antwortete ihm vierzehn Tage später:

> „Nachtheiliges für uns sind die immer noch zur Reparatur kommenden Wagen, die die laufende Fabrikation wieder aufhalten. Erst wenn wir mit den Untergestellen der bereits gelieferten Wagen ganz in Ordnung sind, können wir wieder ans Verdienen denken. In Motoren hat sich wenig geändert, für kleinere ist wieder Arbeit da, im großen wenig u. werden auch immer noch zu theuer hergestellt."[475]

Ihre neue Firma ließen Carl und Eugen Benz erst zwei Jahre später, am 9. Juni 1906, mit dem Namen „C. Benz Söhne" als offene Handelsgesellschaft eintragen. Richard war damit zwar schon im Namen vertreten, sollte aber erst weitere zwei Jahre danach in das Handelsregister eingeschrieben werden.[476]

Währenddessen suchte Bertha Benz nach einer endgültigen Bleibe in Ladenburg. Am 21. Juni 1905, also ein Jahr nach dem Umzug, unterschrieb sie den Kaufvertrag für ein Haus, das direkt vor der alten Stadtmauer lag. Es hatte insgesamt drei Stockwerke und kostete 48.500 Mark.[477] Dadurch, dass es in einen flachen Abhang gebaut war, öffnete sich der Keller zum Garten hin, während sich das Erdgeschoss etwas über das Niveau der Straße erhob. Den ersten Stock beschloss ein relativ flaches Dach, das an einer Seite einen Spitzgiebel, an der anderen einen Walm besaß. Zu dem Haus gehörte ein großes, fast parkartiges Gartengrundstück. Das Gebäude war aus einem ehemaligen Bauernhof hervorgegangen, welcher als eines der ersten Häuser Ladenburgs außerhalb der historischen Stadtmauer errichtet worden war. 1877 war der Hof von einem Brauereibesitzer aus Mannheim erworben und grundlegend umgebaut worden, so dass er in seinen beiden Stockwerken über dem Keller jeweils drei Zimmer mit Küche beziehungsweise Nebenraum enthielt.[478]

Eigentlich hätte diese Größe für das Ehepaar Benz ausgereicht. Schließlich war abzusehen, dass weder Thild noch Ellen für immer bei den Eltern bleiben würden. Doch Bertha Benz wollte mehr. Mit diesem Haus konnte sie endlich zeigen, wie weit sie es gebracht hatten. Ihr Mann war ein erfolgreicher Fabrikant gewesen und zu so etwas wie einem Millionär geworden. Wenn sie schon nicht in Mannheim unter die ersten Familien zählten, so sollte wenigstens Ladenburg sehen, dass die Familie Benz zur Oberschicht gehörte.[479] Für den Umbau ihres neuen Hauses engagierte sie denselben Architekten, der schon die Ladenburger Fabrik geplant hatte. Er legte ihr im März 1906 seine Zeichnungen vor,[480] die einen zweistöckigen Anbau an der Südseite zeigen, der die Länge eines großen Zimmers hat. Das neue Dach überfängt diesen Anbau nicht, sondern lässt seine Decke als Balkon frei. Auch die eindrucksvollen Treppengiebel, die das Haus auf beiden Seiten bekam, finden sich schon auf diesem Bauplan. An der Südseite ragt außerdem eine kastenförmige Veranda hervor, zu der einige Stufen hinaufführen.

Der Anbau, mit dem das Haus im Erdgeschoss und im ersten Stock zwei große zusätzliche Räume erhielt und der es insgesamt um etwa ein Drittel vergrößerte, wurde sofort in Angriff genommen.[481] Anstelle der schlichten Stufen von der Veranda in den Garten ließ Bertha Benz eine ausladend geschwungene Freitreppe bauen, die von einer halbrunden, mit einer Balustrade begrenzten Terrasse unterbrochen wurde. An der Nordseite wurde eine kleinere Treppe

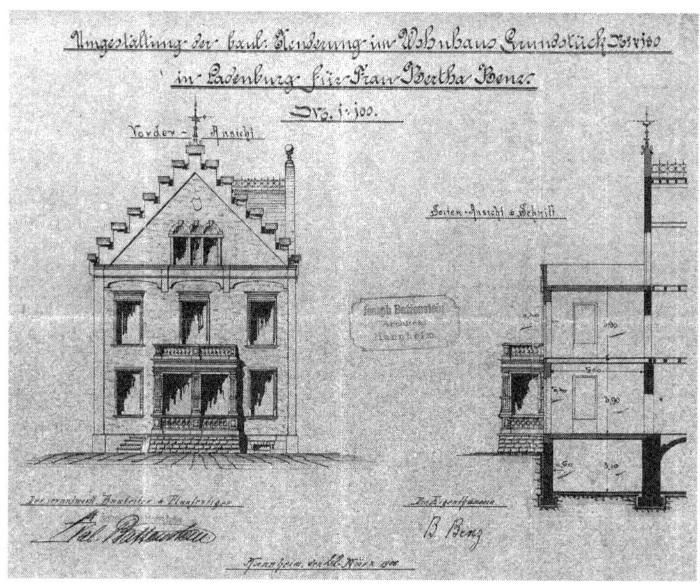

Plan des Architekten Josef Battenstein für den Umbau der Villa, die Bertha Benz 1905 in Ladenburg erworben hatte.

mit Windfang als Eingang angefügt. Durch diese Umbauten entstand aus dem bisherigen Gebäude eine stattliche Villa, die auf den ersten Blick wie aus einem Guss errichtet zu sein scheint.

Kaum waren die Bauarbeiten abgeschlossen, zogen Carl und Bertha Benz mit ihren beiden jüngsten Töchtern in das neue Haus. Dass es eine großartige Einweihungsfeier gab, darf man bei der Sparsamkeit von Bertha Benz eher bezweifeln. Sicher aber zeigte sie ihren Besuchern diese Villa gern und voller Stolz. Endlich war sie die Eigentümerin eines noblen und großartigen Heimes, das ihrer gehobenen Stellung angemessen war. Dass Bertha Benz trotz allem weiterhin eine sparsame Hausfrau blieb, beweisen die Möbel: Auch im neuen Domizil wurde wieder jener wuchtige Tisch mit den dazu passenden reichverzierten Stühlen im Speisezimmer aufgestellt, den sie schon damals erworben hatte, als sie in die Fabrik an der Waldhofstraße gezogen waren. Natürlich brauchten sie auch neue Möbel: Noch heute ist eine kleine vertäfelte Sitzecke im damals modernen Jugendstil erhalten, die aus der Ladenburger Villa stammt.[482]

War es der doppelte Umzug und damit der zweifache Verlust des gewohnten Lebensumfeldes? War es der Kummer, dass sie ihre Ausbildung am Konservatorium hatte abbrechen müssen? Oder war vielleicht nur das Zimmer im neuen Haus in Ladenburg noch etwas klamm wie alle Neubauten damals? Man weiß nicht, warum Thild Benz im Winter 1906 schwer erkrankte. Auch nachdem die Krankheit ausgeheilt war, blieb die junge Frau noch blass und schmal, so dass der Arzt im Frühjahr dringend eine Kur in den Schweizer Bergen empfahl. Thild war zwar noch nicht verheiratet, doch bemühte sich schon der angehende Lehrer Karl Volk um sie, den ihr Bruder Richard in Ladenburg als Freund eingeführt hatte.[483] Als nun die Kur geplant wurde, beschloss man, dass Bertha Benz ihre Tochter begleiten sollte. Auch sie, die ihr Leben lang über eine geradezu eiserne Gesundheit verfügte, konnte nach den Aufregungen der letzten drei Jahre einen Erholungsaufenthalt in der frischen Bergluft gut brauchen. Immerhin war sie inzwischen 57 Jahre alt.

Die Reise sollte auf dem Hinweg zu einem Besuch der Sehenswürdigkeiten Oberitaliens genutzt werden. Der Gardasee, Mailand und Venedig standen auf dem Plan. Da Carl Benz sich zusammen mit Eugen um die neue Fabrik kümmern musste, während Richard in Mannheim unabkömmlich war, erbot sich Karl Volk, die Damen zu

Zimmer der Benz-Villa in Ladenburg, um 1930.

begleiten, und man kann sich vorstellen, dass Thild dieser Gedanke nicht unlieb war.

Die drei Reisenden fuhren am 25. März 1907 vom Mannheimer Bahnhof ab. Karl Volk hat dazu ein Tagebuch veröffentlicht, das in derselben poetischen Sprache verfasst ist wie die von ihm geschriebene „Lebensfahrt" seines späteren Schwiegervaters. Seine zukünftige Schwiegermutter charakterisiert er gleich am Anfang als „eine Dame", die „in den Jahren [steht], wo das Alter mit leisen Fingern Silberfäden ins Haar spinnt. Eine temperamentvolle, moderne Frau mit hellen, offenen Augen für Natur und Kunst – gekleidet in Seide."[484]

Offenbar stand Bertha Benz' Begeisterung für die Erzeugnisse der modernen Welt ihrem Interesse an den Werken der Kunst nicht nach. Als sie in Mailand ankamen, besuchten die Reisenden zwar den Dom, doch sie äußerte bald, dass ihr die deutsche Gotik besser gefalle, und so gingen sie nach einem kurzen Rundgang sofort zum Besuch der damals berühmtesten „Einkaufsmeile" der Welt über. Der zukünftige Schwiegersohn notiert:

> „Zwischen den glänzendsten Kaufläden der Stadt – in der Galeria Vittorio Emanuele – drängt sich das Publikum in dichten Reihen. ‚Mama' kann sich kaum trennen von dieser herrlichen städtischen Schöpfung der modernen Zeit. Immer weiter will sie."[485] Und noch als man am Abend schließlich am Gardasee aussteigt, „geht die Freude neben uns her."

Leider fanden die drei Reisenden am Gardasee nur einen schlechten italienischen Gasthof, wo ihnen das Essen nicht schmeckte und sie über Nacht froren. So berichtet Karl Volk vom nächsten Morgen, an dem es zu allem Überfluss auch noch windig war: „Mit uns am gleichen Tisch hat die Verstimmung Platz genommen. Das war ‚das Land der Sehnsucht' nicht, von dem wir träumten."

Bertha Benz drängte darauf, sofort nach Venedig weiterzufahren. Da es aber keine gute Verbindung gab, blieb man doch wie geplant am Gardasee. Trotz des Windes setzte die kleine Reisegesellschaft mit einem Schiff zur Halbinsel Sirmione über und fuhr von dort aus weiter zum Westufer des Sees. Es kam, wie es kommen musste: Nachdem Bertha Benz den „Kindern" einen „Demonstrationsvortrag über ‚Seekrankheit'" gehalten hatte, eilte sie selbst hinaus zur

Reling. Erst als sie in den Windschatten der Berge kamen, wurde die See ruhig. Die Sonne schien und sie konnte die ersten Zitronen- und Olivenhaine ihres Lebens bewundern.

Am nächsten Tag wollte man die nur zwei Kilometer entfernte Villa eines Grafen besichtigen. Doch obwohl Bertha Benz darauf bestand, mehrmals zu klingeln, wurde die Tür nicht geöffnet. So wanderten sie durch die Olivenhaine weiter. Dort vermerkt der spätere Schwiegersohn ein hübsches Beispiel für die hausfrauliche Sparsamkeit und zugleich den untergründigen Humor von Bertha Benz:

> „‚Wie billig kommt man hier zu Lorbeerkränzen', meinte ‚Mama'. ‚Auch wir wollen uns einige Zweige und Blätter brechen und winden zu einem Kranze. Den soll dann derjenige bekommen, der während der Reise die grösste Dummheit gemacht hat.'"

Als sie sich am folgenden Nachmittag am Strand ausruhten, ist der zukünftige Schwiegersohn für die taktvolle Zurückhaltung von „Mama" dankbar und schreibt, dass sie „klug und gut" war und das junge Paar „scheinbar allein" ließ, indem sie sich einen Platz etwas abseits von ihnen suchte, um die Segelboote auf dem See zu zeichnen. Ganz offenbar zeichnete Bertha Benz auch damals noch gern und führte ein Skizzenbuch mit sich. Doch leider hat sich von ihren Zeichnungen anscheinend nur das kleine Bild des ersten Häuschens in Mannheim erhalten. Auch das Mitleid mit der geschundenen Kreatur, das Bertha Benz ihrer Mutter zusprach, war offenbar ebensosehr ihr zu eigen. Am folgenden Tag verpassten die drei Reisenden nämlich einen Dampfer, der sie von einem Ausflug zurückbringen sollte, und sie mussten sich zu Fuß auf den Rückweg machen. Bald nahm sie ein zweirädriger Eselskarren mit. Doch als der Kutscher auf den Maulesel einpeitschte, damit er schneller lief, bestand Bertha Benz darauf auszusteigen und zu gehen.

Vielleicht kam es dabei auch zu dem Gespräch über die Automobile, von dem der Schwiegersohn berichtet. Bertha Benz versuchte ihm die Vorzüge einer Autofahrt mit den Worten nahezubringen:

> „Nur erst modern sein! Du magst noch so sehr hinter den verstaubten Reisekraftwagen herschimpfen und fluchen, der dich auf fünf Minuten in der lästigsten Staubwolke verschwinden läßt –

fahr erst mal mit, und du wirst in den raschen und bunten Wechsel der Bilder die Poesie der Postkutsche verzehnfacht finden!"

Schließlich fuhren sie weiter nach Venedig, wo ihnen schon damals der Widerspruch zwischen der Schönheit der Paläste und den verfallenen Häusern in den Seitenkanälen ins Auge fiel, wo es zudem bestialisch stank. Unter anderem besuchten sie in der Lagunenstadt eine Glas- und Spiegelfabrik, die als eine der Sehenswürdigkeiten galt. In dem zugehörigen Kaufhaus entschied Bertha Benz sich

> „nach langem Hin und her … für eine der herrlichsten Marmorstatuen …, für jene lorbeerumkränzte Sappho, deren Gedichte sich durch eine so tiefe Glut der Empfindung auszeichnen. Sappho sollte ein Gruß sein aus Venedig – für Papa."

Auf dem Rückweg wurde die mutige Käuferin des Kunstwerkes allerdings von Zweifeln gepackt. Karl Volk notierte: „ja Mama fürchtete wohl halb und halb, sich durch diesen Kauf den Lorbeerkranz verdient", also eine große Dummheit gemacht zu haben. Als sie hinterher am Rand des Markusplatzes Geschäfte sahen, in denen ebenfalls Marmorstatuen ausgestellt waren, konnte „Mama … es nicht übers Herz bringen, nach dem Preis der einen oder anderen zu fragen – von wegen des Lorbeerkranzes".[486]

Insgesamt porträtiert der Schwiegersohn in diesem Reisebericht Bertha Benz als eine beherzte und zugleich taktvolle Persönlichkeit, die durchaus über sich selbst lachen konnte und sehr aufgeschlossen für das Neue und Fremde in der Welt war; Charakterzüge, die gut dazu passen, dass sie ihren Mann immer darin bestärkt hat, seine neuartigen Ideen zu entwickeln und seinen außergewöhnlichen Motorwagen zu erproben.

Die jährliche Frühjahrsreise wurde übrigens später im Leben von Bertha Benz zu einer festen Größe im Jahreslauf. Als die Autos standfester geworden waren, wollte sie in keinem Jahr auf eine mehrwöchige Autoreise mit einem ihrer Söhne verzichten und sagte in einem Zeitungsinterview dazu:

> „Im Sommer will ich reisen, will die Welt sehen, wo sie schön ist. 1934 war ich an der Mosel, dann in Bayern, am Bodensee, in der

> sächsischen Schweiz. Dann fuhr ich nach Prag. Prag hat etwas Wunderschönes ... Da unten wohnt der Baron Liebig, einer unserer ältesten Freunde. Der früher immer gesagt hat, wenn mal nichts kaputt ging, das ist mir zu langweilig!"[487]

Doch noch war es nicht soweit, erst einmal verabschiedete sich Karl Volk in Bozen von seiner Verlobten, und Mutter und Tochter kehrten, nachdem sie ihren Erholungsaufenthalt in den Bergen absolviert hatten, nach Ladenburg zurück.

In diesem Sommer fieberte die ganze Familie Benz dem letzten Lauf der Herkomer-Konkurrenz entgegen, der vom 4. bis zum 13. Juni stattfand.[488] Die verschiedenen Wettfahrten der Automobilclubs gehörten inzwischen sozusagen zum Leben der Familie Benz dazu. Die Söhne begeisterten sich für die Automobilrennen und Wettfahrten und auch Carl und Bertha Benz verfolgten diese Entwicklung sehr interessiert. Bertha Benz gefiel das schnelle Fahren offenbar sogar recht gut. Jedenfalls wird von den Nachkommen ihrer Tochter Thild die Geschichte überliefert, dass man einmal, als die Großmutter wieder mit ihrem Sohn Richard in Überlingen zu Besuch war, zusammen eine Ausfahrt in die Umgebung gemacht habe. Bertha Benz habe das Autofahren geliebt und es immer sehr genossen. Auf diesem Ausflug habe ihr das langsame Tempo nicht gepasst, denn sie habe ihren Sohn zwischendurch ermahnt: „Ei, Richard, fahr doch nicht über jeden Stein!" und damit gemeint, er solle mehr Gas geben und nicht so langsam sein, dass man jeden einzelnen Huckel spürte.[489]

Richard Benz hatte zum ersten Mal 1899 bei der Fernfahrt Berlin–Leipzig mitgemacht und gleich zusammen mit Fritz Held einen Preis gewonnen.[490] Im Mai des folgenden Jahres hatte er dann, wie erwähnt, den Sieg in seiner Klasse bei der Fahrt Mannheim–Pforzheim–Mannheim errungen und im Juli desselben Jahres war er unter den Siegern des ersten deutschen Bahnrennens gewesen, das der Frankfurter Automobilclub organisiert hatte. Eugen Benz brachte ein Jahr später bei der zweiten Wettfahrt Mannheim–Pforzheim–Mannheim den Siegespreis in der Tourenwagenklasse nach Hause. Die Rennen und die dazu gehörenden Klubtreffen waren wichtige gesellschaftliche Ereignisse, an denen oft die ganze Familie teilnahm.[491]

Normalerweise fanden diese Treffen während der schönen Jahreszeit im Freien statt. Die „Autler“ fuhren dann mit ihren Wagen zu einem vorher angekündigten Ort, wo man gemeinsam picknickte. Bald aber traf man sich auch im Winter in geschlossenen Räumen. So lud der Rheinische Automobilclub, in dem Eugen Benz den Vorsitz innehatte, im Winter 1903 zum ersten Mal seine Mitglieder zu einem Familienabend im „Badener Hof“ in Mannheim ein:

> „Wohl an 250 Autler und Autlerfreunde mit ihren Damen hatten sich im festlich geschmückten Saale ... zusammengefunden, um einige vergnügliche Stunden miteinander zu verbringen. Als neuestes Mitglied, das 160., hat der Klub Herrn Hofschauspieler Kökert aufnehmen können, der das Arrangement des Abends besorgte.“

So berichtete die Automobil-Welt über dieses Treffen, das mit einer Ansprache des zweiten Präsidenten begann und danach ein „auserlesenes“ Programm bot, bei dem „erste Kräfte der Hofoper ... auf der Bühne ihre erstklassigen Leistungen zum besten“ gaben.

> „Wirklich kostbar war ein automobilistisches Duett-Couplet, das vielerlei Vorkommnisse im Klub originell und in eigener Melodie vorführte. Es wurde naturgemäß im Automobil-Kostüm gesungen. Man amüsierte sich vortrefflich, und als die Fanfaren zur Polonaise riefen, da waren die Veranstalter ihres Sieges sicher“,

endet dieser Bericht, der ein anschauliches Bild einer solchen Zusammenkunft bietet.[492]

Es gab also unter den Freunden des noch jungen Automobils einen regen gesellschaftlichen Austausch mit einer Reihe gemeinsamer Unternehmungen. Gegenüber diesen üblichen Ausschreibungen der Klubs aber war die Herkomer-Konkurrenz etwas ganz Besonderes: Es handelte sich um eine Wettfahrt mit ausgeklügelten Regeln, bei denen es nicht nur um Geschwindigkeit, sondern auch um die Standfestigkeit und Tourentauglichkeit der teilnehmenden Wagen ging. Diese Fahrt wurde insgesamt nur dreimal in drei aufeinanderfolgenden Jahren ausgelobt, angeregt von und benannt nach dem deutsch-englischen Maler Professor Sir Hubert Ritter von Herkomer.

Eine illustre Gesellschaft meldete dazu ihre Wagen an. Auch Seine Königliche Hoheit Prinz Heinrich, der Bruder des Deutschen Kaisers, gehörte dazu. Während Kaiser Wilhelm II. die Wagen von Daimler bevorzugte, hatte sich Prinz Heinrich nämlich ab 1904 auf die Firma Benz festgelegt. Sicher war das ein Grund dafür, dass von der zweiten Herkomer-Konkurrenz an auch ein Werkswagen der Mannheimer Firma beim Rennen mitfuhr. Bei der ersten Fahrt, die von München aus über eine Strecke von etwas mehr als 900 Kilometer ging, hatten alle drei Sieger einen Mercedes von Daimler gelenkt. Doch schon bei der zweiten Fahrt, deren Strecke auf über 1600 km verlängert worden war, belegte ein Benzfahrer den zweiten Platz.

Für den dritten und letzten Lauf kam Prinz Heinrich 1907 sogar persönlich nach Mannheim, um seinen neuen „Benz" abzuholen. Selbstverständlich war auch der Erfinder selbst bei diesem Besuch anwesend.[493] Dieser war allerdings vom schnellen Fahren immer noch nicht begeistert. Carl Benz fand inzwischen zwar, dass der Zustand der Straßen immerhin eine Höchstgeschwindigkeit von 50 Stundenkilometern zuließ, aber es machte ihm sehr zu schaffen, dass seine Erfindung gefährlich war und schon zu tödlichen Unfällen geführt hatte. Besonders dass im Vorjahr sein ehemals bevorzugter Mitarbeiter[494] Hans Thum einem solchen Unfall zum Opfer gefallen war, muss ihn sehr belastet haben. Thum war mit einem Freund bei einer Ausfahrt mit seinem „Benz-Parsifal" umgekommen. Dieser offene Viersitzer konnte eine Höchstgeschwindigkeit von 60 Kilometer pro Stunde erreichen. Thum fuhr allerdings nur mit 20 Stundenkilometern, als ihm kurz vor Rimbach im Odenwald in einer scharfen Linkskurve eine Kutsche mit zwei Pferden auf derselben Straßenseite entgegenkam. Bei dem frontalen Zusammenstoß wurde er aus dem Auto geschleudert und von den wild um sich tretenden Pferden so schwer getroffen, dass er noch am Unfallort starb.[495]

Im dritten und letzten Lauf der Herkomer-Konkurrenz holte sich dann tatsächlich ein Benzwagen den Gesamtsieg über alle drei Fahrten. Edgar Ladenburg, der Sieger der ersten Fahrt, erfüllte nämlich alle Bedingungen: Er hatte erfolgreich an den drei Fahrten teilgenommen und seine Wagen hatten zweimal den Sieg errungen. Zwar war er bei der letzten Fahrt mit dem von ihm selbst gelenkten Wagen nicht als erster ans Ziel gekommen, aber er hatte einen weiteren Benz auf seinen Namen gemeldet und mit diesem hatte der Werksfahrer und gute Freund der Familie Benz, Fritz Erle, gesiegt. Dadurch erhielt Edgar Ladenburg am Abend des letzten Renntages von Prinz Heinrich persönlich den begehrten Herkomer-Preis überreicht; eine silberne Trophäe in Form einer Statue, die von dem berühmten Namensgeber der Wettfahrt selbst gestaltet worden war.

Der Prinz war von der Wettfahrt übrigens so begeistert, dass er noch am selben Abend den Anwesenden eröffnete, er selbst werde eine zweite Auflage ins Leben rufen. So fanden in den folgenden drei Jahren die „Prinz-Heinrich-Fahrten" statt, die viel zur Popularität des Automobils in Deutschland beitrugen.[496]

2. Weltkrieg und Inflation

Ein Jahr später starb Auguste Ringer, die Mutter von Bertha Benz, in Pforzheim.[497] Sie war 86 Jahre alt geworden und hatte ihren Mann um mehr als dreißig Jahre überlebt. In ihrem letzten Lebensjahrzehnt hatte die rüstige alte Dame bei ihrer Tochter Thekla Hoheisen in der Zerrennerstraße 20 gewohnt.[498] Der Zusammenhalt zwischen der Mutter und ihren Töchtern in Deutschland war immer eng geblieben und auch der Kontakt nach Amerika war niemals abgerissen. Aber natürlich gab es zwischenzeitlich Phasen wechselseitiger Verstimmung, wie ein Brief der Mutter an Bertha Benz vom 15. März 1905 belegt, in dem es heißt:

> „Einliegend erhältst du den gewünschten Schuldschein zurück. Es scheint mir, du bist erzürnt darüber, daß ich anfragte; aber zu Unrecht; ich wußte gar nichts von demselben u. kam er mir nach so vielen Jahren unter die Hände; und da wird es doch erlaubt sein, darnach zu fragen. Ich sende ihn dir sogleich; da ich nicht wissen kann, ob ich noch so lange lebe, um ihn selbst zu bringen.
> Mit herzlichem Gruß
> die Mutter"[499]

Am wahrscheinlichsten ist die Interpretation, dass Auguste Ringer nachgefragt hatte, ob ein alter Schuldschein aus jenen Zeiten, in denen die Firma von Carl Benz schlecht lief, jemals bezahlt worden sei. Bertha hatte offenbar verschnupft darauf reagiert. Vielleicht hing dieser Schuldschein sogar mit dem Besuch von Berthas ältester Schwester Emilie aus Amerika zusammen, von der berichtet wird, dass sie um 1900 nach Deutschland gekommen sei, um ihre Verwandten endlich einmal wieder zu sehen.[500] Doch kann man hier, solange keine weiteren Hinweise ans Tageslicht kommen, nur spekulieren.

Auf jeden Fall waren Verstimmungen zwischen Mutter und Tochter kein Dauerzustand. Während sich in Pforzheim Berthas Schwestern Marie und Thekla um die Mutter kümmerten, kam diese allein oder mit ihren Pforzheimer Verwandten gern nach Mannheim zu Besuch, wie eine Reihe von Fotos, auf denen Auguste Ringer im Kreise der Familie Benz zu sehen ist, beweist.[501] Offenbar fühlten sich auch die Geschwister der Familie Ringer immer noch eng zusammengehörig und nahmen an allem, was sie selbst, ihre Familien und Kinder betraf, lebhaften Anteil. Wenn einmal eine Zeit lang kein Brief gekommen war, griff die Mutter selbst zur Feder und berichtete die neuesten Neuigkeiten:

> „Pforzheim 18 Febr. [nicht lesbar]
> Liebe Bertha
> Es ist schon sehr lange, daß man nichts mehr von Euch hörte; gesehen ohnedies nicht. Nun muß ich scheints anfangen; trotzdem es mit den Fingern nicht mehr gehen will. Also Ruhe ist nun wieder eingekehrt in mancher Beziehung durch die Fastnachtsbälle und die Krankheit unseres Theodorle, welcher schon 3 Wochen krank ist. Erst hatte er Gelbsucht dann Magen u. Darmkatharr, welcher sich in Blinddarmentzündung ausbildete. Nun geht es Gott sei dank besser, so daß ihm der Arzt heute ein weiches Ei erlaubte, worüber er froh ist. Nur Wasser mit etwas Milch durfte er genießen.
> Meine Finger sind steif, die Mädchen sollen weiter schreiben
> Mit Gruß
> die Mutter“[502]

Berthas Schwester Thekla setzte diesen Brief fort und berichtete noch einmal ausführlicher über die Krankheit ihres Sohnes, die zum Glück ohne Operation vorübergegangen war. Sie schloss ihren Brief mit den Worten: „Wir leben ganz auf, da die Gefahr nun vorüber ist.

Berthas Mutter Auguste Friederike Ringer (1822–1908), um 1905.

Mit vielen Grüßen an Dich und Deine l. Familie verbleibe ich Deine Schwester Thekla".

Der Tod der Mutter muss für Bertha Benz ein tiefer Einschnitt gewesen sein. Damit war aus der Generation ihrer Eltern niemand mehr am Leben und sie selbst gehörte nun endgültig zu den Alten, deren Lebenszeit sich unumstößlich dem Ende zuneigte. Doch erfreute sie sich noch immer bester Gesundheit und hatte eigentlich keinen Grund zur Sorge. Das Leben ging weiter und es wurde sogar noch voller und bunter, denn in den folgenden Jahren vergrößerte sich die Familie um Bertha Benz herum geradezu unaufhaltsam. Fast jedes Jahr konnte sie weiteren Familienzuwachs begrüßen. Bis zum Ende des Ersten Weltkriegs kamen insgesamt zehn Enkelkinder auf die Welt: Thild Benz heiratete im September 1909 endlich ihrem langjährigen Verlobten und bekam knapp ein Jahr später ihren ersten Sohn, Walter Volk, dem drei Jahre später Bernd Volk folgte. Allerdings verließ Thild genauso wie einst ihre Mutter den engeren Umkreis der Familie und folgte ihrem Mann, der aus Nesselwangen bei Überlingen stammte, zuerst nach Freiburg und dann nach Überlingen, wo er zum Realschuldirektor aufstieg.[503]

Zwei Jahre später – es war das Jahr, in dem der Patentmotorwagen seinen 25. Geburtstag begehen konnte; ein Datum, das damals allerdings noch keine größere Öffentlichkeit fand – wurden dann in der Familie Benz sogar zwei Hochzeiten gefeiert. Im Oktober heiratete Ellen Benz den Bankier Heinrich Perron, den sie im Haus der Eltern kennengelernt haben muss, da sein Vater zusammen mit Carl Benz für die Revision der Bilanzen der Aktiengesellschaft zuständig war.[504] Von diesem Fest gibt es ein Foto, für das sich die Hochzeitsgesellschaft auf der großen Freitreppe der Ladenburger Villa versammelt hat.[505] Vor dem Paar – Ellen im weißen Brautkleid mit Schleier, Heinrich im schwarzen Anzug – stehen Hand in Hand ihre neunjährige Nichte Ella und ihr sechsjähriger Neffe Erich, die Kinder ihrer Schwester Klara Unger. Rechts und links vom Brautpaar haben sich die Brauteltern aufgestellt, dahinter die Geschwister und die übrigen Verwandten. Insgesamt ist ein enger Familienkreis von 21 Erwachsenen um das Brautpaar versammelt, was nicht dafür spricht, dass Carl und Bertha damals bereit waren, ihre häuslichen Feste zu großen gesellschaftlichen Veranstaltungen aufzubauschen. Hinter dem Fenster haben sich übrigens auch zwei Dienstmädchen mit ins Bild geschmuggelt.

Zwei Monate nach Ellen und Heinrich Perron gaben sich dann Eugen Benz und Marie Hettesheimer das Jawort. Eugen war mit seinen 38 Jahren gerade kein junger Mann mehr und auch seine Frau war ein sogenanntes „spätes Mädchen“. Aber sie kam aus einem reichen Elternhaus und brachte eine gute Mitgift mit in die Ehe. Möglicherweise war das kein unwichtiger Grund für diese Heirat.[506] Dem Paar wurde im zweiten Jahr seiner Ehe eine Tochter, Anneliese, geboren. Dieser folgte drei Jahre später ein Sohn, der den Namen des Großvaters in die Zukunft trug.

Auch das Ehepaar Perron, das in das nahe Frankenthal zog, wo Heinrich Perron aufgewachsen war, bekam zwei Kinder. Ein Jahr nach der Hochzeit kam Auguste und zwei Jahre später Karl Heinz auf die Welt. Bei Klara Unger, die mit ihrem Mann inzwischen ebenfalls nach Frankenthal gezogen war, stellte sich ähnlich wie damals bei der Mutter zehn Jahre nach dem zweiten Kind noch etwas Klei-

Hochzeitsfoto auf der Freitreppe der Benz-Villa in Ladenburg. Die Familie hat sich um das Brautpaar Ellen Benz und Heinz Perron versammelt, vor dem Ella und Erich, die Kinder von Klara Unger, geborene Benz, stehen.

nes ein: Ihr jüngster Sohn, Herbert Unger, wurde 1915 geboren, und bei den Volks kam gegen Ende des Ersten Weltkrieges als jüngste und letzte Enkelin noch die kleine Marga hinzu. Richard Benz dagegen sollte sein Leben lang unverheiratet und ohne Nachkommen bleiben.

Inzwischen hatten „Benz & Cie." in Mannheim lange wieder Fuß gefasst. Schon im Frühjahr 1905 hatte der Bericht des Vorstandes einen Gewinn ausgewiesen.[507] Im Sommer der beiden folgenden Jahre wurde das Grundkapital erhöht. Damit kaufte man 1907 die Süddeutsche Automobilfabrik GmbH in Gaggenau an, so dass nun auch die Fertigung von Lastwagen und Autobussen zum Geschäft gehörte.[508] Bald danach wurde auch das neue Werk in dem Mannheimer Vorort Waldhof errichtet und die Autofabrikation ganz dorthin ausgelagert. Am bisherigen Standort blieb nur noch die Motorproduktion zurück. Auch in den folgenden Jahren wurde das Stammkapital der Firma mehrfach erhöht. Das bedeutete zugleich, dass Carl Benz bald nur noch einer in einer ganzen Reihe von Aktionären war. Hatte er schon mit seinem Austritt aus dem Vorstand viel von seinem Einfluss auf den Geschäftsgang eingebüßt, so verlor er jetzt, da neue Geschäftsführer und Konzernherren sein Werk immer mehr in die von ihnen gewünschten Bahnen lenkten, fast jede Möglichkeit mitzubestimmen.

In Deutschland wurde in den Jahren vor dem Ersten Weltkrieg das Militär und besonders die Marine immer mehr vergrößert und aufgerüstet. Seit der Reise, die den Chef des Großen Generalstabes, Alfred Graf von Schlieffen, in einem Benz zu den französischen Schlachtfeldern von 1870/71 geführt hatte, besaß man in Mannheim gute Verbindungen zur obersten Heeresleitung. Für das Militär wurden nicht nur die neuen Flugzeugmotoren, die man inzwischen ins Programm aufgenommen hatte, sondern auch Mannschaftswagen, Sanitätsautos und Schlepper aus der Gaggenauer Fabrik geliefert. Als der Reichstag Ende Juni 1913 die Erhöhung der Heeresstärke um über hunderttausend Mann und damit ungefähr um ein Fünftel der bisherigen Größe bewilligte und gleichzeitig großzügige finanzielle Mittel zur Modernisierung des Militärs bereitstellte, erhielt natürlich auch die Mannheimer Firma große Aufträge.

Carl Benz' neue Firma in Ladenburg hatte damit allerdings nichts zu tun. Sein Sohn Eugen musste den Bau der von ihm selbst entwickelten Sauggasmotoren bald wieder aufgeben. Zum einen waren schon viele andere Firmen mit ähnlichen Motoren auf dem Markt, zum anderen nutzten bald immer mehr Unternehmen elektrische Motoren oder Dieselaggregate zum Antrieb ihrer Maschinen,[509] so dass die Nachfrage deutlich zurückging. In Ladenburg spezialisierte man sich deshalb immer mehr auf die Reparatur und den Bau von Automobilen.[510] Mit dem ersten eigenen Automobil der Firma C. Benz Söhne nahm Richard Benz 1909 sogar an der Prinz-Heinrich-Fahrt teil, nachdem er im Jahr zuvor offenbar noch einen Wagen von der Mannheimer Konkurrenz gefahren hatte.[511]

Die „Allgemeine Automobilzeitung“ berichtete dazu, dass Richard Benz nun als letztes Familienmitglied aus der Mannheimer Fabrik ausgetreten sei, um mit seinem Vater und Bruder „in neuen Fabriken in Ladenburg auch die Herstellung von Benzwagen“ neu aufzunehmen. Fritz Held – der alte Schulfreund von Eugen und Richard – habe die „Generalrepräsentanz“ für die neuen Wagen in die Hand genommen.[512] In Zukunft werde es also „zwei Arten von Benz-Wagen“ geben. Für die Kunden war es dabei offenbar nicht ganz einfach, zwischen den Fahrzeugen des großen Mannheimer und des doch wesentlich kleineren Ladenburger Benzwerkes zu unterscheiden. In einer Zeitungsanzeige wird jedenfalls explizit auf diesen Unterschied hingewiesen.[513]

Carl Benz steckte in dieser Zeit noch einmal Geld in das neue Werk und ließ ein Bürogebäude mit Wohnungen sowie einen Neubau zur Unterbringung des Magazins errichten.[514] Trotzdem sollte diese Firma niemals auch nur ansatzweise an die Ausmaße der Mannheimer Aktiengesellschaft heranreichen, sondern blieb immer ein mittelgroßes Familienunternehmen, das Eugen und Richard Benz ab 1912 allein führten. In diesem Jahr zog sich Carl Benz nämlich – er war inzwischen 68 Jahre alt geworden – endgültig ins Privatleben zurück. Allerdings konnte der Erfinder mit dem Zeichnen und Entwickeln technischer Ideen, die sein ganzes Leben bestimmt hatten, auch jetzt noch nicht aufhören. Er ließ sich in dem weitläufigen Garten seiner Villa einen kleinen Turm mit Flachdach und einer Brüstung mit mittelalterlichen Zinnen errichten. Unten beherbergte dieser Bau eine Garage für das private Automobil. Darüber richtete Carl Benz sich einen ungestörten Arbeitsraum ein. Wenn er auf das Dach seines Turmes stieg, so hatte er einen weiten Blick über den Neckar. Vielleicht liegt darin eine Reminiszenz an die eigene Fabrik und an die vielen Male, die er im Mannheimer Werk auf den Aufzugsturm gestiegen war, um aus der Ferne die Probefahrten seiner neu erbauten Motorfahrzeuge zu verfolgen.

Das erste Jahrzehnt des neuen Jahrhunderts war für die Bessergestellten in Deutschland eine glanzvolle Zeit: Große Rennen fanden statt, festliche Abendveranstaltungen wurden ausgerichtet und aufwendige Familienfeiern inszeniert. Die Frauen kleideten sich in prächtige Roben und trugen üppig garnierte, ausladende Hüte, kurz: Man zeigte, dass man sich etwas leisten konnte. Auch Bertha und Carl Benz nahmen an diesem Leben teil, allerdings nicht dort, wo die wirklich Reichen zusammenkamen, sondern im egalitär ausgerichteten „Schnauferlclub" und dem von ihrem Sohn geführten Rheinischen Automobilclub. Das Paar stand nun an der Schwelle zum hohen Alter. Doch waren beide noch rüstig. Carl Benz liebte es immer noch, im Winter auf seinen Schlittschuhen über das Eis zu gleiten[515] und bewegte sich auf der Tanzfläche gewandt und geschmeidig, ganz so als ob er noch nicht auf die siebzig zuginge, sondern zwanzig Jahre jünger wäre. Auch seine Frau blieb bis zu ihrem Lebensende schlank und beweglich.

Die politischen Verhältnisse in Deutschland wurden allerdings in diesen Jahren immer angespannter. Die Organisierung der Arbeiterschaft schritt voran. Ihre Forderungen nach besserer Entlohnung und gleichen politischen Rechten wurden immer lauter. Die erste russische Revolution im Jahr 1905 hatte auch in Deutschland eine Streikwelle zur Folge. Auch in Mannheim traten die Arbeiter der Rheinischen Motorenwerke 1905 in einen Streik. Ein ehemaliger Mitarbeiter schrieb dazu an Carl Benz:

> „Gegenüber dem Streik der bei Ihnen, ausgebrochen ist von Seiten der aufgehetzten Arbeiter Ihrer Firma, bin ich befriedigt zu sehen daß Sie meinen früheren Brodherr heute mit großer Energie und zugleich die Aufsichtsräte der Firma diese brutalen Verlangen der Arbeiter abgewisen haben. Die Arbeiter verlangen heute zu Tage Gegenständen die das Tageslicht nicht vertragen kann, sie würden ja gerne in eine andere Fabrik den Streik loß gerufen haben. Aber mann hat gerne von Seiten der Arbeiter Organisationen wie die Firma Benz ins Auge gefast, weil mann glaubte daß das der günstiche Boden sei dießes durchführen zu können. Herrn Benz halten sie fest an Ihrer Entschlossenheit und geben Sie mir nicht nach. Wenn sie aufgeben werden sie erst recht keine Ruh finden in Ihrer Fabrik. Sie haben ja gerade genug von diese Sorte die daß gewerkschaftliche Leben politisch ausschlagten. Wie haben diese Rothen mich in einer Weise angegriffen daß war schrecklich und leide deßhalb heute noch in Ungünstichen Verhältnißen. Diese Meister die die Betreffenden von Ihrer Fabrig weg haben wollen und weg gebracht haben ligt klar auf der Hand daß diese meistens auf die Intressen der Firma thätig sind. Diese anderen Meister nehmen es leichter zum Gewissen darum sind betreffende besser beliebt bei den Arbeitern.
> Ich will mein Schreiben schließen
> Und wünsche baldigst bei Ihnen in Ladenburg hin zu können um dabei in Ruhe und Frieden zu leben
> Hochachtungsvoll J. Fries“[516]

Politisch forderten die Sozialdemokraten nicht nur geheime, freie und gleiche Wahlen, also die Einführung der Demokratie, sondern warfen dem Kaiser auch die Aufrüstung des Heers und der Kriegsmarine vor. Auch die bürgerliche Friedensbewegung war weiterhin aktiv, konnte sich aber gegen die Militarisierung der ganzen Gesellschaft nicht behaupten, obwohl Bertha von Suttner 1905 – und damit fünf Jahre nach der Stiftung – jenen Friedenspreis erhielt, zu dem sie selbst einst ihren ehemaligen Arbeitgeber und Gönner Alfred Nobel angeregt hatte.[517] Immer noch versuchte sie in ihren Vorträgen und Schriften, die Öffentlichkeit über die Gefahren der internationalen Aufrüstung zu informieren.

> „Welches sind die Faktoren, die die Rüstungsschraube in Bewegung setzen? Sind es die Völker, die danach verlangen? Mitnichten! Der Anstoß, die Forderung, kommt immer aus dem Kriegsministerium mit der bekannten Begründung, dass andere Kriegsministerien vorangegangen sind, und der zweiten Begründung, dass man von Gefahr und Feinden umgeben ist. Das schafft eine Atmosphäre von Angst, aus der heraus die Bewilligungen erwachsen sollen. Und wer ist tätig, diese Angst zu verbreiten? Wieder die militärischen Kreise … Und die gegenseitigen Furcht- und Hassgefühle treiben die gemeinsame Schraube …“,[518] schrieb sie 1909.

Diese aktive Frau, die ihr Leben lang nicht nur gegen den Krieg gekämpft, sondern auch die fehlende Gleichberechtigung der Frauen immer wieder angeprangert hatte, starb kurz vor dem Ausbruch des Ersten Weltkrieges. Immerhin konnte sie noch erleben, dass der Kampf für die Gleichberechtigung der Frauen weiter voranschritt und eine regelrechte Frauenbewegung aufkam, die überall in Europa – besonders offensiv vertreten von den Suffragetten in England – ihre Forderungen öffentlich machte. In Mannheim hatte sich 1905 ein sozialdemokratischer Frauenverein konstituiert. Der Ruf der einen Hälfte der Menschheit nach gleichen Rechten verhallte dort selbst im bürgerlichen Lager nicht ganz ungehört: Im Jahr 1910 verliehen die Stadtväter erstmals einer Frau die Ehrenbürgerwürde.[519]

Träumte Bertha Benz davon, selbst einmal in ihrem Leben eine solche Ehrung zu erfahren? Wäre sie gern hinausgegangen in die

Welt, um für den Frieden zu kämpfen? Ihre Träume und Wünsche gab sie niemals der Öffentlichkeit preis, auch wenn sie später oft von Journalisten besucht und befragt wurde. Tatsache ist auf jeden Fall, dass Bertha Benz dort blieb, wo das Schicksal und ihr eigener Wunsch sie einst hingestellt hatten: an der Seite ihres Mannes. Ihre Welt war und blieb ihre Familie, zu der nicht nur die fünf Kinder mit ihren Ehepartnern und der wachsenden Schar der Enkel gehörten, sondern auch ihre Verwandten – sowohl im nahen Pforzheim wie im fernen Amerika –, mit denen sie über all die Jahre den Kontakt aufrechterhielt.

Als am 28. Juni 1914 durch das Attentat in Sarajevo der Erste Weltkrieg ausgelöst wurde, brachte es die allgemeine Militarisierung mit sich, dass der Beginn der Kämpfe in den großen deutschen Städten zum Teil mit erheblicher Begeisterung aufgenommen wurde. Die Menschen jubelten nicht nur den Soldaten zu, sondern waren auch bereit, ihr Geld für die große Sache herzugeben. Festverzinsliche Kriegsanleihen, die nach dem Sieg eingelöst werden sollten, wurden aufgelegt. Auch Carl Benz soll solche Anleihen gezeichnet haben, was sein Sohn Eugen noch in hohem Alter als unsinnig geißelte.[520] Seine Frau kann diesen Kauf eigentlich auch nicht gutgeheißen haben. Allerdings weiß man nicht, ob nicht auch sie, wie so viele andere, trotz ihrer Bewunderung für Bertha von Suttner vom Taumel der allgemeinen Kriegsbegeisterung mitgerissen wurde.

Für „Benz & Cie." in Mannheim brachte die Kriegsproduktion auf jeden Fall eine weitere Steigerung der Aufträge und damit auch des Gewinns. Doch der deutsche Angriff auf die Nachbarländer kam bald ins Stocken und der zähe Stellungskrieg verbunden mit dem massenhaften Tod auf den Schlachtfeldern machte die Menschen rasch kriegsmüde. Dazu kam, dass die Versorgung der Bevölkerung immer schlechter wurde. Sprichwörtlich wurde der schreckliche „Steckrübenwinter" von 1916/17, in dem alle jene hungerten, die zuwenig Geld hatten, um sich zusätzliche Nahrungsmittel kaufen zu können. Sicher mussten Carl und Bertha Benz damals keine Not leiden, aber auch für sie dürfte es manchmal schwierig gewesen sein, alles zu bekommen, was sie brauchten oder sich wünschten.

Erstmals wurde in diesen Jahren der Krieg auch hinter die Front getragen. Sowohl die Deutschen als auch die Engländer schickten Flugzeuge ins Feindesland. Über Mannheim, das durch seine Fabriken ein kriegswichtiges Angriffsziel war, hieß es im Heeresbericht von 1915 lapidar:

> „Englische Flieger bewarfen am gestrigen Weihnachtsabend die offene Stadt Mannheim mit Bomben. Keinerlei militärischer Schaden. Zwei Personen wurden getötet und zehn bis zwölf verletzt, darunter keine Militärpersonen, dagegen französische Kriegsgefangene. Ein Flugzeug wurde in der Pfalz zum Niedergehen gezwungen, die Insassen wurden gefangen genommen."[521]

In den folgenden Jahren folgten einzelne weitere Bombenabwürfe, die sich 1918 deutlich vermehrten. Laut Heeresbericht verursachten sie niemals großen Schaden. Doch die Angst der Menschen vor der neuen Gefahr aus der Luft dürfte nicht zu unterschätzen gewesen sein. Und das war nicht das einzige Leid, das der Krieg mit sich brachte. Immer mehr Soldaten ließen ihr Leben für das Vaterland. Auch die Familie Benz hatte einen solchen Verlust zu beklagen. Heinrich Perron, der Mann von Ellen und Schwiegersohn von Carl und Bertha Benz, fiel am 29. Juni 1918, also wenige Monate vor Kriegsende, in Frankreich und hinterließ seine Frau nach nur sieben Ehejahren als 28-jährige Witwe mit zwei kleinen Kindern.[522]

Je länger der Krieg dauerte, desto mehr verstärkten Hunger und Entbehrung zusammen mit der Enttäuschung über die militärischen Niederlagen die demokratischen und sozialistischen Bestrebungen, die im November 1918 in eine Revolution mündeten und zur Ausrufung der Republik und zur Abdankung von Kaiser Wilhelm II. führten. Es waren unruhige Zeiten. Nicht nur der Kaiser in Berlin, auch Großherzog Friedrich II. in Karlsruhe musste seinem Thron entsagen. Das Land Baden wurde zum Freistaat. Eine Streikwelle erschütterte ganz Deutschland. Allenthalben bildeten sich Arbeiter- und Soldatenräte, so auch in Mannheim, wo die Arbeiter gut organisiert waren. Baden erhielt am 21. März 1919 eine neue Verfassung und am 11. August desselben Jahres wurde die Weimarer Verfassung verkündet, nachdem schon im Januar im ganzen Reich Wahlen zur verfassunggebenden Nationalversammlung stattgefunden hatten. Erstmals gab es nun allgemeine, gleiche, geheime und direkte Wahlen, sowohl für das Reich wie für den Freistaat Baden. Jetzt durften sogar die Frauen in der Politik mitbestimmen und zwar nicht nur passiv als Wählerinnen, sondern auch aktiv als Kandidatinnen. Auch Bertha Benz konnte in Ladenburg zum ersten Mal in ihrem Leben zur Wahl gehen.

Mit dem Kriegsende brach bei „Benz & Cie.“ in Mannheim die – seit langem schon hauptsächlich auf Rüstung ausgerichtete – Produktion weitgehend zusammen. Das Vermögen von Carl und Bertha Benz, das zum größeren Teil in den Aktien dieser Firma steckte, war also wieder gefährdet. Ihre Tochter Thild Volk ergriff offenbar die nächste gute Gelegenheit, um mit ihren Eltern darüber zu reden. Thilds Familie war inzwischen auf insgesamt fünf Köpfe angewachsen und sie fand, dass sie nun auch einmal dran sei, etwas von ihrem zukünftigen Erbe zu erhalten, schließlich hatte der Vater vor dem Krieg für die neue Fabrik, die nun den beiden Brüdern gehörte, eine ganze Menge Geld locker gemacht. Bertha Benz muss diese Forderung gut verstanden haben. Auch sie selbst hatte ja damals im Vorgriff auf ihr Erbe von den Eltern Geld erhalten. Außerdem bildeten Grundbesitz und Immobilien eine weitaus wertbeständigere Anlage als Aktien. So wurde beschlossen, für die Tochter in Überlingen ein Haus zu bauen.[523] Carl Benz reiste noch 1919 an den Bodensee, um sich um den Bau zu kümmern. Im August dieses Jahres schrieb er von dort an seine Frau:

> „Liebe Bertha!
> Dein Telegramm kam schon um halb 10 Uhr hier an u. werden wir also nach dem ersten Plan d. h. nach dem mit 4 Zimmern u. Küche unten u. 5 Zimmern im II. Stock zu Mk: 115 000 den Bau eingeben. Schicke die Eingabezeichnungen gleich zurück, daß sie sofort unterschreibe u. abgebe. Wahrscheinlich werden wir den Platz nebenan noch zu anständigem Preis bekommen. Zurückkommen kann ich vorläufig noch nicht, da alles zuerst geordnet sein muß. Das Reisen habe ich jetzt satt u. kostet auch 50 % mehr.
> Sonst nichts von Bedeutung
> Herzl. Gruß
> Carl“[524]

Es ist nur eine kurze Mitteilung, die sich offenbar darauf bezieht, dass Bertha Benz die Baupläne für das neue Haus zur Begutachtung und Entscheidung übersandt worden waren. Auffällig ist der sachliche Stil, in dem der Erfinder an seine Frau schreibt. Eine starke Vertrautheit, aber auch ein gewisser kühler Pragmatismus klingen durch seine Sätze ebenso wie durch die kurze Schlussformel hindurch.

Mit dem Kriegsende kam mit der Weimarer Republik ein politischer Umschwung, der die Gleichheitsideen der Linken in der Gesellschaft stärker zu verankern suchte und eine gerechtere Verteilung der Güter anstrebte. Im Bezirk Mannheim führte unter anderem die allgemeine Wohnungsnot dazu, dass leerstehende Räume mit Zwangsmietern belegt wurden. In Ladenburg wusste man natürlich, dass das Ehepaar Benz seine Villa mit ihren weitläufigen Zimmerfluchten allein mit seinen Dienstboten bewohnte. Man zwang sie daher, einige Zimmer mietweise an Bedürftige abzugeben.

1921 beschwerten sie sich deswegen beim „Mieteinigungsamt". Es war offenbar mehrfach zu Auseinandersetzungen mit den Mieterinnen, einer Witwe mit zwei Töchtern, gekommen. Hauptsächlich hatte man sich über die immer wieder von den Mieterinnen offen gelassene Haustür gestritten. Außerdem waren sie die Miete schuldig geblieben. Brieflich ersuchte Carl Benz daraufhin „das Mieteinigungsamt ... mir eine andere Mietpartie zuzuweisen" und schlug gleich selbst die gewünschte Familie vor. Zum Schluss beantwortete er im selben Brief das Schreiben des Amtes, das von ihm die Abgabe von zwei weiteren Zimmern gefordert hatte,

> „dahingehend, dass der Ausbau von weiteren 2 Wohnräumen im Dachgeschoss zur Genehmigung beim Bezirksamt in die Wege geleitet wurde. Vor in Angriffnahme durch die Bauhandwerker muss ich aber bitten, <u>mir die Zusicherung zu geben, dass ich mit weiteren Eingriffen in mein Eigentum zukünftig verschont bleibe</u>. Hochachtungsvoll Dr. C. Benz."

Die Unterstreichung ist handschriftlich eingefügt und in einer ebensolchen Ergänzung wird der Text verschärft in: „muß ich aber höfl. dringend ersuchen, mir die <u>schriftliche</u> und <u>bindende</u> Zusicherung zu geben".[525]

Tatsächlich wurde in dieser Zeit die Ladenburger Villa noch einmal umgebaut: Bilder zeigen, dass der ehemalige Balkon des Anbaus überdacht und mit einem Treppengiebel versehen wurde, so dass nun die Räume des Dachgeschosses über die ganze Hausfront reichten. Die Wohnung unter dem Dach war übrigens bis zum Verkauf des Hauses an ein Arbeiterehepaar aus der Firma C. Benz Söhne vermietet.[526]

Bald nach diesem Umbau konnte das Ehepaar Benz im Juli 1922 seine Goldene Hochzeit inmitten des inzwischen immerhin auf achtzehn Köpfe angewachsenen engsten Familienkreises feiern. Doch das Fest war schon von der Inflation überschattet. Ende des Jahres starb dann auch der zweite Schwiegersohn von Carl und Bertha Benz, Klaras Mann Heinrich Unger.[527] Während Heinrich Perron gut für seine Frau gesorgt hatte, blieb Klara Unger mit ihren drei Kindern in finanziellen Verhältnissen zurück, die sehr zu wünschen übrig ließen. Ella Unger, Bertha Benz' älteste Enkelin, war zu diesem Zeitpunkt schon neunzehn, Erich siebzehn und der kleine Herbert gerade erst sieben Jahre alt. Und die Zeiten verschlechterten sich zusehends. Die Währung war bereits durch die Kriegsfinanzierung zerrüttet, so dass es ab 1918 zu einer galoppierenden Inflation kam, die sich Ende 1922 zu einer Hyperinflation ausweitete. Schließlich rechnete man nicht mehr nur in Billionen, sondern in Trillionen Mark. Das Geld zerrann den Menschen buchstäblich unter den Fingern, da es zuletzt nicht mehr nur täglich, sondern stündlich an Wert verlor.

Carl und Bertha Benz büßten in dieser Zeit einen großen Teil ihres lebenslang erarbeiteten Vermögens ein. Nur Immobilien und Sachgüter überstanden die Inflation relativ unbeschadet. Zum Glück war wenigstens ein Teil des Privatvermögens der Familie in der Ladenburger Fabrik, der Villa mit Park und Turm und dem Haus in Überlingen angelegt. Trotzdem war das Geld bei ihnen knapp. Erst mit der am 15. November 1923 eingeführten „Rentenmark“ – eine Rentenmark hatte den Wert von einer Billion Papiermark, etwas mehr als vier Rentenmark waren einen Dollar wert – wurde der Wertverlust des Geldes überwunden. Ein Jahr später wurde die Rentenmark dann von der goldgedeckten und im internationalen Zahlungsverkehr voll konvertierbaren „Reichsmark“ abgelöst.

„Benz & Cie.“ in Mannheim hatte in den Jahren nach dem Krieg sowieso schon große Schwierigkeiten gehabt, den Betrieb von der Kriegswirtschaft wieder auf die Friedensproduktion umzustellen. Man hatte nicht nur den Staat als Großkunden verloren, sondern bekam dazu noch das Militär als Konkurrenz, das seine ausrangierten Wagen auf den Markt warf. Außerdem war das Auto immer noch ein Luxusgut, das in der Weimarer Republik nicht gefördert wurde. Vielmehr wurde eine Luxussteuer darauf eingeführt und zusätzlich mussten die Eigentümer eine hohe Kraftfahrzeugsteuer zahlen. Dazu kam der Vorsprung, den die Amerikaner inzwischen durch ihre rationellere Fließbandfertigung im Autobau errungen hatten. Ein Weg, die Produktion anzukurbeln, wäre damals der Zusammenschluss der beiden großen deutschen Automobilhersteller, also der Daimler-Motorenwerke in Stuttgart mit „Benz & Cie." in Mannheim, gewesen. Versuche dazu hatte es schon 1916 und dann 1919 gegeben, doch waren sie beide Male fehlgeschlagen.[528]

Nach dem Ende der Inflation aber wurde ein Zusammengehen der beiden großen Automobilfabriken zu einer unumgänglichen Notwendigkeit, wenn sie die Krise überstehen wollten. Der erste Schritt wurde am 1. Mai 1924 mit der Gründung einer gemeinsamen Interessengemeinschaft getan. Kurz vor der ersten Sitzung des Ausschusses, der die neue Gemeinschaft leiten sollte, schrieb Bertha Benz einen langen Brief an ihre Tochter in Überlingen, der die Verhältnisse in Ladenburg ausführlich beleuchtet und daher hier vollständig wiedergegeben wird:

> „Meine Lieben!
> Für Eure lieben herzlichen Geburtstagswünsche und den so überaus vielen Gaben dazu sage ich Euch von Herzen vielen Dank! Doch wie hart und schwer mußte ich vermissen, daß dein Kommen auf das ich mich, wie auch Papa u. Richard uns so sehr freuten, dir unmöglich war, und uns diese Freude genommen war. Hoffentlich bist du nun aber wieder vollkommen hergestellt, ich bange mich recht sehr um deine Gesundheit, die Seeluft bläst gewiß immer scharf um das Haus u. sicherlich bist du zu wenig auf deine eigene Gesundheit bedacht. Die Sonne will dieses Jahr auch bei uns nicht zur Geltung kommen u. ist es immer so kalt, daß wir, schon wegen Papa immer noch das Zimmer heizen müssen. Leider muß ich Euch auch berichten, daß ich mit P. [apa] letzten Freitag wieder in Hdlbg [Heidelberg] bei Professor W waren u. heute hat er schon die 3te Röntgenbestr. [ahlung] u. ist glücklicherweise nur ein kleines Geschwür linsen groß aber an gleicher Stelle wie

damals, im Sprechen ist er gar nicht gestört nur im Schlucken, wir hoffen daß er sich bald wieder machen wird. Auf Euer Kommen, auf das ich nun für Pfingsten sicher rechne, freuen wir uns sehr, für uns selbst ist eine Reise nach Ueb.[erlingen] ausgeschlossen, aber aussprechen möchte man sich so gern wieder, geht es dir nicht auch so?
Sind die Volk Eltern wieder wohl u. munter?
Kannst du auf ihre Vertretung bei den Kindern während Eurer Abwesenheit rechnen?
Gestern Sonntag war Klara mit Ella, Erich und Ellen [Kinder von Klara] hier, sie waren bestürzt wegen P.[apa] doch auch sie hoffen auf recht baldige Genesung u. waren wir alle vergnügt beisammen. Ella wird auf 2 Juni einen 3 monatlichen Urlaub nehmen u. in dieser Zeit nach Hügelheim[?] zu Trude [Nichte von Bertha Benz] gehen. Klara ist wegen E.[llas] Gesundheit sehr besorgt, weil sie immer so müde sei, ansehen thut man aber wirklich nichts, sie prangt in frischer Jugend ich wollte sie hierhernehmen, doch will sie eben nur zu Trude, vielleicht geht sie z. Haushaltwesen über, da ihr das Sitzen und die Luft in Frkt [Frankfurt] nicht gut bekommt. Ich denke, daß Klara u. Ellen selbst an dich schreiben, vorerst danken sie rechtvielmal für das reiche Buttergeschenk. Bei Klara ist es ganz besonders gut angebracht, denn sie steckt in großer Geldknappheit, da ein Verkauf ihrer Actien nur 2 Mk z. Zt einbringen, die ehemaligen Socius sind als Direktoren jedoch gut daran u. können sich Autos leisten. Als eine Ironie des Schicksals kann ich auch bezeichnen, daß wir, od[er] P.[apa] um nach Hdlg.[Heidelberg] zu fahren Mietauto nehmen mußten u. es jemals mit 40 Mk bezahlen mußten, eine Summe, die für uns kaum aufzubringen ist. Eug. u. Richard geschlossenes Auto wurde durch einen fremden Fahrer schwer beschädigt u. liegt schon wochenlang in Reparatur.
Nächsten Donnerstag ist auch Generalversammlung Interessengemeinschaft Benz + Daimler, P.[apa] wird wohl wieder Aufsichtsrat kommen, Perron wahrscheinlich gestrichen, eine Anerkennung für P.[apa] in pecuniairer Hinsicht würde uns momentan recht sehr freuen u. es nicht anders als gerecht ansehen, besonders da den Direktoren dort Nallinger u. Brecht so überaus gut u. üppig geht, u. wir in unsern alten Tagen uns so beschränken müssen u

wenn wir Richard nicht hätten, der für alles sorgt, Nahrungssorgen hätten. Wie froh ich bin, daß Ihr sichere Einnahme habt u. nicht auf den Verkauf von Aktien angewiesen seid wie Klara. Ellen kommt momentan durch Perrons Fürsorge besser durch, was mich beruhigt.
Die Kinder sind nun alle in der Schule aufgerückt unser jüngstes Enkelchen [gemeint ist Marga Volk] ist auch schon A. B.C. Schütze geworden u. wird sich darin recht wichtig fühlen. Bei Erich ist es wohl ausgeschlossen, daß er das Abitur noch macht die Kosten wären eben zu groß, aber sonst scheint er ein tüchtiger brauchbarer Mensch zu werden, das ist auch etwas wert.
Zum Schluß nochmals den herzlichsten Dank für all die guten Sachen, die Ihr gesandt habt, der Schinken kommt aber erst an Pfingsten dran, es ist mir viel zu viel, besonders aber hättest du dir nicht auch die Ausgaben für Blumen machen sollen, das Geld ist heute so sehr knapp in der Welt, daß man jede Ausgabe, die nicht absolut nötig ist, vermeiden muß ich hoffe nur, daß du mich hierin verstehst. Ich hoffe, daß mein Brieflein Euch gesund antrifft u. grüße herzlichst
deine Mama
Nachschrift am oberen Rand des Briefanfangs: „Die Einlage ist aus Kul's[?] Zeitschrift. Entschuldige daß mein Dank so spät kommt, hatte aber früher keine Minute ruhige Zeit dazu." [529]

Nicht nur die schlechten finanziellen Verhältnisse des Ehepaares Benz und besonders ihrer Tochter Klara Unger gehen aus diesem Schreiben hervor, auch der Ärger auf die Direktoren der Mannheimer Fabrik und deren „üppiges" Wohlleben. Parallel dazu liest man von der liebevollen mütterlichen Sorge um die Gesundheit und das Wohlergehen der eigenen Kinder und Enkelkinder, während durch den knappen Bericht von der ärztlichen Behandlung in Heidelberg hindurchscheint, dass hier eine Mutter ihrer Tochter schonend die schlechte Nachricht beizubringen versucht, dass es um die Gesundheit des Ehemannes und Vaters nicht gut bestellt ist. Offenbar war bei Carl Benz das – zwar noch kleine – Rezidiv eines Krebsgeschwürs im Rachenbereich festgestellt worden.

Im ersten Sitzungsprotokoll des gemeinsamen Ausschusses von Daimler und Benz vom 8. Mai 1924 sind übrigens die Pensionszahlungen festgehalten, die für einige ehemalige Direktoren ausgesetzt wurden. Während sie eine monatliche Pension von 300,- Mark zugesprochen bekamen, wurde anschließend auf „Antrag von Herrn Geheimrat Dr. Brosien … beschlossen …, Herrn Dr. Benz einen Ehrensold in der Höhe bis zu Mk. 1000,– pro Monat zu gewähren."[530] Mit diesem „Ehrensold" stabilisierten sich die finanziellen Verhältnisse für Carl und Bertha Benz endlich wieder.

3. Jubel und Ehrungen für den Erfinder

Die Anerkennung, die Carl Benz für seine epochemachende Erfindung verdiente, hatte lange auf sich warten gelassen. Sie hatte um die Jahrhundertwende langsam und zuerst nur in den Fachkreisen eingesetzt. 1899 ernannte der Mitteleuropäische Motorwagen Verein den Erfinder zu seinem Ehrenmitglied.[531] Eugen Benz sorgte einige Jahre später dafür, dass seinem Vater auch von dem Rheinischen Automobilclub die Ehrenmitgliedschaft angetragen wurde.[532] 1905 war dieser dann im Schnauferlclub zum ordentlichen Mitglied ernannt worden[533] und als er drei Jahre später beim Verein deutscher Motorwagen-Industrieller nach den Mitgliedskonditionen anfragte, kam postwendend seine Ernennung zum Ehrenmitglied zurück.[534] Zu seinem 65. Geburtstag wurde ihm dann das Ritterkreuz 2. Klasse des Ordens vom Zähringer Löwen verliehen, mit dem der Großherzog von Baden verdiente Bürger seines Landes auszeichnete.[535] Das war zwar der niedrigste Orden, den der Großherzog vergab, aber immerhin war es ein echter Orden! Vor dem Krieg hatte das noch etwas bedeutet in Deutschland.

Die größte Freude aber bereitete dem Erfinder die „Ehrenwürde eines Doktor-Ingenieurs", die ihm von seiner früheren Hochschule in Karlsruhe kurz nach dem Beginn des Ersten Weltkrieges verliehen wurde.[536] Oft genug hatte er bedauert, dass er die Hochschule aus Geldmangel nicht ordentlich abschließen und keinen akademischen Grad hatte erlangen können. Mit dem Ehrendoktor erkannte die wissenschaftliche Welt endlich an, dass Carl Benz auch ohne Examen und Titel Großes geleistet hatte. Darauf war er nicht zu Unrecht stolz und Bertha Benz teilte seinen Stolz und seine Freude sicherlich von Herzen.

Jetzt nach dem Ersten Weltkrieg war das Automobil zwar immer noch ein Luxusgegenstand, doch inzwischen begann auch die breitere Masse sich dafür zu interessieren – ein Grund dafür war sicher auch, dass während des Krieges die Motorisierung der Truppen eine wichtige Rolle gespielt und viele Männer mit Automobilen und Lastwagen vertraut gemacht hatte. Nun rückte, bald vierzig Jahre nach der Patentanmeldung, auch die Geschichte dieser Erfindung und ihr noch lebender Schöpfer in den Mittelpunkt der öffentlichen Aufmerksamkeit.

So war es jedenfalls 1923 in Baden-Baden. Dort hatte man bald nach dem Krieg wieder Automobil-Turniere veranstaltet, mit denen die Stadtväter betuchte Gäste in die Stadt locken wollten, denn nach Kriegsausbruch war das internationale Publikum weggeblieben. Neben den verschiedenen Rennen, einem Concours d'Élégance und weiteren Veranstaltungen hatten sie in diesem Jahr auch eine Schau über die Entwicklung des Automobils im Programm. Bei der zugehörigen Rundfahrt der historischen Wagen fuhr eines der alten Dreiräder von Carl Benz voran und der Erfinder selbst saß neben seinem Sohn Eugen in einem „Benz-Victoria".[537] Dreimal fuhren sie durch den Kurgarten und vom Straßenrand applaudierten ihnen Tausende von Zuschauern. Vor dem Kurhaus rief die Menge sogar jedes Mal, wenn der Erfinder vorüberfuhr, laut Hurra und die Männer schwenkten ihre Hüte. Die Freude über diesen Jubel, den die Automobile von „anno dazumal" hervorriefen, muss allerdings auch einen leicht bitteren Beigeschmack gehabt haben: Carl Benz feierte in diesem Jahr seinen 79. Geburtstag und Bertha Benz stand in ihrem 75. Lebensjahr. Sie müssen sich auch selbst ein wenig wie „anno dazumal" gefühlt haben, sozusagen als alte Leute, die man wie Relikte aus einer anderen Welt herumzeigte.

Auch als der Schnauferlclub zwei Jahre später in München sein 25-jähriges Bestehen feierte, gab es eine große Festveranstaltung, die im Rahmen der umfangreichen „Deutschen Verkehrsausstellung" stattfand.[538] Obwohl Carl Benz ungern verreiste, nahm er die Einladung, als Ehrengast daran teilzunehmen, gern an und sicher nicht nur deswegen, weil der Club ihn zum „Ehrenschnauferlbruder" ernennen wollte. Der Erfinder kümmerte sich sogar persönlich darum, dass das Deutsche Museum sein erstes Dreirad für den

Carl und Eugen Benz in einem Benz-Viktoria beim Autokorso in Baden-Baden, Juli 1923.

„Korso historischer Kraftfahrzeuge“ herausrückte, das er der Sammlung gestiftet hatte.[539]

Wenige Jahre nach dem Krieg und gerade erst anderthalb Jahre nach dem Ende der Inflation herrschte bei vielen Menschen das Gefühl vor: „Es ist ja eigentlich heute nicht die Zeit, Feste zu feiern!“[540]. So müssen alle Beteiligten es als etwas Besonderes empfunden haben, als am Sonntag, dem 12. Juli, der erste Patent-Motorwagen von Carl Benz „den Reigen der Automobile“ auf dem Rundkurs vor dem großen Standbild der Bavaria auf der nördlichen Seite der Theresienwiese anführte.

> „Wie gefühlecht und kernrichtig die Festidee war, bewies die Zuschauermenge, die … die Festzugsstraße umlagerte und für die das sonst so leichtsinnig gebrauchte Wort ‚Hunderttausend‘ nicht zu viel war“, stand in dem Bericht der ADAC-Motorwelt zu lesen,[541] und der Autor fährt weiter unten fort: „Einen schöneren Ehrentitel wie das ehrliche ‚Vater Benz‘, das diesem Motor-Pionier überall entgegengejubelt wurde, hat wohl selten ein Konstrukteur erworben.“

Carl Benz neben seinem Sohn Eugen in einem Benz-Viktoria beim historischen Autokorso in München 1925.

Das Dreirad wurde von dem alten Obermeister Bender von den Benzwerken in Mannheim gefahren. Carl Benz folgte zusammen mit seinem Sohn Eugen in einem „Benz-Viktoria“. Dahinter kamen Bertha Benz und ihr Sohn Richard auf einem „Benz-Vis-a-Vis“.[542] Insgesamt führten vierzehn Benz- und sechs Daimler-Wagen den Korso an.

Am Rande der Veranstaltung nahm der greise Erfinder für die Fotografen noch einmal auf seinem originalen Patent-Motorwagen Platz. Auf dem Erinnerungsfoto thront er hoch oben, während Bertha Benz klein, aber doch direkt neben ihm am niedrigen Vorderrad des Wagens steht, daneben schauen ihr Sohn Eugen und der Prinz Alfons von Bayern, von dem das Ehepaar zuvor offiziell begrüßt worden war, in die Kamera. Freunde und Weggefährten drängen sich hinter ihnen zusammen, um auch mit auf dem Bild zu sein.[543]

Für das Ehepaar Benz bedeuteten die Tage in München, die mit festlichen Veranstaltungen, Empfängen und Banketten sowie mit Interviews und Foto- und sogar Filmaufnahmen[544] ausgefüllt waren, so etwas wie die Krönung ihres Lebenswerkes. Carl Benz bedankte sich brieflich bei dem Präsidium des Schnauferlclubs

Carl Benz hat anlässlich des 25-jährigen Jubiläums des Allgemeinen Schnauferlclubs in München auf seinem historischen Patentmotorwagen Platz genommen, seine Frau Bertha steht dicht an seiner Seite.

„für alle liebenswürdigen mir so unerwartet erwiesenen Aufmerksamkeiten und Ehrungen". Er hätte gern auf der festlichen Abendveranstaltung persönlich eine Dankesrede gehalten und gesagt, „was alles in diesen Tagen durch meine Seele zog, aber ich war zu tief gerührt – ich, der in jahrzehntelanger Stellung in vorderster Feuerlinie stand, gegen veraltete voreingenommene Anschauungen kämpfen mußte und der nur durch die Mitarbeit begeisterter Pioniere … hätte an eine solche große allgemeine Würdigung unserer Sache nicht im Traum gedacht!
Und dann das Wiedersehen mit den vielen lieben, alten Freunden! Wie sehr hat es mich gefreut ihnen allen noch einmal in meinem Leben die Hand drücken zu dürfen! Verrauscht sind die Tage der Freude und des Jubels, geblieben ist nur die Erinnerung, aber … sie gehört zu den schönsten Erinnerungen meines Lebens".[545]

Spät, aber nicht zu spät[546] war jetzt von aller Welt die epochemachende Leistung des Erfinders Dr. h.c. Carl Benz anerkannt. Er – und mit ihm zusammen selbstverständlich auch seine Ehefrau – gehörten damit zwar immer noch nicht zu jenen einflussreichen Persönlichkeiten, die die Welt lenkten. Aber der Name Carl Benz erreichte von jetzt an einen immer höheren Bekanntheitsgrad in Deutschland und verbreitete sich in die ganze Welt. Nun begann sozusagen eine Ehrung die andere zu jagen. Man riss sich geradezu darum, über ihn und sein Werk zu berichten. Sicher ein wichtiger Grund dafür war, dass die Automobilindustrie, als deren Begründer und Nestor er nun galt, zum Hoffnungsträger einer neuen Ära wurde, mit der man das Vaterland aus der schweren Nachkriegszeit führen wollte.

1925 war auch das Jahr, in dem die „Autobiographie" von Carl Benz unter dem Titel „Lebensfahrt eines deutschen Erfinders. Die Erfindung des Automobils. Erinnerungen eines Achtzigjährigen" erschien und überall besprochen wurde. Karl Volk, der Ehemann von Thild, hatte im Januar einen Vertrag mit der Verlagsbuchhandlung Karl Franz Koehler in Leipzig geschlossen. Als Verfasser verpflichtete er sich dazu,

> „seinen Schwiegervater, Herrn Dr. Ing. h.c. Karl Benz zu veranlassen, seine Lebenserinnerungen herauszugeben und zwar mit Unterstützung des Verfassers, sollte es dem Verfasser gelingen, dass ein Werk entsteht, das als ‚Lebenserinnerungen von Karl Benz' veröffentlicht werden kann und darf, so überträgt er hiermit im eigenen Namen und zugleich im Namen seines Schwiegervaters Dr. Karl Benz das alleinige und unbeschränkte Urheberrecht dieses Werkes … an den Verlag." Außerdem sollte „im Interesse des Werkes Herr Dr. Karl Benz als Autor genannt" werden, doch „die Mitarbeit des Herrn Direktor Volk in einer würdigen Form im Buch selbst zum Ausdruck kommen."[547]

Offensichtlich waren auch die Frauen, in diesem Fall also Bertha Benz und Thild Volk, in diese Arbeit involviert: Es gibt einen – der Schrift nach zu urteilen – in Eile verfassten, kurzen Brief ohne Datum von Bertha Benz an ihre Tochter, in dem sie schreibt:

„Liebe Thild!
In Beantwortung deines heutigem teile ich dir wegen Photo mit, daß er nur wegen der Person, die mit auf dem Bild ist, Hintergrund) es nicht zuläßt, daß zu benützen, wenn vollständig ausretuschiert, kann es bleiben."

Dabei dürfte es sich darum handeln, ein Bild im endgültigen Layout des Buches zu belassen, auf dem eine Carl Benz unerwünschte Person zu sehen war. Übrigens teilt Bertha Benz ihrer Tochter noch mit, dass ihr Onkel, Karl Ringer aus Philadelphia, am folgenden Sonntag mit seiner Tochter Dorothy nach Ladenburg kommen werde: „es soll nun ernstlich die Heimreise angetreten werden. Vielleicht, so hoffen wir, reicht deine Zeit auch hierher zu kommen."[548]

Die Geschwister von Bertha Benz in Amerika hatten also immer noch so enge Beziehungen zur deutschen Heimat, dass sie hin und wieder zurückkehrten und die Daheimgebliebenen besuchten. Auch der Kontakt zur ältesten Schwester Emilie Rümelin war nämlich über all die langen Jahre ihres Lebens nicht abgebrochen. Damit die Biographie auf dem Weg nach Amerika gut versichert werde, steckte diese 1926 zwei Dollar in einen Briefumschlag[549] und nachdem sie das Buch erhalten und gelesen hatte, schrieb sie ein Lob, das Bertha Benz sicher mit Freude gelesen hat:

„nicht Jeder hat seine Kenntniße so gut zum allgemeinen Besten angewandt u. überliefert – u. solch liebenswürdigen Humor damit verbunden u. wie dankbar seiner lieben Ehehälfte dabei gedacht, daß ohne diese tatkräftige Hilfe u. Ausdauer, das große Werk nicht zu Stande gekommen wäre!"[550]

Das Buch von Karl Volk kam zuerst mit einem Umfang von 151 Druckseiten auf den Markt und fand offenbar reißenden Absatz, da es im selben Jahr noch eine Auflage von bis zu einunddreißigtausend Exemplaren erreichte.[551] Natürlich steigerte auch diese Veröffentlichung den Bekanntheitsgrad von Carl Benz. Selbst die Bewohner von Ladenburg, die sich bis dahin anscheinend noch gar nicht bewusst gewesen waren, was für eine wichtige Persönlichkeit in ihrer Mitte lebte, machten den Mitbürger nun in ihren Vereinen zum Ehrenmitglied und trugen ihm im November 1926 die Ehrenbürgerwürde an.[552] 1928, zu seinem 85. Geburtstag, verlieh ihm dann der Badische Staat sogar seine Staatsmedaille in Gold.[553]

Größere Freude hat dem greisen Erfinder aber wahrscheinlich jene Fahrt bereitet, die Studenten aus Hannover mit einem „Benz-Comfortable" aus dem Baujahr 1895/96 unternahmen. Diese Studenten hatten eine „Akademische Gruppe für das Kraftfahrwesen" ins Leben gerufen, um die Gründung eines entsprechenden Forschungsinstituts an ihrer Universität zu befördern. Der Wagen hatte bis dahin als Anschauungsmodell gedient und war nicht fahrfähig gewesen. Sie nahmen ihn in mühevoller Kleinarbeit auseinander und setzten ihn Stück für Stück instand. Das 40-jährige Jubiläum der ersten veröffentlichten Autofahrt von Carl Benz nahmen sie dann zum Anlass, mit ihrem Veteranen von Hannover aus eine „Huldigungsfahrt" zum Wohnsitz des „Auto-Schöpfers" anzutreten. Drei Tage waren sie mit einem Durchschnittstempo von etwa 20 Stundenkilometern unterwegs. Am Nachmittag des 8. August 1926 trafen sie in Begleitung der Mannheimer ADAC-Ortsgruppe im „festlich geschmückten" Ladenburg am Wohnsitz der Familie Benz ein. Es gab verschiedene Ansprachen, in denen der Erfinder geehrt und das 40-jährige Fahrjubiläum gebührend gefeiert wurde. Anschließend waren die Studenten zu Gast im Hause Benz.

Die jungen Männer mit ihrem Enthusiasmus für das Automobil müssen bei Carl und Bertha Benz Erinnerungen an jenen glorreichen Besuch von Theodor von Liebieg heraufbeschworen haben, der die erste lange Reise mit einem Benzwagen gewagt hatte.[554] Für die Studenten waren es auf jeden Fall unvergessliche Stunden, die sie mit dem greisen Erfinder und seiner Familie verbringen durften. Natürlich wurden dabei auch eine ganze Menge Bilder gemacht. Eines von ihnen zeigt die Studentengruppe auf der runden Terrasse der Benzvilla: Die Fahrer mit ihren ledernen Kappen und riesigen Schutzbrillen umstehen das alte Ehepaar, das etwas erhöht auf seiner Freitreppe über die anderen hinwegschaut.[555] Das Kalkül der Studenten, nämlich mit ihrer Aktion Aufmerksamkeit für ihr Anliegen zu schaffen, ging übrigens bestens auf. Viele Zeitungen berichteten über ihre Fahrt und die AKAKRAFT, wie sich die studentische Gruppe nannte, wurde weit über die Grenzen Hannovers bekannt und gefeiert.[556]

Diese Treffen in den Jahren 1925 und 1926 sollten die letzten großen Ereignisse sein, die Bertha Benz unbeschwert genießen konnte. Auf den Bildern, die Carl Benz in den folgenden Jahren zeigen, ist zu erkennen, dass seine Krankheit sich verschlimmerte. Auf einem der letzten Bilder, das ebenfalls an der Freitreppe der Ladenburger Villa aufgenommen wurde, sieht sein Gesicht geradezu ausgemergelt aus.[557]

Umso erstaunlicher und im Grunde makaber wirkt es, dass der Rheinische Automobilclub Mannheim ausgerechnet noch im Frühjahr 1929, als der Erfinder schon schwer krank war, zu einer weiteren überregionalen „Dr. Carl Benz Huldigungsfahrt" unter der Devise „Ehrt Eure Meister!" aufrief. Eugen Benz, der Gründer und langjährige Vorsitzende des Vereins, hatte zu diesem Zeitpunkt die Führung lange abgegeben und kann dafür nicht mehr verantwortlich gewesen sein. Den Veranstaltern und den Teilnehmern war im Übrigen klar, dass es nicht sicher war, ob sie Carl Benz noch lebend antreffen würden, wenn es galt

Erinnerungsfoto auf der Freitreppe der Benz-Villa vom 8. August 1926. Carl und Bertha Benz stehen etwas erhöht über den Studenten aus Hannover, die eine Huldigungsfahrt nach Ladenburg unternommen haben.

„Ihm, dem letzten noch lebenden Erfinder des Benzinmotors, ... Gruß und Huldigung seiner Freunde und Verehrer darzubringen. – ihm, dem die gewaltige Kraftverkehrsentwicklung zu Lande, zu Wasser und in der Luft großenteils mit zu danken ist!" Die Teilnehmer machten entweder eine „weite, schöne Rundfahrt durch Bayern, Württemberg und Baden" oder kamen „am Ostermontag nur nach Ladenburg, um hier Zeugen des feierlichen Schluß- und Huldigungsaktes zu sein. Und wenn schwarzer Schatten über der Huldigungsfahrt lastete und die Gemüter beklommen machte, sobald ein Telegramm bei der Fahrleitung einlief, so deshalb, weil – ja, weil es nicht sicher war, ob die Huldigungsfahrer noch zurecht kämen ... Dr. Carl Benz ist krank. Schwerkrank. Seine Tage sind gezählt. Aber ... das Hoch der Tausende, die nach Ladenburg vor sein Haus gekommen waren ... das hörte er noch. Und konnte er auch nicht mal zum Fenster, konnte er sie auch nicht sehen, die Menschmassen, die seine einstige Tatkraft feierten – er wird in den letzten Stunden seines Lebens doch empfunden haben, daß man ihm sein rastloses Schaffen und seine geniale Erfindung dankt und daß er fortleben wird ... fortleben immerdar!"

So wurde die Fahrt in einem Zeitungsartikel beschrieben, der am 3. April 1929 in der Weser-Zeitung abgedruckt wurde. Das Manuskript war als Pressemitteilung von den seit drei Jahren zur Daimler-Benz AG vereinigten Automobilwerken in Stuttgart und Mannheim an die deutschen Zeitungen verschickt worden.[558] Tatsächlich hatten viele hundert Fahrzeuge an diesem Ostermontag auf der Straße nach Ladenburg Aufstellung genommen und das Städtchen war von Menschenmassen überfüllt. Vor der Villa war ein Podium aufgebaut und der Platz, der inzwischen ebenfalls den Namen des Erfinders trug, war mit Tannengrün geschmückt. Ohne den „genialen Erfinder", dem „diese große Huldigung galt", standen Bertha Benz, ihre Kinder und Enkel an den offenen Fenstern ihres Hauses, während der Sterbende in zahlreichen Ansprachen gefeiert wurde. Über ihnen „steuerte ein Flugzeug zur Huldigungsstätte, überflog sie in kühnen Schleifen, und der Pilot warf über dem Huldigungsplatz ein schärpengeschmücktes Bukett ab".

Danach betraten Abordnungen der Clubs die Villa und überreichten Bertha Benz – im Pressetext wird sie „die ehrwürdige Frau

Benz" genannt – Ehrengaben für ihren Mann, darunter die brillantgeschmückte Klubnadel des Rheinischen Automobil Clubs, „für den Nestor des Kraftfahrverkehrs" und natürlich auch den aus der Luft abgeworfenen Strauß mit Schärpe. Danach dankte nicht, wie man hätte erwarten können, der älteste Sohn Eugen Benz den Versammelten, sondern Karl Volk, der Schwiegersohn, hielt eine kleine Ansprache, nach der die Versammelten aufbrachen und in „Kolonnenfahrt" an der Benz-Villa vorbeifuhren.

Für Bertha Benz muss dieser Ehrentag extrem zwiespältig gewesen sein. Sie brachte die Devotionalien zwar sicher noch ihrem schwerkranken Mann ans Bett. Doch wahrscheinlich hatte Carl Benz schon mit der Welt abgeschlossen. Er starb drei Tage nach dieser letzten Huldigung, am Morgen des 4. April 1929, im Alter von 84 Jahren.

Knapp eine Woche nach dem denkwürdigen Ostermontag versammelte sich also die automobile Prominenz wieder in Ladenburg, um ihren Nestor zu Grabe zu tragen. Der Zeitungsbericht darüber vermerkt, dass das Städtchen noch nie eine „Bestattungsfeier von solchem Ausmaß erlebt" hatte.

> In den Straßen waren die „Fahnen auf Halbstock gesetzt und trugen Trauerflor. Einzelne Geschäfte zeigten Trauerdekoration" und der „sonntägliche Verkehr war um vieles stärker als sonst. Namentlich Mannheim hatte viele Teilnehmer zu den Trauerfeierlichkeiten geschickt, vorab die Arbeiter, Meister und Angestellte, die unter dem Entschlafenen in der Benzschen Fabrik tätig waren. Die meisten verfehlten nicht im Sterbehaus vorzusprechen und von der sterblichen Hülle des Greises ergriffen Abschied zu nehmen".

Carl Benz war in seinem Sarg umgeben von Palmwedeln, Kerzen und Blumen offen aufgebahrt worden, wie die historischen Fotos zeigen.[559] Am Nachmittag formierte sich der Trauerzug von der Villa zum Friedhof. Der helle Eichensarg wurde von den jungen Mitgliedern der Athletik-Sport-Vereinigung Ladenburg getragen, die in weißer Turnkleidung mit Trauerflor erschienen waren, um ihrem Ehrenmitglied die letzte Ehre zu erweisen. Dahinter wurden die „kostbaren Kränze" hergetragen, an erster Stelle ein „riesiger Kranz des Benz-Daimler-Werks mit schwarzen Moiréschleifen". Vor der Villa spielte die Feuerwehrkapelle des Werks und der Männerchor der Firma Benz sang Schuberts „erhabenes ‚Sanctus'". Während der Zug sich zum Friedhof bewegte, spielte die Kapelle dann Chopins Trauermarsch. Sogar der erste Benzwagen aus dem Deutschen Museum war nach Ladenburg gebracht worden, um „im Zug schwarz umflort, sein Lenker im Zylinder" mitzufahren. Überall standen die Menschen an den Straßen Spalier.

Die Trauerfeier fand direkt am Grab statt. Vikar Kühlewein[560] gab einen Überblick über das Leben von Carl Benz und pries seine Treue und seine Schlichtheit. Nachdem er auch die Ehrungen erwähnt hatte, die der Verstorbene in seinem langen Leben erhalten hatte, hob er besonders das hervor, was Bertha Benz ihm erzählt haben musste, nämlich, dass den

> „Menschen Carl Benz … insbesondere sein Stolz und seine Genugtuung [kennzeichnete], daß er dank seiner Vorsicht und seiner Rücksicht auf seine Mitmenschen bei seinen vielen Fahrten nie ein Unglück gehabt habe."

Es folgten Chorgesang und eine Unzahl von Nachrufen, bei denen der Bürgermeister von Ladenburg unter anderem auch die mehrjährige Tätigkeit von Carl Benz als Stadtrat würdigte. Nach drei Stunden, als es leise zu regnen begann und sich am Grab ein Hügel von Kränzen auftürmte, sprach der Geistliche schließlich den Segen und nach einem letzten Lied zerstreute sich die Menge.[561]

Die widersprüchliche beziehungsweise fast desinteressierte Stellung zur Kirche, die anscheinend in der Familie Benz herrschte, lässt sich daran ablesen, dass diese im Grunde weltliche Trauerfeier auf dem Friedhof zwar von einem Geistlichen begleitet wurde, allerdings von einem protestantischen, obwohl Carl Benz katholisch getauft war. Zudem legte die Familie offensichtlich keinen besonderen Wert darauf, dass ein höherer kirchlicher Würdenträger die Bestattung leitete.

Natürlich erhielt die Gattin des berühmten Erfinders eine Vielzahl von Kondolenzbriefen. Selbst der Reichspräsident von Hindenburg ließ sein Bild mit Widmung und dem maschinenschriftlichen Text schicken, dass er

„dem verdienstvollen Manne, dessen Name als Erfinder und als Gründer der deutschen Automobilindustrie in der Geschichte der Deutschen Technik und Wirtschaft dauernd weiterleben wird, stets ein ehrendes Gedenken bewahren“ werde. Die Widmung unter dem Porträt lautet: „Seid einig, treu, unverzagt und arbeitsam, dann wird unser theures Vaterland auch wieder zu Ehren kommen!“[562]

Sicher las Bertha Benz diese Worte voller Stolz und Wehmut. Über ihre persönliche Trauer drang allerdings nichts nach außen: Sie hatte mit dem Tod ihres Mannes jenen einen und einzigen Partner ihres Lebens verloren, mit dem sie 57 Jahre Tag und Nacht zusammen gewesen war, für dessen Ideen und Pläne ihr Herz geschlagen hatte, dessen Kinder sie geboren hatte und dessen Niederlagen sie ebenso geteilt hatte wie seine Erfolge. Ihr Schmerz und ihre Verlorenheit müssen groß gewesen sein. Doch sie war keine Frau, die leicht aufgab, und sie war auch keine Frau, die ihre Gefühle auf der Zunge trug. So führte sie – jedenfalls nach außen hin – nach dem Tod ihres Mannes ihr bisheriges Leben in der Ladenburger Villa fort, gestützt von ihren Töchtern und Söhnen sowie von ihrer Schwiegertochter, zusammen mit dem einzigen ihr noch verbliebenen Schwiegersohn und den zahlreichen Enkeln, zu denen sich schon im Oktober 1927 ein erster Urenkel hinzugesellt hatte.[563]

4. „Mutter Benz“

Einen Monat nach dem Tod ihres Mannes beging Bertha Benz ihren 80. Geburtstag. Auch wenn sie sich weiterhin um ihre große Familie kümmerte und diese ihr sicherlich Halt gab, so stand doch von nun an die Erinnerung an den Verstorbenen in ihrem Leben ganz im Vordergrund. Um seine Hinterlassenschaften entwickelte sich in der Villa ein regelrechter Reliquienkult. Ein Zimmer im Erdgeschoss wurde zu einer Art Museum ausgestaltet: An den Wänden hingen dicht an dicht Bilder aus dem gemeinsamen Leben zusammen mit den Ehrenurkunden und den Kranzschleifen vom Begräbnis. Auf dem Tisch lagen die alten, von Carl Benz eigenhändig hergestellten Schlittschuhe, mit denen er so gern über das Eis geglitten war.

Ecke in dem Zimmer der Benz-Villa, das der Erinnerung an Carl Benz geweiht war. An den Wänden hängen Kranzschleifen, Urkunden und Erinnerungsfotos. Auf dem Tisch liegen die Schlittschuhe, die Carl Benz selbst gefertigt hat. Foto nach 1929.

Dorthin zu seinen Erinnerungsstücken, in die „Ecke ihres Carls", führte Bertha Benz ihre Gäste, die kamen, um von ihr zu hören, wie es damals gewesen war, als das Auto erfunden wurde.[564] Es gibt ein Bild von ihrem 90. Geburtstag, das ein Stück von der Verlassenheit einzufangen scheint, die sie nach dem Tod ihres Mannes umgeben haben muss: In dem fast leer wirkenden Raum sitzt sie klein und in sich zusammengesunken im Licht des Fensters auf einem Stuhl und blickt dem Besucher entgegen, links von diesem Fenster hängen die Kranzschleifen an der Wand und direkt hinter ihr erhebt sich eine Säule mit jenem marmornen Sappho-Kopf, den sie einst in Venedig gekauft hatte.[565]

Die Witwe des Erfinders war nach seinem Tod sozusagen die letzte Überlebende, die authentisch von der Entstehung des Automobils erzählen konnte, und die Medien – also die Zeitungen, die filmischen Wochenschauen und der damals noch ganz junge Rundfunk – begannen, sie zu einer Art lebendem Mythos zu stilisieren, während die Automobilenthusiasten sie sozusagen als „Sahnehäubchen" zu ihren Veranstaltungen baten und die Daimler-Benz AG die

Verbindung zu ihr zu Werbungszwecken ausnutzte. Anstelle ihres Mannes erhielt nun sie die Ehrungen, wurde sie interviewt, gefilmt und fotografiert. Zu ihren Geburtstagen erschienen Abordnungen der Daimler-Benz AG und der Automobilclubs in ihrer Villa, und Pressemitteilungen wurden herausgegeben.

Immer öfter betitelte man sie nun als „Mutter Benz" oder sogar „Mama Benz" und erklärte sie damit sozusagen zur Mutter der deutschen Automobilindustrie. Zugleich gerannen ihre Lebenserinnerungen zu einer feststehenden Folge von Bildern. Jetzt, nachdem die Frauen immer mehr Berufe erobert und Rechte erkämpft hatten, konnte sie als die „erste Autofahrerin der Welt" oder als „erste Fernfahrerin" gefeiert werden und damit zum Vorbild für jene jungen Frauen werden, die – nicht nur am Steuer – die Welt auf eigene Faust erobern wollten.

Bertha Benz nahm freundlich und gelassen an allen Festveranstaltungen und Ehrungen teil, deren Mittelpunkt sie nun wurde. Hervorzuheben ist dabei, dass ihr Gedächtnis offenbar bis ins hohe Alter außerordentlich gut blieb und dass sie auch ihren Humor nicht ganz verlor. So erkannte sie noch an ihrem 93. Geburtstag, also siebzehn Jahre nach dem Münchener Jubiläum des Schnauferlclubs, den Fotografen wieder, der sie dort abgelichtet hatte, und sagte, „diesmal möge er aber ihre Falten und Runzeln fortretuschieren, denn sie sei ja kein junges Mädchen mehr".[566]

Sie muss diese Besuche und Gratulationskuren an ihren hohen Geburtstagen allerdings auch als Belastung empfunden haben. Die jungen Interviewer nahmen ihr gegenüber gern eine onkelhafte Haltung ein und wollten oft nur ihre eigenen Lesefrüchte von ihr bestätigt haben. Kaum einer der vielen Journalisten wollte wirklich wissen, wie es ihr ging. Wenn sie auf die Gebrechen des Alters zu sprechen kam, wurde das gern beschwichtigend beiseite geschoben und hervorgehoben, wie gut es ihr doch ginge und dass sie zufrieden sein könne, wie gut sie in ihrem Alter noch beisammen sei. So erinnerte sich ihre Enkelin Marga Grimm daran, dass die Großmutter einmal mit den ironischen Worten „So muss ich jetzt mal wieder froh sein!" ihren Gästen entgegenging.[567]

In den Jahren, die auf den Tod von Carl Benz folgten, veränderten sich die politischen Gegebenheiten in Deutschland einschneidend. Die Nationalsozialisten wurden zu einer ernstzunehmenden Partei, deren Führer Adolf Hitler immer bekannter wurde. Schon im Jahr, bevor der Erfinder starb, hatte Adolf Hitler in Mannheim eine vieldiskutierte Rede gehalten.[568] Dann brach mit dem Börsenkrach in New York am 24. Oktober 1929 die Weltwirtschaft zusammen. Natürlich hatte die darauf folgende Finanzkrise auch auf die großen Mannheimer Fabriken verheerende Auswirkungen. Der Absatz stagnierte. Arbeiter wurden in großen Mengen entlassen. Bei der kurz darauf folgenden badischen Landtagswahl erzielten die Nationalsozialisten mit 6,1 % der Stimmen ihren ersten Durchbruch in Mannheim, lagen allerdings noch weit hinter der mit 31,8 % führenden SPD und der KPD, die 15 % der Stimmen erhalten hatte.

Doch die Zeiten wurden immer schlechter. Arbeitslosigkeit und Armut, Elend und Hunger griffen um sich. Die Menschen standen buchstäblich auf der Straße und wussten nicht mehr, wovon sie leben sollten. Bei der Firma Daimler-Benz lag schon 1930 ein Viertel der Jahresproduktion auf Halde. Es folgten Entlassungen und Kurzarbeit. Das Mannheimer Werk wurde praktisch stillgelegt, weil man den Bau von Automobilen in Stuttgart konzentrierte. Insgesamt ging die Zahl der bei Daimler-Benz Beschäftigten von einer Belegschaftstärke von über 18.000 Personen im Jahr 1927 auf knapp über 9.000 und damit um fast die Hälfte im Jahr 1932 zurück.[569]

Erst ab März 1933 stiegen die Zulassungszahlen für Automobile wieder, so dass die Kurzarbeit aufgehoben und sogar Arbeiter neu eingestellt werden konnten. Da hatte Adolf Hitler mit seinen Parteigenossen schon die Herrschaft über Deutschland an sich gerissen. Wenige Tage nach seiner Machtergreifung hatte er bei der Eröffnung der Internationalen Automobil- und Motorrad-Ausstellung in Berlin sein neues Programm zur Förderung der Automobilindustrie verkündet. Ganz im Gegensatz zu der bisherigen staatlichen Missachtung der motorisierten Fortbewegung – erinnert sei an die hohe Kraftfahrzeugsteuer und die zusätzliche Luxussteuer beim Kauf eines Automobils – versprach er nun Steuerentlastungen, den großzügigen Ausbau von Fernstraßen und die Förderung des Automobilsports. Tatsächlich wurden vom 1. April an alle fabrikneu zugelassenen Automobile von der bisherigen Kraftfahrzeugsteuer befreit, während die Haftpflicht um rund ein Drittel verbilligt wurde. Auch die Planung für die Reichautobahnen wurde auf der Grundlage einiger schon längst ausgearbeiteter Projekte fortgeführt.[570] Bald konnten die ersten fertigen Abschnitte mit großem Propagandaaufwand eingeweiht werden.

Die meisten Deutschen waren von diesem Aufbruch euphorisiert. Dabei übersahen sie gern, dass die neuen Machthaber ihre Gegner, also besonders die Führer und Mitglieder der linken Parteien, rigoros ausschalteten und ihre jüdischen Mitbürger schamlos verunglimpften, ausraubten und in die Emigration trieben. In Mannheim kam es schon am 13. März 1933 zu Ausschreitungen gegen jüdische Geschäfte, bei denen SA-Angehörige die Kunden vertrieben und die Inhaber zwangen, ihre Geschäfte zwei Tage lang zu schließen. Zwei Wochen später postierten sich SA- und SS-Männer erneut vor jüdischen Geschäften und Praxisräumen und auch in Mannheim wurden zu diesem zentral koordinierten Boykott gelbe Aufkleber für „jüdische" Geschäfte verteilt, während „arische" Firmen und Praxen mit roten Streifen kenntlich gemacht wurden, damit jeder wusste, wohin er gehen durfte und wohin nicht.[571]

Ob Bertha Benz die Machtergreifung der Nationalsozialisten begrüßt hat, ist nicht überliefert.[572] Es kann allerdings als sicher gelten, dass sie für das Andenken ihres Mannes gern bereit war, sich mit den neuen Machthabern auf guten Fuß zu stellen. Noch im September 1932 hatte sich in Berlin aus den Reihen der mit dem Automobil befassten Vereinigungen – also dem Reichsverband der Automobilindustrie, dem Allgemeinen Schnauferlclub, dem Allgemeinen Deutschen Automobil Club und dem Automobilclub von Deutschland – ein Ausschuss gebildet, der in Mannheim ein Denkmal für ihren Mann errichten sollte. Der Auftrag wurde an den damals bekannten Künstler Max Laeuger gegeben, dessen Werke gerade zwei Jahre zuvor mit einer Ausstellung in der Mannheimer Kunsthalle gewürdigt worden waren.[573] Für den 16. April 1933, einen Ostersonntag, war die feierliche Enthüllung geplant.

Wie sehr diese Veranstaltung als Werbemaßnahme für das Automobil und speziell für die Daimler-Benz AG gedacht war, zeigt unter anderem die von dort verschickte, aufwendig gedruckte Einladung, in der „alle Kraftfahrer der Welt" aufgerufen werden, „zur Enthüllung des Carl-Benz-Denkmals … nach Mannheim zu kommen".

> „Es gilt, dem Pionier des Kraftwagenbaus zu huldigen, eine deutsche Geistestat zu feiern, dem Vater der Automobilindustrie, dem

Bahnbrecher des Kraftfahrwesen zu danken, der Technik einen Merk- und Markstein zu setzen!"

Die Feier sollte am Ostersonntag um 12 Uhr stattfinden und wurde von „sportlichen Unternehmungen und festlichen Veranstaltungen" umrahmt, als da waren: eine „Weltsternfahrt um die Benzplakette", die „Enthüllung einer Gedenktafel am Benzhause in Ladenburg" am Karfreitagvormittag, verbunden mit einer „Huldigung für die Lebensgefährtin des großen Erfinders, Frau Bertha Benz"; ermäßigte Karten für die Festaufführung der „Meistersinger" im Mannheimer Nationaltheater und für die traditionelle Mannheimer Aufführung der Matthäuspassion am Karfreitag; der Empfang der Stern- und Zielfahrer im Mannheimer Schloss, ein „Historischer Automobilkorso", eine große „historische Automobilschau ‚Einst und Jetzt'" sowie ein „Pfälzisches Weinfest im Rosengarten" am Ostermontag.[574] Der Rosengarten, die städtische Festhalle Mannheims, lag ganz in der Nähe des neuen Denkmals. Ihr Nibelungensaal war mit einer Kapazität von 6000 Plätzen einer der größten Säle in Deutschland.

Während die gedruckte Einladung noch mit der Schirmherrschaft des Reichspräsidenten von Hindenburg geschmückt ist, übernahmen bei den Feierlichkeiten die neuen Herren des Reiches die Regie. Dem Plan für die Aufstellung bei der Denkmalseinweihung ist zu entnehmen, dass das abgesperrte Gelände von einem nationalsozialistischen Ehrensturm von hundert Mann und einer nationalsozialistischen Kraftfahrer-Staffel von 200 Mann abgeschirmt wurde.[575] In Ladenburg, wo an der Villa der Familie Benz eine Gedenktafel enthüllt wurde, begrüßte die Besucher „ein im Tannengrün leuchtender Triumphbogen, flankiert von den Symbolen der nationalen Revolution, der Hakenkreuzfahne und der Fahne Schwarz-Weiß-Rot und gekrönt von einem riesigen mit Glühbirnen versehenen Hakenkreuz". Zusammen mit der Polizei regelten außerdem die SA und SS den Verkehr.[576]

Wilhelm Kissel, Vorstandsmitglied der Daimler-Benz AG, der das Heft in der Firma in die Hand genommen hatte und überzeugter Nationalsozialist war, würdigte Bertha Benz in seiner Rede zur Einweihung der Gedenktafel mit den Worten:

„Bei dem großen Pionier, dem heute unser Gedenken in erster Linie gilt, steht eine Gestalt, die alles miterlebt und miterschaut hat, die erste Idee, die erste Tat und die Entwicklung bis zum heutigen Tage. Das ist seine hochverehrte Gattin. Ihr gebührt unser ganzer Dank und unsere volle Anerkennung dafür, dass sie den grossen Pionier bis an sein Lebensende geführt, geschützt und behütet hat."

Mit dem Hinweis auf die Erfolge und Rückschläge, die Carl Benz erlebte, leitete er danach zu den „Höhen und Tälern" über, die der deutsche Automobilbau überwinden musste:

„Jahrelang war die deutsche Automobilindustrie der am meisten gedrückte Industriezweig unseres Wirtschaftslebens. Viele hatten den Glauben verloren, dass der Automobilindustrie wieder einmal öffentliche Anerkennung, Schutz und Förderung zuteil werde. Der Bann wurde gebrochen durch die Rede unseres hochverehrten Reichskanzlers Adolf Hitler bei der letzten Automobil-Ausstellung. Erstmalig seit langer Zeit wurden von so hoher Warte aus die Leistungen der deutschen Automobilindustrie anerkannt und die Namen Benz und Daimler wieder gewürdigt. Endlich war die Stunde gekommen, die dem bis dahin gequälten und mißhandelten Industriezweig wieder Schutz und Förderung brachte. Für diese Wandlung müssen wir an dieser Stelle unserem hochverehrten Herrn Reichskanzler, seiner Regierung und seinen Mitarbeitern herzlich danken."[577]

Danach überbrachte der Ladenburger Bürgermeister Bertha Benz den Ehrenbürgerbrief der Stadt.[578] Sie dankte ihm und beendete diesen Dank mit den – im Rundfunk übertragenen – Worten:

„Am Schlusse meines Lebens stehend ist es ein Freudenstrahl der Abendsonne, der mir so viele Ehrungen für das Gedächtnis meines Gatten gespendet hat. Lassen sie mich mit dem Wunsche schließen, dass aus der Arbeit meines Lebensgefährten, der in seinem Denken und Wirken stets als treuer Deutscher gestaltet, neue Saat für eine lebensfrohe Zukunft der Automobilindustrie aufgehen möge."[579]

Die knapp 84-jährige Bertha Benz mit dem Ehrenbürgerbrief der Stadt Ladenburg, den sie Ostern 1933 anlässlich der Enthüllung des Carl-Benz-Denkmals in Mannheim erhielt.

Das Ereignis wurde medial so umfassend propagiert, wie es bisher noch nie dagewesen war. Alle Zeitungen vor Ort berichteten ausführlich, ebenso die überregionale Presse. Unzählige Bilder wurden abgedruckt und langatmige Artikel verfasst, deren Inhalt zum Teil aus der Biografie von Carl Benz abgeschrieben war und zum Teil auf neuen Interviews mit Bertha Benz und ihren Söhnen beruhte. Das Mannheimer Tageblatt gab sogar eine mehrseitige „Sonderbeilage zur Weltfeier des Automobilismus in Mannheim" heraus.[580]

Das Denkmal selbst entsprach allerdings nicht so ganz dem Zeitgeschmack der neuen Herren. Eine Zeitung zitiert sogar Bertha Benz mit dem schönen, ihr aber wahrscheinlich in den Mund gelegten Satz:

„Nu haw' ich mei ganz Lebe lang mei'm Karl die Strimpf gestopft und für Schuh g'sorgt un sei Kleeder in Ordnung g'halte, und jetzt stellt mer'n barfuß un im Nachthemd uf's Denkmal."[581]

Der Schnauferl-Club karikierte die hohe Wand mit dem Relief des Erfinders, der im langen Kittel vor seinem Patentmotorwagen steht, mit einem nächtlichen Bild, auf dem die Geister der alten Zeit in Form von dicken Polizisten mit Pickelhauben um den Stein schweben.[582]

Am Ende des Jahres unterschrieb Bertha Benz ihren persönlichen Dankesbrief an Wilhelm Kissel „mit treudeutschem Gruß und Heil-Hitler", drückte dabei aber auch zugleich ihren „tiefempfundenen Wunsch" aus, dass

Karikatur des Mannheimer Carl-Benz-Denkmals im Schnauferlbuch, 1933.

> „das Mannheimer Werk in seinen Mauern wieder neues Leben sehen möge und mir die Bitterkeit des Verlassenseins der großen Fabrik vom Herzen nimmt, und ich in meinem Leben noch den Aufschwung erblicken dürfte".[583]

Wilhelm Kissel erwies sich in den folgenden Jahren als Freund und Unterstützer der Familie Benz, verband damit allerdings sicher auch die eigenen Unternehmensziele. Noch 1933 bat er den Direktor der Mannheimer Benzwerke zu prüfen, wie die Lage bei der Firma C. Benz Söhne in Ladenburg sei, da er gehört habe, dass es dort nicht gut gehe, und helfen wolle.[584] Tatsächlich kam es in der Folge zu Aufträgen an die Ladenburger Firma.

Einmal nutzte auch Bertha Benz selbst ihre von der Autoindustrie und den Verbänden geschaffene Popularität und setzte sich ein Erinnerungszeichen in der Stadt, die sie zur Ehrenbürgerin ernannt hatte: Zu ihrem 85. Geburtstag, der wieder mit Flaggenschmuck, Huldigungsfahrt und abendlicher Veranstaltung für die Schnauferlschwester gefeiert wurde, wünschte sie sich nämlich einen Flügel. An diesem festlichen Abend konnte daher der Bürgermeister von Ladenburg bekanntgeben, dass Senator Vogel aus Berlin

> „zum Aufbau des kulturellen Lebens der Stadt Ladenburg den besten Flügel gestiftet hatte, den es in Deutschland gibt, und daß von einem weiteren Schnauferlbruder der Stadt Ladenburg 300 Mark zugesagt wurden."[585]

Erinnerte Bertha Benz sich immer noch an jenes Jahr, als ihre Schule in Pforzheim in das neue Gebäude umzog und die Schülerinnen mit Hilfe ihrer Eltern der Schule ein Piano gestiftet hatten?

Zwei Jahre später übernahm die Daimler-Benz AG auf Kissels Betreiben hin die staatliche Unterstützung, die Bertha Benz seit dem Tode ihres Mannes erhielt, und erhöhte so ihren Ehrensold auf 800,- Reichsmark pro Monat.[586] Im folgenden Jahr, als man das 50. Jubiläum des Automobils feierte, wurde die Frau des Erfinders werbewirksam eingeladen, sich ein neues Auto aus der Produktion der Firma auszusuchen.[587]

Anfang 1939 kümmerte sich Kissel dann um den 90. Geburtstag von „Mutter Benz". Von Seiten der Mannheimer Firma wurde ihm dazu berichtet, dass der Allgemeine Schnauferlclub schon eine kleine Kommission gebildet habe und das Interesse der Firma damit bestens gewahrt sei. Dazu heißt es am Schluss des Schreibens: „Auf jeden Fall werden die deutschen und internationalen Zeitungen sich dieses dankbaren Stoffes bemächtigen, was für uns sicher eine wertvolle Reklame sein wird."[588]

Allerdings litt Bertha Benz in diesem Winter unter einer schweren Erkältung, so dass nicht sicher war, ob überhaupt eine größere Feier stattfinden konnte. Ihre Töchter pflegten sie und tatsächlich war sie im Frühjahr soweit wiederhergestellt, dass die Daimler-Benz AG zu ihrer offiziellen „Ehrung" nach Ladenburg einladen konnte.[589] Sie war nun wirklich hochbetagt, auch wenn sie geistig rege geblieben war, wie ihre Stimme beweist, die in dem Rundfunkinterview dieses Tages immer noch erstaunlich frisch und jugendlich klingt. Dem Reporter klagte sie allerdings, dass ihre Gesundheit schlechter würde und die Augen immer mehr nachließen.[590] Die Villa wurde übrigens zu ihrem „Ehrentag" über und über mit Hakenkreuzfahnen und Girlanden geschmückt, und als Höhepunkt fuhren „20

Bertha Benz sitzt vor der Büste der Sappho in dem Zimmer, das der Erinnerung an ihren Mann gewidmet ist. Das Foto entstand 1939 anlässlich ihres 90. Geburtstages.

Daimler-Benz-Wagen vom ältesten bis zum neuesten Typ“ daran vorbei.[591]

Wenige Monate später begann der Zweite Weltkrieg. Mit Sorge und Angst sah sie ihre Enkel in den Krieg ziehen. Schon im Juni 1940 folgten die ersten Luftangriffe auf das nahe Mannheim. Ihre Töchter Klara Unger, Thild Volk und Ellen Perron sowie ihre Schwiegertochter Marie Benz kümmerten sich abwechselnd um die nun immer schwächer werdende Greisin, die so lange die Zügel der Familie in der Hand gehalten hatte. Wie sehr sie ihren Kindern, Enkeln und Urenkeln bis an ihr Lebensende verbunden war, zeigt ein Brief an ihre Tochter in Überlingen. Thild Volk sollte als Ersatz für Klara Unger nach Ladenburg kommen, da diese gern in ihrem Haus im nahen Frankenthal nach dem Rechten sehen wollte. Bertha Benz erkundigt sich in ihrem Brief als erstes nach ihrem Enkel Bernd, der im Feld stand. Am Ende steht dann eine Nachschrift, die sie so schnell mit Bleistift auf das Papier geworfen hat, dass einzelne Worte nicht mehr zu lesen sind. Zu entziffern ist:

> „… daß ein großer … Luftangriff auf Mannheim und Heidelberg .... geplant sei wenn es Wahrheit … dann nicht kommen.
> Mit vielen Grüßen
> Deine Mutter“[592]

Anfang September 1943 gipfelten die Luftangriffe auf Mannheim in einem großen nächtlichen Bombenflug, in dem Tausende von Luftminen, Spreng- und Stabbrand- sowie Phosphorbrandbomben auf das Stadtgebiet niederregneten und weite Stadtgebiete zerstört wurden, so dass hinterher 80.000 Menschen obdachlos waren.[593]

So musste Bertha Benz am Ende ihres Lebens in den Bombennächten dieses verheerenden Krieges in den Luftschutzkeller flüchten und sogar noch erfahren, dass ihr Enkel Karl Heinrich Perron am 4. Februar 1944 im Osten gefallen war.[594] Drei Monate später beging man ihren 95. Geburtstag. Auf zwei Fotos mit Gratulanten wirkt sie rüstig wie in den Jahren zuvor.[595] Doch zwei Tage darauf setzte der Tod ihrem langen Leben ein Ende.

Die Trauerfeier fand im Mannheimer Krematorium statt, wo ihre sterblichen Überreste eingeäschert wurden. Wieder standen die Parteigenossen Spalier und außer ihren fünf Kindern waren „zahlreiche Vertreter von Partei, Staat und Wehrmacht anwesend. Der Generalinspektor des Führers für das Kraftfahrwesen, Direktor Jakob Werlin, legte den Kranz des Führers als letzte Ehrung der Lebens-Gefährtin des grossen deutschen Kraftfahrt-Pioniers nieder. Es folgten die Kränze des Reichsführers SS und Reichsministers des Innern, Heinrich Himmler“ und die weiterer politischer Größen, ehe die übrigen Institutionen und Organisationen ihre letzten Grüße überbringen durften. Ein evangelischer Geistlicher würdigte die Verstorbene als „unermüdliche und stets zuversichtliche Mitarbeiterin ihres Gatten“ und als eine Frau, die „in vorbildlicher Weise als Gattin und Mutter wirkte“, bevor ein Mitglied des Vorstandes der Daimler-Benz AG. ihr Leben an der Seite des berühmten Erfinders beschrieb und ihre enge Verbundenheit mit der Firma hervorhob.[596]

Die Urne mit der Asche von Bertha Benz wurde auf dem Ladenburger Friedhof beigesetzt, wo ihr Mann ein Grabmal in Form einer Stele mit seinem Bronzeporträt erhalten hatte, die in einen Halbkreis mit vier von einem Gebälk überfangenen Säulen eingestellt ist. Ihr Name und ihre Lebensdaten wurden unter dem Bild und dem Namen ihres Mannes eingefügt. Dieses für den Ladenburger Friedhof aufwendige, für den Begräbnisplatz einer Großstadt dagegen nicht gerade überdimensionierte Grabmal wirkt wie ein letztes Zeichen des bürgerlich bescheidenen Lebens mit seinen vielen Höhen und Tiefen, das Bertha Benz an der Seite ihres erfindungsreichen Mannes geführt hat.

Vor der Trauerfeier für Bertha Benz am 9. Mai 1944 warten die jungen Kranzträger mit dem „Kranz des Führers" vor dem Mannheimer Krematorium.

Dank

Um eine Biografie zu schreiben, braucht man Hilfe. Deshalb möchte ich mich hier bei allen sehr herzlich bedanken, die mich mit ihrem Wissen unterstützt und für mich Nachforschungen angestellt haben.

Die Aufzählung von Namen ist immer eine etwas langweilige Angelegenheit. So will ich hier chronologisch vorgehen und damit auch den Gang meiner Recherche nachzeichnen. Am Anfang stand natürlich der Kontakt mit dem Verlag und damit danke ich als erstem Herrn Wolfgang Froese, der dieses Projekt als Lektor an mich herangetragen und mich während des Schreibens mit seinem positiven Zuspruch immer wieder motiviert hat.

Nach einem einführenden Überblick über die Literatur begann die Recherche im Archiv der Daimler AG in Stuttgart, wo Herr Wolfgang Rabus meine Suche unterstützte und mir auch nach meinem Besuch in Stuttgart mit Auskünften weiterhalf. Besonders gefreut hat mich dabei die Übersendung des digitalisierten Tagebuchs der Benzreise von Theodor von Liebieg von 1894, die für mich einen echten Schatz an Informationen barg. In Stuttgart traf ich auch die Journalistin Frau Uschi Kettenmann, die mir schon vorher die Abschriften mehrerer Originale, die Bertha Benz betrafen, übersandt hatte. In einem längeren Gespräch mit ihr bekam ich die ersten Einblicke in die Persönlichkeit der Frau des Autoerfinders.

Ebenfalls bei meinem Besuch in Stuttgart kam ein erstes Treffen mit Herrn Olaf Schulze zustande, dessen umfangreiche Kenntnisse über seine Heimatstadt Pforzheim mir für die Jugendjahre von Bertha Benz weiterhalfen. Ihn traf ich später noch einmal in Pforzheim wieder, wo er mir die historischen Gegebenheiten der im Zweiten Weltkrieg so schwer zerstörten Stadt bei einem ausführlichen Rundgang lebendig zu machen wusste. Da wir beide das Interesse an historischen Friedhöfen teilen, endete dieser Gang natürlich auf dem Hauptfriedhof. Herr Schulze hat das Buchprojekt während der ganzen Zeit verfolgt und so verdanke ich ihm eine Reihe von Hinweisen und Korrekturen im Manuskript.

Nach einer ersten Aufarbeitung des in Stuttgart recherchierten Materials folgte eine Reise nach Ladenburg, Mannheim und Pforzheim. In Ladenburg standen mir die Urenkelin von Bertha Benz,

Frau Jutta Benz, und der Kenner der Veteranenszene und Museumsgründer Herr Winfried Seidel für ein Interview zur Verfügung. Da dieses Gespräch in dem Raum des Dr.-Carl-Benz-Museums stattfand, der mit den Möbeln der Ladenburger Benzvilla ausgestattet ist, war nicht nur das lebhafte Gespräch über Bertha Benz, sondern auch das Ambiente sehr inspirierend. Herr Seidel erlaubte mir außerdem freundlicherweise, die Archivalien einzusehen und zu fotografieren, die er über die Familie Benz im Laufe der Jahrzehnte zusammengetragen hat. Natürlich habe ich auch das großartige Museum selbst besichtigt, das in den Räumen der ehemaligen Fabrik C. Benz Söhne zuhause ist. Der Weg von dort zur ehemaligen Benz-Villa ist nicht weit. Carl und Bertha Benz müssen ihn oft gegangen und gefahren sein. In der Villa, die heute die ‚Daimler und Benz Stiftung' beherbergt, zeigte mir Herr Thomas Schmitt die modernisierten Räume, in denen einst Carl und Bertha Benz lebten.

In Mannheim besuchte ich das Stadtarchiv und fand in Frau Dr. Anja Gillen eine kompetente Ansprechpartnerin, die sich für mich sogar in die Tiefen des Archives bemühte, um nach dem gesuchten Pfandbuch der Stadt Mannheim zu forschen. Ein Problem war für mich allerdings, dass das Mannheimer Archiv seinen Besuchern nicht erlaubt zu fotografieren und man für Kopien vor Ort sozusagen ein Vermögen ausgeben muss.

Zur Hilfe kam mir Herr Harald Bauer, mit dem ich aufgrund seiner Nachforschungen zu dem Aufenthalt der Familie Benz in Darmstadt, deren Ergebnisse er dem Archiv der Daimler AG zur Verfügung stellte, Kontakt aufgenommen hatte. Gemeinsam recherchierten wir den besonders interessanten Nachlass Eßlinger und Rose, und ich habe ihm nicht nur die entsprechenden Kopien zu danken, sondern auch einen sehr informativen Stadtrundgang mit Fahrt zum Benzdenkmal und zur Fabrik an der Waldhofstraße. Auch Herr Bauer hat den weiteren Gang der Arbeit mit konstruktiver Kritik und sehr positivem Feedback begleitet, beides hat mir ein großes Stück weitergeholfen.

Die Fahrt im Zug von Mannheim nach Pforzheim erinnerte mich natürlich an die berühmte Fernfahrt von Bertha Benz. Mich führte sie in das Stadtarchiv Pforzheim, wo Frau Beate Labus mir als Ansprechpartnerin schon die Archivalien bereitgelegt hatte, die ich auch fotografieren durfte. Besonders interessant waren natürlich die frühen Ausgaben des Pforzheimer Beobachters, auf dessen Anzeigen mich Herr Olaf Schulze schon vorher hingewiesen hatte. Die Mitarbeiterinnen des Stadtarchivs unterstützten mich auch später noch mit den Kopien des Pforzheimer Beobachters zur Einweihung der Eisenbahn im Jahr 1861.

Danach konnte ich mit dem Schreiben beginnen und dabei fiel mir natürlich immer wieder auf, was ich vorher zu fragen oder zu erforschen vergessen hatte. Ich habe viele E-Mails geschrieben und Telefonanrufe getätigt, um einzelne Unklarheiten zu beseitigen. So danke ich an dieser Stelle allen, die auf meine Anfragen eingegangen sind und mir geantwortet haben, ohne die einzelnen Namen und Institutionen zu nennen, die in die Anmerkungen des Textes eingeflossen sind.

Besonders gefreut hat mich während dieser Zeit, dass über Frau Jutta Benz schließlich auch der Kontakt zu zwei weiteren Urenkeln von Bertha Benz, zu Frau Renate Roscher geb. Volk und ihrem Mann Heiner Roscher und zu Herrn Dr. Werner Grimm, Sohn von Frau Marga Grimm geb. Volk, zustande kam. Herr Dr. Grimm war auch bereit, seine hochbetagte Frau Mutter für mich zu befragen und mir ihre Erinnerungen zu übermitteln. Auch er hat die Entstehung des Manuskriptes mit Korrekturen und positivem Zuspruch begleitet.

Ganz zum Schluss kam ich dann noch darauf, dass die ADAC-Bibliothek in München geradezu über einen Schatz an historischen Automobilzeitschriften verfügt. Frau Sachsen-Coburg hat einige davon für mich eingesehen und mir Kopien zugeschickt.

Auch auf meinen persönlichen Umkreis hat die Arbeit an diesem Buch Auswirkungen gehabt. So ist unser langjähriger Freund Dipl. Ing. Karl Hoffmann für mich nach Jahrzehnten zum ersten Mal wieder in die Bibliothek der Technischen Universität in München gegangen, um die Verzeichnisse des Personalstands zu kopieren. Und last but not least danke ich meinem Mann Reinhard Fiedler, der immer wieder bereit war, mir zuzuhören und Tipps aus seiner langjährigen Veteranenerfahrung zu geben, wenn ich vor ihm meine Lesefrüchte, Überlegungen und „Bertha-Benz-Geschichten“ ausbreitete.

Anmerkungen

1 Siebertz (1950), S. 35.

2 Emilie wurde am 14.1.1846, Elise Mathilde am 2.8.1847 geboren.

3 Bertha Benz hat davon später einige Male erzählt, allerdings konnte die Familienbibel selbst bisher nicht aufgefunden werden. Vgl. dazu z. B.: Leider wieder nur ein Mädchen [1942]; Siebertz (1943b); Trippmacher (1944).

4 Polko (1872), S. 1.

5 Polko (1872), S. 3.

6 Karl Friedrich Ringer jun. geboren am 12.2.1851.

7 Bertha Benz wurde am 20. Mai 1849 evangelisch getauft. Ihre Paten waren der Schlosser Gottlieb Kollmar, der Bruder ihrer Mutter, sowie der Glaser Jakob Hoheisen und der Maurer Albert Sowald. (Die beiden Söhne von Hoheisen sollten später Berthas jüngere Schwestern Marie und Thekla heiraten.) Auszug aus dem Taufregister der evangelischen Kirchengemeinde Pforzheim, Jg. 1849, S. 482, Nr. 80. In: Archive der Daimler AG, Benz Bio 20/1.

8 Marie Louise kam am 3.1.1854 auf die Welt; Gustav Wolf am 7.10.1855; Thekla am 7.12. 1856; Herrmann August am 8.7.1862; Julius Oskar am 11.1.1864.

9 Zwar gab es damals auch schon Hebammen, die in ärztlichen Lehranstalten ausgebildet wurden, allerdings offenbar nicht in Pforzheim, wo das „Verzeichnis der Künstler, Gewerbe etc." im Adressbuch von 1859 diese Berufsbezeichnung noch gar nicht kennt. Vgl. Adreßbuch der Stadt Pforzheim (1859–1925), hier: Adressbuch 1859, S. 68. Das älteste Krankenhaus Pforzheims, wie man es heute kennt, wurde erst am 11. November 1871 eingeweiht. Geburtsabteilungen – sogenannte Accouchieranstalten – gab es für lange Zeit nur an den Universitätskliniken. Die erste wurde 1751 in Göttingen eingerichtet. In solche Anstalten gingen aber nur Frauen, die ihr uneheliches Kind nirgendwo anders zur Welt bringen konnten. Vgl. Schluhbohm (2004), S. 39.

10 Pflüger (1989), S. 667.

11 Adreßbuch der Stadt Pforzheim (1859–1925), hier Adressbuch von 1859, S. 78 (Polizeiverordnungen: Schlafstätten und Lehrlingsverköstigung).

12 Adreßbuch der Stadt Pforzheim (1859–1925), hier Adressbuch von 1859, Plan und S. 71.

13 Heute heißt sie Berliner Straße.

14 Adreßbuch der Stadt Pforzheim (1859–1925), hier Adressbuch von 1859, Anhang.

15 Adreßbuch der Stadt Pforzheim (1859–1925), hier Adressbuch von 1859, S. 26.

16 1826 ließ Theodor Bohnenberger auf dem Gelände in der früheren Brötzinger Vorstadt eine Villa im Weinbrennerschen Stil mit Nebengebäuden im weitläufigen Park errichten. 1864 verließ die Familie Bohnenberger Pforzheim, „jahrzehntelang lag nun das schöne Schlösschen inmitten des nach und nach verwildernden Parks wie ein verwunschenes Märchenschloss". Ich danke Herrn Olaf Schulze für diesen Hinweis beim Stadtrundgang am 25.10.2009; siehe auch: Timm (1999), S. 72; Trost (1971), S. 179 ff.

17 Polko (1872), S. 9.

18 Ein späterer Plan des Geländes zeigt, dass eine große Fläche des Grundstückes hinter dem Haus von einem langgestreckten, zweistöckigen Hinterhaus eingenommen wurde, das 1888 von dem Käufer, der das Anwesen von Auguste Ringer erwarb, in eine Fabrik umgewandelt wurde. Siehe dazu: Baugesuch mit Plan vom 15.4.1887 von Joh. Hammer, in: Stadtarchiv Pforzheim, Bauakte „Untere Ispringer Str. 11".

19 Persönliche Mitteilung von Frau Ericka Schmidt geb. Hoheisen (Pforzheim) im Telefongespräch am 15.1.2010.

20 Polko (1872), S. 22.

21 Pletsch (1882), Vorseite und folgende Bildseiten.

22 http://de.wikipedia.org/wiki/Jüdische_Elementarschule_(Baden) (zuletzt besucht 20.12.2010).

23 Adreßbuch der Stadt Pforzheim (1859–1925), hier Adressbuch von 1859, S. 75 Polizeiverordnung.

24 Diese Vorgaben stammen aus den Regulativen für die Volksschule, die von Ferdinand Stiehl 1854 in Preußen erlassen wurden. Vergleichbare Festlegungen des Bildungs- und Erziehungsauftrages der Volksschule entstanden in den meisten deutschen Staaten etwa um dieselbe Zeit. Siehe hier und im Folgenden: Jeismann (1987), S. 134.

25 Vgl. dazu allgemein auch: Paletschek (1990).

26 Die Einrichtung einer solchen Schule in Pforzheim war schon fünfzehn Jahre vorher angeregt worden. Möglicherweise war sie im Sande verlaufen, weil es schon ein privates „Höheres Töchterinstitut" in der Stadt gab und man den Bedarf an Unterricht für junge Mädchen insgesamt als relativ niedrig einschätzte. Dieses Köhler'sche Töchterinstitut, das auch zu Berthas Schulzeit noch bestand, konnten sich nur die ersten Familien der Stadt leisten, da das Schulgeld sehr hoch war. Vgl. Fees (1899), S. 2 f.

27 Zitiert nach der Einleitung von Hans-Peter Brecht, in: Pflüger (1989), S. 3.

28 Grimm Wörterbuch (1877), Spalte 1893.

29 Pflüger (1859), S. 23. Ich danke Herrn Olaf Schulze für den Hinweis auf diese Jahresberichte. Zum Vergleich: Laut Pforzheimer Adressbuch von 1859 kostete das „Dielengeld", also die Gebühr für eine einfache Bude auf dem zweitägigen Krämermarkt der Stadt, vier Gulden. Adreßbuch der Stadt Pforzheim (1859–1925), hier Adressbuch von 1859, S. 75.

30 Fees (1899), S. 11 f.

31 Pflüger (1989), Einleitung, S. 5. In manchen Zeitungsartikeln und Büchern wird behauptet, dass Bertha das Pädagogium besuchte, doch waren Mädchen dort zu diesem Zeitpunkt noch gar nicht zugelassen. Die Verwechslung beruht darauf, dass auch das Schulgebäude manchmal Pädagogium genannt wird.

32 Gegenüber einem Bevölkerungswachstum von 70 %, siehe Pflüger (1859), S. 1.

33 Pflüger (1859), S. 5.

34 Pflüger (1859), S. 19 f.; dort sind alle Schülerinnen der 1. Klasse des Jahrgangs 1858/59 namentlich genannt.

35 Pflüger (1859), S. 8–10.

36 Die ersten Schulen, in denen junge, bürgerliche Frauen zur Vorbereitung auf die Ehe neben den Handarbeiten auch hauswirtschaftliche Fähigkeiten wie Kochen, Backen und „Putzen" erlernten, kamen erst unter dem Einfluss der neuen Frauenbewegung auf: Wilhelm Adolf Lette gründete 1866 die erste Hauswirtschaftsschule in Berlin für die Ausbildung seiner Töchter; Lina Morgenstern richtete im selben Jahr die erste Berliner Volksküche ein, gründete 1872 den Berliner Hausfrauenverein und 1878 die erste Kochschule dieses Vereins.

37 Ahn/Oehlschläger (1862), Übung 60, S. 111 und Übung 70, S. 114.

38 Siehe dazu: Lüben/Nacke (1882).

39 Pflüger (1855).

40 Pflüger (1855), S. IX.

41 Pflüger (1855), S. VI.

42 Pflüger (1855), S. 3.

43 Pflüger (1859), S. 8 f.

44 Vgl. Bechtel (1857), S. 9 f.

45 Pflüger (1859), S. 6.

46 Hier und im Folgenden: Pflüger (1860), S. 9 f.

47 Pflüger (1860), S. 3.

48 Hier und im Folgenden: Pflüger (1860), S. 4.

49 Adreßbuch der Stadt Pforzheim (1859–1925), hier Adressbuch von 1859, S. 75: Polizeiverordnungen.

50 Vgl. Siebertz (1950), S. 35, sowie den Stammbaum in: Archive der Daimler AG, Benz Bio 4.

51 Vgl. Adreßbuch der Stadt Pforzheim (1859–1925), hier die Adressbücher von 1859 bis 1908.

52 Pflüger (1859), S. 20.

53 Turnstraße Nr. 299: siehe Adreßbuch der Stadt Pforzheim (1859–1925), hier Adressbuch von 1867, S. 100.

54 Adreßbuch der Stadt Pforzheim (1859–1925), hier Adressbuch von 1859, S. 70: laut Eintrag standen Gottlieb und Ernst Kollmar der Zunft vor, die in der Herberge in der Kanne ihren Sitz hatte.

55 Seine Familie lebte in der Friedrichstraße Nr. 207. Dieses Haus gehörte ihm zusammen mit dem Zimmermann Adolf Kollmar und dem Kaufmann Julius Obermüller. Er war außerdem Eigentümer des Hauses Nr. 128 im Blumenheckenweg. Bei Adolf Kollmar und dem o.g. Ernst Kollmar handelte es sich ebenfalls um Berthas Onkel, während Julius Obermüller der Mann von Berthas Tante gewesen ist.

56 Wilhelm Ringer, ein Dreher, und Christoph, ein Bäcker, wohnten in der Carl-Friedrichstraße Nr. 77, also ganz in der Nähe. Ein weiterer Bäcker, Carl-Friedrich Ringer, besaß das Haus in der Unteren Leopoldstraße Nr. 150. Ludwig und Samuel Ringer, beide „Pflästerer" von Beruf, waren Eigentümer und Bewohner der Häuser Obere Augasse Nr. 38 und 39.

57 Adreßbuch der Stadt Pforzheim (1859–1925), hier Adressbuch von 1859, S. 68: „Glaser … Herberge: im Stern. Vorsteher der Stadt- und Landzunft Jakob Hoheisen." Zu den Taufpaten siehe oben Anm. 7.

58 Pflüger (1989), S. 694.

59 Schees (1938).

60 Vgl. dazu Schulze (2005), S. 12ff. Ich danke Herrn Jürgen Wehner, dem Vorsitzenden des Vereins der Schlossfreunde in Pforzheim, für seine Informationen zum Aussehen der Grüfte.

61 Pflüger (1861), S. 4.

62 Siehe das Kapitel „Mutter Benz" im dritten Teil.

63 Pflüger (1860), S. 4.

64 Pflüger (1861), S. 4. Pflüger erhielt am 26.10. 1860 den Posten des Direktors, nachdem er zuvor seit der Gründung der Schule ihr Vorstand gewesen war.

65 Schees (1938): Dort heißt es von Bertha Benz u.a.: „Lebhaft bedauerte sie kein Buch ihres verehrten Lehrers Pflüger von der Geschichte Pforzheims mehr zu besitzen. Sie hoffe, daß bald eine Neuauflage erscheine."

66 Pflüger (1861), S. 12–14.

67 Hebel (1834), S. 76.

68 Pflüger (1861), S. 3.

69 Pflüger (1862), S. 3f.

70 Näher (1884), S. 30.

71 Tagesneuigkeiten (30. Juni 1861).
72 Siehe dazu und im Folgenden: Tagesneuigkeiten (5. Juli 1861).
73 Pflüger (1862), S. 3.
74 Zu dem Treiben auf dem Rennfeld vgl. den Bericht: Tagesneuigkeiten (6. Juli 1861), S. 1 ff.
75 Tagesneuigkeiten (5. Juli 1861), S. 1 ff.
76 Nösselt (1836a); Nösselt (1836b), S. 230 ff. zu „Die Jungfrau von Orleans".
77 Trippmacher (1944). Laut Elisabeth Trippmacher hat Bertha Benz diesen Eintrag entdeckt, als sie etwa 10 Jahre alt war. Ich halte aber eine Entdeckung in der Umbruchzeit der Pubertät und anlässlich der Geburt des Bruders für wahrscheinlicher.
78 Christ (1942), S. 4.
79 Polko (1872), S. 49.
80 Campe (1804).
81 Unter Benutzung des Lehrbuches von Franke „Die Chemie der Küche", Franke (1859).
82 Oeser (1841).
83 Oeser (1841), S. 79 ff.
84 Oeser (1841), S. 80.
85 Oeser (1841), S. 81.
86 Oeser (1841), S. 81–83.
87 Oeser (1841), S. 154.
88 Oeser (1841), S. 222.
89 Oeser (1841), S. 307. Als Beispiele werden hier genannt „eine Lady Morgan, Staël, Holstein, Karoline Rudolphi, Sophie Brentano, Elise von der Recke, Amalie Imhof, Johanna Schoppenhauer, Gräfin Hahn, Bettina Arnim, Rahel Varnhagen, Prinzessin Amalie von Sachsen u. v. a."
90 Vgl. dazu Fees (1899), S. 24; Direktion (1863), S. 3.
91 Pflüger (1862), S. 4.
92 Pflüger (1861), S. 4 f.
93 Pflüger (1862), S. 4–6.
94 Pflüger (1862), S. 24.
95 Polko (1872), S. 80 f.
96 Polko (1872), S. 52.
97 Helm (1875).
98 Helm (1875), S. 42.
99 Helm (1875), S. 64.
100 Vgl. Eintracht-Frohsinn (1975), S. 16.
101 Samsreither (1883), S. 261 f. „Der Anzug zum Ball".
102 Foto „Jugendbildnis Frau Berta Benz im Alter von 18 Jahren." (durchgestrichen und per Hand „stimmt nicht"), in: Archive der Daimler AG, Benz Bio 20/1.

103 Vgl http://www.weihenstephan.org/~ruemgerh/stammliste.html, Eintrag 11.37.2 (zuletzt besucht 16.2.2010).

104 Die Angaben zu Gustav Rümelin finden sich bei: http://www.castlegarden.org/quick_search_detail.php?p_id=1842352 (zuletzt besucht 16.2.2010).

105 Diese Daten finden sich in dem Online-Recherche Katalog des Amerikanischen Nationalarchivs: http://aad.archives.gov/aad/record-detail.jsp?dt=2102&mtch=86&tf=F&q=Ringer&bc=,sl,fd&rpp=10&pg=1&rid=1579453&rlst=322474,819908,823944,853154,1579453,1609557,1612639,1671266,1923159,2028926 (zuletzt besucht am 16.2.2010).

106 Amerikanisches Nationalarchiv: http://aad.archives.gov/aad/display-partial-records.jsp?s=4432&dt=2102&tf=F&bc=%2Csl%2Cfd&q=Ringer&btnSearch=Search&as_alq=&as_anq=&as_epq=&as_woq (zuletzt besucht 16.2.2010).

107 Beide Namen der Geschwister Ringer sind im Heiratsregister der Stadt verzeichnet: http://www.milwaukeegenealogy.org/brides/r.html (zuletzt besucht 16.2.2010): „Ringer Emilie – Prumelin [sic!] Gustav 1868 Film 1032385, Tif 292, Image 296" und „Ringer Mathilde – Miethe Oscar 1870 Film 1032492, Tif 222, Image 221".

108 Adreßbuch der Stadt Pforzheim (1859–1925), hier Adressbuch von 1867, S. 67 und 79. Die Leopoldstraße heißt auf diesem Plan schon westliche Carl-Friedrich-Straße.

109 http://www.automuseum-ladenburg.de/?section=historie&infopart=drcarlbenz, Bild um 1870.

110 Siebertz (1950), S. 34.

111 Laut Siebertz (1950), S. 19 ist er dort im Schülerverzeichnis für das Jahr 1853/54 mit dem Eintrag vom 1. Oktober 1853 als Schüler der so genannten „III. Klasse der Vorschule" verzeichnet.

112 Siebertz (1950), S. 20.

113 Benz (1925), S. 28.

114 Zur Herkunft von Carl Benz vgl. die ausführlichen Angaben von Siebertz (1950), S. 7 ff., hier besonders S. 15.

115 Die Herkunft der Mutter differiert in den Quellen ebenso wie ihr Name. Sicher scheint nur, dass sie im Gegensatz zu ihrem späteren Mann evangelisch war. Siebertz (1950), S. 16 schreibt „Wailand" und gibt an, dass sie ebenfalls aus dem Albtal stammte. Über ihre Familie schreibt er, dass die „Wailand aus der Heimat ausgewandert und sich ‚im Ausland' ansässig gemacht [hatten], weil sie evangelischen Bekenntnisses geworden waren und sich ihnen deshalb im Herrschaftsbereiche des Klosters Frauenalb allerhand Erschwerungen entgegengestellt hatten." Seidel (2007), S. 14, schreibt in seinem Buch ebenfalls Wailand, auf der Website des Automuseums in Ladenburg allerdings „Vailant". Er gibt an, dass die Mutter von Carl Benz einer Hugenotten-

Familie aus Landstuhl in „Rheinbaiern" entstammte. In Wikipedia ist unter dem Stichwort Carl Benz dazu zu lesen: „Benz wurde am 25. November 1844 als Karl Friedrich Michael Wailend (phonetisch notiert), uneheliches Kind der Josephine Vaillant, im heutigen Karlsruher Stadtteil Mühlburg geboren (Geburtsbuch der evangelischen Gemeinde Mühlburg von 1844, nach einem Auszug vom 6. Dezember 1939)".

116 Siebertz (1950), S. 17: Die Ehe wurde am 16.11.1845 geschlossen. Der Vater starb am 21. Juli 1846.

117 Heute Bismarck-Gymnasium in Karlsruhe.

118 Hennl [o. J.], S. 7.

119 Automobilbau (1933). Carl Benz hatte als Fünfzehnjähriger am 30. September 1860 die Aufnahmeprüfung an der Polytechnischen Schule (später Technische Hochschule) in Karlsruhe bestanden. Am 9. Juli 1864 beendete er seine Zeit als Eleve und erhielt ein einfaches handschriftliches Zeugnis, in dem ihm sein Maschinenbauprofessor Josef Hart, der Nachfolger von Redtenbacher, bescheinigt, dass er „Schüler des zweiten Curses der Maschinenbauschule am hiesigen Polytechnikum" war und „im Laufe des letzten Schuljahres 1863/64 die Vorträge des Unterzeichneten über Maschinenbau gehört sowie auch die hiermit verbundenen Construktionen mit Fleiß und Regelmäßigkeit besucht [hat]. Derselbe hat sich diese Zeit über sowohl durch Ausdauer im Arbeiten sowie durch gesetztes Betragen meine ganze Zufriedenheit erworben. / Carlsruhe den 9ten Juli 1864 J. Hart. / Die Echtheit der Unterschrift des Herrn Professors Hart an der Maschinenbauschule des hiesigen Polytechnikums wird hiermit beurkundet. /Karlsruhe den 9. Juli 1864 Sekretariat der Großhzg.-polytechnischen Schule", Zeugnis abgebildet z. B. bei Seidel (2007), S. 18.

120 Benz (1925), S. 33 f.

121 Siebertz (1950), S. 30, zitiert aus dem Zeugnis „daß der Schlosser Carl Benz seit dem Monat August 1864 bis zum 29. September 1866 in der unterzeichneten Anstalt zur Zufriedenheit seiner Vorgesetzten gearbeitet hat."

122 Vgl. Abgangszeugnis vom 2. Januar 1869, Siebertz (1950), S. 33.

123 Siebertz (1950), S. 33, siehe auch: Mutter Benz (1939).

124 Der Freund hieß Großmann, vgl.: Mutter Benz (1939). Leider haben sich in Pforzheim keine Unterlagen über die Mitglieder des Vereins erhalten.

125 Siehe hier und im Folgenden: Siebertz (1950), S. 66, und Benz (1925), S. 36. Bei der Beschreibung des Fahrrads hat sich dort offenbar ein Fehler eingeschlichen, wenn gesagt wird, dass das Hinterrad höher war als das Vorderrad, im Übrigen aber das Velociped von Michaux beschrieben wird. Bei Michaux hatte das Vorderrad einen Durchmes-

ser von 98–100 cm; das hintere von 80 cm. Siehe dazu: Die Entstehung des Fahrrades, in: Festschrift (1928), S. 15–24, hier S. 20.

126 Im Pforzheimer Beoachter von 1869 wird mit einer Anzeige vom 9.5.1869 auf die Altstädter Kirchweih hingewiesen; am 28.5.1869 wird zu einem „Concert im Renz'schen Garten gegeben von der Kapelle des Grossh. Bad. Artillerie-Regiments" eingeladen, das der Musik-Verein „bei günstiger Witterung Samstag, den 29. ds., Abends 6 ½ Uhr" veranstaltete.

127 Polko (1872), S. 129–131.

128 Polko (1872), S. 149 f.

129 Der Ausflug fand also am 27. desselben Monats statt.

130 Pforzheimer Beobachter vom 18.6., sowie vom 21.6.1869.

131 Hier und im Folgenden: Näher (1884), S. 60 f.

132 Trippmacher (1944).

133 Trippmacher (1944).

134 Näher (1884), S. 61; vgl. zu der Sage: Klunzinger (1854), S. 108.

135 Schon zwei Monate später, zum 15. August, lud die Eintracht wieder zu einem Ausflug mit Musik ein, diesmal waren Wildbad und Calmbach das Ziel. Pforzheimer Beobachter vom 8.8.1869. Danach lud die Vereinigung dann ein zu: „Sonntag, den 21 November, Abends: Gesellige Unterhaltung im Lokale. Unter Mitwirkung des für unsere Abendunterhaltung gewonnenen Cithervirtuosen Carl Ruf aus Füßen." Pforzheimer Beobachter vom 18.11.1869.

136 Benz (1925), S. 144.

137 Laut Seidel (2007), S. 20, starb sie an einem „längeren Magenleiden".

138 Hier und im Folgenden: Benz (1925), S. 15 f.

139 Siebertz (1950), S. 36; Seidel (2007), S. 21.

140 Pforzheimer Beobachter, 6.8.1868: Artikel „Pforzheim 5. Juli", Zitat: „In unserer Stadt, wo so viele Eltern in gemischter Ehe leben, wäre schon aus diesem Grunde die Errichtung einer gemischten Schule höchst wünschenswerth."

141 Autofahrerin (1936).

142 Vgl. dazu die Geschichte des Autos von Kurt Möser, Möser (2002).

143 Vgl. dazu Pfeiffer (1971). Ich danke Herrn Dipl.-Ing. Ulrich Boeyng, Denkmalpfleger beim Regierungspräsidium in Karlsruhe, für diesen Hinweis.

144 „Zur Lage" und „Zur Lage Nachschrift", in: Pforzheimer Beobachter, Jg. 1870, Nr. 165, Sonntag 17.7.1870, S. 1.

145 „Pforzheim, 18. Juli.", in: Pforzheimer Beobachter, Jg. 1870, Nr. 166, Dienstag 19.7.1870, S. 1.

146 Pforzheimer Beobachter vom 23.7.1870.

147 „Satzungen des Vaterländischen Hilfsvereins", in: Pforzheimer Beobachter vom 30.7.1870 (selbstverständlich wurde auch diese Abteilung von zwei Männern geleitet!).

148 Vgl. die vielfachen Aufzählungen der abgegebenen Güter – mit Namensnennung[!] – z. B. im Pforzheimer Beobachter vom 3.8.1870.

149 Spenderlisten im Pforzheimer Beobachter vom 9.9. und vom 23.9.

150 Röll (1912–1923), S. 249; vgl. auch: Ziegler (1996), S. 164.

151 Die Konzessionen erloschen am 16. Juli 1871 endgültig.

152 1809 war das Polytechnische Institut in Nürnberg, 1815 das Polytechnische Institut in Wien und 1825 die Polytechnische Schule in Karlsruhe gegründet worden.

153 Siebertz (1950), S. 36; „Contremaitre" war der Ausdruck für „Werkmeister" oder „Werkführer".

154 Hier und im Folgenden: Siebertz (1950), S. 36; Seidel (2007), S. 21, benennt die Wiener Firma als „Branichstätten".

155 Die Firma muss extrem unbedeutend gewesen sein, da sie sich weder in den Auflistungen der protokollierten Firmen in den Wiener Adressverzeichnissen Lehmann der Jahre 1868, 1871, 1893 bzw. 1897 nachweisen ließ noch unter der Rubrik „Eisenwerke" in dem Handels- und Gewerbeadressbuch des Wiener Adressverzeichnisses Lehmann des Jahres 1871 und ebenso wenig in den Indices zu den Handelsregistern des Handelsgerichts Wien 1863 bzw. 1890 (Lehmann (1859–1922) und Wiener Staats- und Landes-Archiv, Handelsgericht Wien, B 81–B 84). Auch in den Unterlagen über Mitglieder der Familie Granichstädten in der Biographischen Sammlung des Archivs gibt es die Eisenkonstruktionsfirma nicht, sie wird auch nicht genannt bei Czeike (1993) oder bei Dressler (1989). Auch der Aufenthalt von Carl Benz in Wien ließ sich über das Wiener Stadt- und Landesarchiv nicht nachweisen. Sein Name erscheint weder im Einwohnerverzeichnis des Wiener Adressbuches Lehmann der Jahre 1868, 1870 bzw. 1871 noch in der Biographischen Sammlung bzw. in der sogenannten „Kartei der Fremden" (WStLA, Konskriptionsamt, A 17), in der jene Personen erfasst sind, welche bei den Volkszählungen 1870 bzw. 1880 kein Heimatrecht in Wien besessen haben. Für diese Information danke ich Herrn Dr. Karl Fischer, MAS, vom Wiener Stadt- und Landesarchiv.

156 Lindemann (1986), S. 15.

157 Siebertz (1950), S. 37.

158 In Mannheims Innenstadt hat sich bis heute die Straßenplanung vom Beginn des 18. Jahrhunderts erhalten, durch welche die Stadt in alphabetisch durchnummerierte Planquadrate aufgeteilt ist.

159 Auszug aus Pfandrechtsbuch der Stadt Mannheim, Bd. 63, Bl. 189, 12. März 1873, Kopie in: Archive der Daimler AG, Carl Benz Dokumente, Ordner I.

160 Benz (1925), S. 39.

161 Laut Auszug aus dem Grundbuch der Gemeinde Mannheim Bd. 35, Seite 395, Nr. 264 erfolgte der Kauf am 29. April 1871. Für den Preis von „4600 Gulden" kauften „Maschinentechniker Carl Benz und Mechaniker August Ritter" einen „Garten ... im Stadtquadrate litera T 6 No. 11". Tausend Gulden konnten Benz und Ritter bar bezahlen, die übrigen 3600 Gulden waren mit 5 % jährlich – fällig jeweils im Februar – zu verzinsen. Von der Restsumme war jeweils 1877, 1878 und 1879 ein Drittel abzutragen. Kopie in: Archive der Daimler AG, Carl Benz Dokumente, Ordner II; Siebertz (1950), S. 37, nennt den 9.8.1871, an dem der Kauf beurkundet wurde, irrtümlich als Kaufdatum. Carl Benz zog laut Anmeldebogen vom 25. Juni 1871 aus „Pforzheim nach T 2, 11 bei Frau Rinkel Wwe", siehe: Stadtarchiv Mannheim, digitalisierte Anmeldebögen: 0017 Benz, Carl 1844.tif.

162 Zum Vorstehenden vgl. Siebertz (1950), S. 38.

163 Pforzheimer Beobachter vom 4.7.1872.

164 Eine originale Abschrift des Ehevertrages befindet sich in Ladenburg im Archivbestand des Dr.-Carl-Benz-Museum, ein Foto davon in Archive der Daimler AG: Carl Benz, Dokumente, Ordner 1.

165 In Baden galt damals seit zwei Jahren die obligatorische Zivilehe. Siehe: Meyers Konversations-Lexikon 1885 #104: 5. Bd., S. 339, Stichwort Zivilehe.

166 Das Foto befindet sich in Archive der Daimler AG, Benz Bio 20/1. Es wird dort auf 1888 datiert, zeigt aber sicher keine Vierzigjährige, sondern dürfte aus der Zeit nach der Hochzeit 1872 stammen. Zur Hochzeitsmode siehe Zumdick/Schlimmgen-Ehmke (2006).

167 Stadtarchiv Mannheim, Elektronische Bildersammlung: 0015 Benz, Carl 1844.tif: „Amtliche Anmeldung – Formular C: Mannheim, den 18ten Sept. 1872. Vor- und Zuname: Bertha Benz geb. Ringer geb. am 5ten Mai 1849 in Pforzheim, Heimatland Baden. Besitzt das angeborene Bürgerrecht in Pforzheim, bisher wohnhaft in Pforzheim, verheiratet mit Carl Benz, Techniker hat ... Mannheim Lit U I, Nr. 10 bei Wendelin May Wohnung bezogen und einen selbständigen Hausstand begründet, beabsichtigt auf unbest. Zeit mit ihrem Ehemann sich häuslich niederzulassen." Laut Siebertz (1950), S. 38, war Wendelin May Zigarrenfabrikant.

168 Stadtarchiv Mannheim, Ev. Kirchengemeinde Mannheim, Zg. 29/20000 Nr. 236, die Trinitatiskirche liegt in G 4.

169 Der erste Sohn von Berthas Schwester Emilie, Gustav Rümelin, war am 11. Sept. 1869 zur Welt gekommen und einen Monat später gestorben, 1871 kam dann Walter Emil und einen Monat nach Berthas Hochzeit, am 29. August 1872, Otto Alexander Rümelin auf die Welt. Vgl. den Stammbaum der Familie Ruemelin unter: http://

www.weihenstephan.org/~ruemgerh/stammliste.html#fam12.70 (zuletzt besucht 21.8.2010).

170 Originaler Brief von Emilie Ruemelin an Bertha Benz vom 6.12.1872, in: Dr. Carl-Benz-Museum Ladenburg, Ordner mit Archivalien.

171 Das Original ist als gerahmtes Bild auf einem Foto zu sehen, das das Zimmer mit Erinnerungsgegenständen an Carl Benz in der Ladenburger Villa zeigt, Unbeschriftetes Foto in: Archive der Daimler AG, Carl Benz, Ordner, Geschichte IV. Das Bild ist vielfach reproduziert worden.

172 Dieser Anbau wurde nicht vor 1883 errichtet, siehe dazu weiter unten.

173 Siebertz (1950), S. 40.

174 Siebertz (1950), S. 39, genau zum 1. August 1872.

175 Siebertz (1950), S. 39.

176 Siebertz spricht von einem ersten größeren Auftrag von schmiedeeisernen Mauerhaken für die Festungsanlagen in Metz, das gerade dem deutschen Reich einverleibt worden war. Siebertz (1950), S. 39.

177 Stadtarchiv Mannheim, Pfandbuch, Bd. 63, Bl. 189, 12. März 1873. Es wurde ein Schuldbetrag von 13.714 M 29 Pf. eingetragen. Zuvor hatten zwei „Bautaxatoren" am 8. März 1873 das Grundstück geschätzt. Ihre Beschreibung benennt es als Fläche mit „einem einstöckigen Fabrikgebäude sammt angebauter Wohnung, einem kleinen Magazin von Holz, sowie einem Flächeninhalte von 87 Ruthen bad.". Der Wert wurde auf 14.400 Gulden geschätzt. Das heißt, dass Carl seinen Besitz fast in voller Höhe belieh. Vgl. dazu Archive der Daimler AG, Carl Benz Dokumente, Ordner II: hdschrftl. Abschrift des Pfandbucheintrages vom 27.3.1875; siehe auch Siebertz (1950), S. 40.

178 Die Zinsen dürften, wie damals allgemein üblich, bei 5% gelegen haben, die vierteljährlich abzuzahlen waren, wobei die Frage der Tilgung noch nicht berührt ist.

179 Abb. Siebertz (1950), S. 41.

180 Diese Maschine ist noch heute im Dr.-Carl-Benz-Museum in Ladenburg ausgestellt (gesehen Oktober 2009).

181 Stadtarchiv Mannheim, Pfandbuch, Bd. 72, Bl. 153: mit dem Datum vom 16. März 1876 ist eine Schuld von Carl Benz an Schönemann in Höhe von 1200 Gulden gleich 2057,15 Mark eingetragen, zuzüglich 5% Zinsen vom 5. September 1873 bis 1. Oktober 1875 und 6% Zinsen ab dem 2. Oktober 1875 (dazu kamen noch Prozesskosten von ca. 150 Mark). Siehe auch: Siebertz (1950), S. 42.

182 Vgl. Schildberger (1956).

183 Originaler Brief an Bertha Benz von Marie ohne Datum (1874/75), vorhanden in: Dr.-Carl-Benz-Museum, Ladenburg, Ordner mit Archivalien.

184 Das waren in Mark umgerechnet insgesamt noch einmal 17.100 Mark, also mehr als Carl bei der Kreditbank aufgenommen hatte: Großh. Amtsgericht Carlsruhe, Stdt Carlsruhe, Abth. IV „Auszug aus den Verlaßenschaft-Verhandlungen auf Ableben des Privatmannes Carl Ringer in Carlsruhe 1875/76", S. 7, Kopie des Originals befindet sich in: Archive der DaimlerAG, Ordner Benz Dokumente 1.

185 Die Käufer waren die beiden Bauunternehmer Herrmann Beser und Julius Hoheisen, letzterer war Karl Ringers Schwiegersohn. Er war mit Bertha Benz nächstjüngerer Schwester Marie Louise verheiratet, die in der Erbauseinandersetzung als „verwitwete Kayser, nun Ehefrau des Bauunternehmers Julius Hoheisen, in Pforzheim wohnhaft" genannt wird. Die Kaufsumme betrug 85.000 Mark. Grundbuchauszug, Pforzheim vom 25. Juni 1875, Foto des Originals befindet sich in: Archive der Daimler AG, Carl Benz, Dokumente, Ordner 1.

186 Siehe oben „Verlaßenschaft-Verhandlungen Carl Ringer 1875/76".

187 Diese Maschinen wurden 1875 und 1880 für die Firma von Adolf Winkle in Altenstadt an der Iller erbaut und geliefert. Laut Aussage des jetzigen Firmeninhabers wurden sie erst in der zweiten Hälfte des 20. Jahrhunderts verschrottet (Telefongespräch vom 20.2.2010). Vgl. Winkle [ca. 1965].

188 Siebertz (1950), S. 42.

189 Bertha erzählte noch 1936 stolz einer Interviewpartnerin: „Mein Mann hat überhaupt damals viel erfunden und gebastelt. Nur aus dem, was er über das Telefon gehört hat, hat er uns ein Haustelefon zusammengebaut zwischen Werkstatt und Wohnung, das ist jahrelang ausgezeichnet gegangen. Auch eine hydraulische Presse hat er gemacht. Aber das ist alles nicht eingeschlagen. Aber er hat alles ohne Vorbilder gebaut, nur aus dem, was er gelesen hat." Aus: Autofahrerin (1936); vgl. auch Siebertz (1950) S. 42.

190 Dörrer (1976).

191 Dörrer (1934).

192 Stadtarchiv Mannheim, Pfandbuch, Bd. 72, Bl. 293, Eintrag vom 3. Mai 1876.

193 Stadtarchiv Mannheim, Pfandbuch, Bd. 73, Bl. 105, Eintrag vom 14. Juli 1877.

194 Siebertz (1950), S. 42, schreibt, dass der vorbereitende Erlass vom 25. Juli 1877 stammt. Leider war das entsprechende Pfandbuch aus dieser Zeit bei meinem Besuch im Oktober 2009 im Stadtarchiv Mannheim unauffindbar.

195 Um welche Maschinen es sich gehandelt hat, beleuchtet ein Vergleich mit dem Inventar einer mechanischen Werkstatt in Sachsen, die 1856 gegründet wurde. Dort gab es: „1 Dampfmaschine mit 20 PS, 6 Drehbänke, 2 Bohrmaschinen, 1 Fräsmaschine und 2 Schleifsteine". Vgl.

Barth (1975), S. 51. Im Dr.-Carl-Benz-Museum in Ladenburg ist die Werkstatt von Carl Benz nachgestellt, sie enthält neben einer originalen Drehbank der Firma Benz u. Cie. mit Fußbetrieb, die in die Zeit um 1880 datiert wird und bei welcher der Drehstahl noch von Hand geführt werden musste, noch eine Standbohrmaschine mit Handantrieb, eine Standbohrmaschine mit Antrieb über ein Laufband sowie einen Schleifstein, eine kleine Ecke für Schmiedearbeiten und zahlreiche Werkzeuge.

196 Siebertz (1950), S. 43.

197 Vgl. Meyers Großes Konversations-Lexikon, Bd. 3, S. 165 f.

198 Das Buch befindet sich in: Archive der Daimler AG, Benz Bio 20/1; die Widmung stammt vom Dezember 1937.

199 Autofahrerin (1936).

200 Siebertz (1943b).

201 Zitiert nach Schulz (2000), S. 14 f.

202 Ein Bericht befindet sich z. B. in Dingler, Bd. 219, Jg. 1876, S. 195 ff.

203 Dingler, Bd. 222, Jg. 1876, S. 184.

204 Deutsches Reichspatent Nr. 532 vom 4. August 1877; die Verordnung über die Gründung des Patentamtes wurde am 26. Juni 1877 veröffentlicht.

205 Schildberger (1956).

206 Siebertz (1950), S. 47.

207 Dingler, 60. Jg., Bd. 217, 1875, Heft 1, S. 61.

208 Dörrer (1934).

209 Siehe oben. Dabei ist nicht immer ganz sicher, ob der Wortlaut direkt von ihr stammt oder ob ein Interviewer vom anderen oder bei sich selbst abschrieb. Doch kann man meiner Ansicht nach in diesem Zusammenhang eigentlich auch eine einzige Aussage als ausreichenden Beleg ansehen.

210 Dörrer (1934).

211 Hier und im Folgenden: Benz (1925), S. 41.

212 Benz (1925), S. 41 f. Unter den Archivalien im Dr.-Carl-Benz-Museum in Ladenburg befindet sich ein undatierter handschriftlicher Brief von Bertha Benz, in dem sie das Datum des Silvesterabends bestätigt und schreibt: „In dem darauf folgenden Juli–Oktober fand in Mhm eine Landwirtschafliche u. Gewerbe Ausstellung statt, zu dieser hätte mein Man sehr gerne seinen Motor angemeldet, konnte sich aber doch nicht dazu entschließen, weil er von der absoluten Sicherheit … noch nicht befriedigt war."

213 Ich danke dem Urenkel von Bertha Benz und Enkel von Karl Volk, Herrn Dr. Werner Grimm, für den Hinweis, dass im Text der Gedanke des Psalms 126 mitverwendet ist: „Sie gehen hin und weinen und tragen edlen Samen und kommen mit Freuden und bringen ihre Garben"

(Gespräch vom 15.9.2010). Zu der Entstehung der „Lebensfahrt“ siehe weiter unten.

214 Siebertz (1950), S. 48.

215 Reichspatent Nr. 12383 von 1880.

216 Benz (1925), S. 44.

217 Siebertz (1950), S. 52.

218 Schmidt (1936).

219 Eugen Benz erinnerte sich später: „Es war keine große Werkstätte, vielleicht ungefähr 20 m lang und 8 m breit. Auf den Bildern … ist ja der vordere Zaun verhältnismäßig nahe gelegt, so nah war der nicht.“ Zitiert aus Schildberger (1956).

220 Das evangelische Schulhaus in Mannheim war ab 1876 Simultanschule für evangelische und katholische Kinder. Es lag nur wenige Planquadrate von der Werkstatt entfernt in R 2/2, 1869. Mannheim (1988), S. 390.

221 Schildberger (1956).

222 Vgl. E. L. (1933): „Ich möchte sagen: sie gebar die Kinder, er gebar Motore und Autos, und gegenseitig, welchselseitig halfen sie sich, diese Kinder großzuziehn. Wo für die einen Strenge und manchmal Strafe (neben Liebe) notwendig und nützlich war, war für die anderen unerschütterliche und liebevolle Geduld notwendig – und alle gediehen wunderbar“. Trippmacher (1944): „Frau Bertha Benz war eine sehr konsequente Mutter, streng wie es auch ihre Mutter war.“

223 Leisner (29.4.2010).

224 Leisner (26.5.2010).

225 Siebertz (1950), S. 14.

226 Schildberger (1956), S. 11 f.; Eugen Benz beschreibt das Grundstück folgendermaßen: „Der Platz war groß aber nicht sehr groß. Ungefähr das Quadrat T 6, die nächste Straße ist U 6 und das zwischendrin war in zwei Teile geteilt. Unser Nachbar auf der einen Seite, das war der Niedermaier, eine Küferei, und auf der anderen Seite war der Hesenbecker, ein Holzwerk, aber wir haben ja auch Platz gebraucht, da hat man es ungefähr in zwei Teile geteilt.“

227 Hier und im Folgenden siehe Siebertz (1950), S. 55 f.; das Deckblatt: „Gesellschafter-Vertrag und constituiernde Generalversammlung der Aktiengesellschaft Gasmotoren-Fabrik Mannheim“ ist abgebildet in: Kruk/Lingnau (1986), S. 6.

228 Nach Z 9, 19 ½: Siebertz (1950), S. 56.

229 Steiner-Welz (2004), S. 6.

230 Schildberger (1956), S. 11.

231 Schildberger (1956), S. 10. Eugen Benz berichtet von T 6 „und oben ein Speicher. Da bin ich gern gewesen. Da hab ich immer etwas auskramen können. Seinerzeit waren noch alte Zeichnungen des Vaters

da, die haben mich interessiert. Wir haben diese Zeichnungen dann in die Waldhofstraße noch herübergebracht, aber dort sind sie dann verschwunden."

232 Siebertz (1950), S. 37.

233 Diesen Anbau sieht man auch auf dem Bild, das Bertha malte und das immer wieder veröffentlicht wird. Es dürfte also nicht vor 1883 entstanden sein.

234 Siebertz (1950), S. 58.

235 Benz (1925), S. 45.

236 Rose und Eßlinger, das Geschäft lag in 0 6/1 und wurde 1875 eröffnet.

237 Hier und im Folgenden Siebertz (1950), S. 38. Siebertz nennt die Oderwerke Maschinenfabrik und Schiffsbauwerft AG als Lehrstelle von Max Rose. Diese ging aus der 1872 in Berlin gegründetem Stettiner Maschinenbau-Anstalt und Schiffsbauwerft-Actien-Gesellschaft hervor, welche wiederum aus der Schiffswerft von Möller & Holberg entstammte. Vgl. dazu: http://de.wikipedia.org/wiki/Stettiner_Oderwerke (zuletzt besucht 8.12.2010); siehe auch Stadtarchiv Mannheim, Nachlass Eßlinger und Rose, Zugang: 28/2007 Laufzeit: 1831–1952, Vorwort. Dort wird auch erwähnt, dass Nachfahren der Familie Rose später Opfer der NS-Verfolgung wurden.

238 Kleyer hatte diese zuvor in den USA kennengelernt. Aus seiner Firma gingen später die Adlerwerke hervor. http://dms.bildung.hessen.de/ereignisse/gedenktage/maerz/index.html (zuletzt besucht 8.12.2010).

239 Siebertz (1950), S. 59, Eintrag beim Amtsgericht Mannheim am 1. Dezember 1883; vgl. auch DaimlerChrysler (2000), S. 5.

240 Siebertz (1950), S. 59.

241 Siebertz (1950), S. 61.

242 Archive der Daimler AG, Ordner, Carl Benz, Fotos.

243 In England ließ sich Charles Burton 1852 den ersten „Perambulator" patentieren. Bei Walsh (1874) ist eine ähnliche dreirädrige Karre wie auf dem Bild abgebildet: http://www.sil.si.edu/ondisplay/makinghomemaker/thumbnails/sil7-93-06.jpg (zuletzt aufgerufen 21.10.2010). Siehe dazu auch: Sturm-Godramstein (2001), S. 22.

244 Schildberger (1956), S. 9 f.

245 E. L. (1933).

246 Unter Nr. 316858 vom 28. April 1885 sichert es ihm dann auch in Nordamerika gesetzlichen Schutz für seine „Gas-Engine" zu, vgl. Siebertz (1950), S. 59 f.

247 Hier und im Folgenden vgl. Siebertz (1950), S. 61 ff.

248 Weltausstellung (1885), S. 61, und Werbeblatt von 1894 für „Benz & Cie, Rheinische Gasmotoren-Fabrik, Mannheim" in: Archive der Daimler AG, Ordner, Verschiedene Erinnerungen.

249 Trippmacher (1944) „Wie begrüßte sie es, wenn die ‚B e n z l e u t e' sie besuchten, mit jedem einzelnen verbanden sie Erinnerungen, mit den ehemaligen Lehrlingen und Mitarbeitern."

250 Siebertz (1943b), S. 3.

251 Kruk/Lingnau (1986), S. 11. 1883 erschien in der Zeitschrift des „Vereins Deutscher Ingenieure" ein Artikel, in dem angezweifelt wurde, dass Otto den Viertaktmotor eigenständig erfunden habe. In dem folgenden Prozess wurde 1884 anerkannt, dass der Münchner Erfinder Christian Reithmann schon vor Otto einen Viertaktmotor gebaut hatte. Vgl. dazu Siorpaes (2009).

252 Dörrer (1934) „Im übrigen entstanden die Pläne unseres Papa, einen Wagen zu bauen, der sich ohne Rösser fortbewegen läßt, an unserem Familientisch. Drunten in Mannheim wurden die Pläne oft besprochen und ich und die Kinder mußten manche Verstimmungen unseres Papa hinnehmen …"

253 kn. (1933).

254 Erinnerungen eines alten Mitarbeiters, in: Allgemeine Automobil-Zeitung, 10. Jg., vom 18. April 1909, S. 4, zitiert nach Siebertz (1950), S. 69.

255 Siebertz (1950), S. 69.

256 Hier und im Folgenden: Teickner (1912), S. 204. Im Frühjahr 1909 hatte Carl Benz dem Wiener Herausgeber der „Allgemeinen Automobil-Zeitung", Adolf Schmal-Filius, gesagt: „Als die Firma Benz & Cie. prosperierte, konnte ich schon in kurzer Zeit das finanzielle Wagnis unternehmen, den selbstbeweglichen Wagen in Angriff zu nehmen. Es war dies im Jahre 1885", in: „Allgemeine Automobil-Zeitung", 10. Jg., vom 18. April 1909, S. 4, zitiert nach Siebertz (1950), S. 68 f.

257 Teickner (1912), S. 205 f. Paul Teickner war am Ende des 19. Jahrhunderts Redakteur der „Süddeutschen Touristen- u. Radfahrerzeitung". Er war mit Carl Benz gut bekannt und war für dieses Gespräch 1912 aus Berlin angereist. Siehe dazu Lessing (1994).

258 Siebertz (1950), S. 68.

259 Schmidt (1936).

260 Siebertz (1950), S. 100; Benz (1925), S. 58.

261 Allerdings sei hier darauf hingewiesen, dass damals auch schon dreirädrige Fahrräder, sogenannte Tricycles auf dem Markt waren, die von Historikern der Automobilgeschichte als direkte Vorbilder für die Entwicklung des selbstfahrenden Wagens angesehen werden, vgl. Möser (2002), S. 23 f.; zur Lenkung siehe auch Teickner (1912), S. 207; Siebertz (1950), S. 68.

262 Siebertz (1950), S. 71.

263 Schmidt (1936); Paul Teickner, der nicht dabei gewesen sein kann, berichtet dagegen von dieser ersten Autofahrt, dass die Tore weit

geöffnet waren, Carl Benz den Wagen aber nicht beherrschen konnte, so dass dieser neben dem Tor gegen die Mauer prallte und Benz selbst vorher noch herabsprang. Mir persönlich scheint der Augenzeugenbericht glaubwürdiger; Teickner (1912), S. 205–207. Bei Benz (1925), S. 74f., wird die erste Fahrt im Hof sehr viel blumiger beschrieben, entspricht jedoch insgesamt der Erinnerung von Jacob Schmidt.

264 Siebertz (1950), S. 81.

265 Eigene Abschrift: „Interview zur Enthüllung der Gedenktafel in Ladenburg“ von 1933, vorhanden in: Archive der Daimler AG (Besitz Deutsches Rundfunkarchiv).

266 Eingereicht worden war die Patentschrift am 3. April 1885, erteilt wurde sie mit Datum 29. August 1885, vgl. die Titelseite der gedruckten Patentschrift in: DaimlerChrysler (2000), S. 9.

267 Deutsches Reichspatent Nr. 37435; in der Literatur herrscht Verwirrung über die Datierung: Das Patent wurde „ausgegeben am 2. November 1886“ über „Fahrzeug mit Gasmotorenbetrieb, patentiert im Deutschen Reiche vom 29. Januar 1886 ab“, vgl. die Abbildung in: http://home.arcor.de/carsten.popp/DE_00037435_A.pdf (zuletzt besucht 12.10.2010). Beantragt und erhalten hat Carl Benz ein Patent auf ein „durch Gasmaschine betriebenes Fahrzeug, bei welchem folgende Einrichtungen gleichzeitig in Anwendung kommen: 1. Bei dem Gaserzeuger zum Motor die Vorrichtung … zum Erkennen des Functionirens und des Oelstandes im Gasbehälter. 2. Die gezeichnete Bremsvorrichtung …“

268 Siebertz (1950), S. 63.

269 Vogelschaubild der Fabrik von einem Briefkopf (um 1887), in: Archive der Daimler AG, Multimedia-Archiv-Datenbank M@rs (http://archives.daimler.com), Werk Waldhofstraße Grafik, Archivnummer A39696 (abgebildet in Mercedes-Benz AG (1994), S. 12).

270 Foto, in: Benzreise (1894), S. 21.

271 Siebertz (1950), S. 99.

272 1888 wurde das städtische Wasserwerk in Betrieb genommen, durch das auch die Neckarstadt versorgt wurde. Nieß (2007), S. 439.

273 Automobilbau (1933).

274 In dem schon zitierten Interview mit Axel Schildberger sagt Eugen Benz dazu: „‚Nun es hat ja damals eine große Pause gegeben. Mein Vater hat damals, als die Fabrik schon in die Waldhofstraße verlegt war, einige Wagen gebaut, aber die Kompagnons – insbesondere der Rose – wollten eben immer Motoren verkaufen, daher sind dann nachher die Differenzen entstanden, so daß mein Vater diese Wagen auf die Seite gestellt und gar nicht mehr angesehen hat, daher diese längere Pause.‘ Schildberger: ‚von 1886 bis 1888 nicht wahr?‘ Eugen: ‚ja‘“. Siehe Schildberger (1956).

275 „‚Auch meine Freunde verspotteten mich,' sagte Benz, als John Nerén mit ihm über seine ersten Autos sprach: ‚Und mein mir sonst so ergebener Kompagnon Rose fand, daß ich allzuviel Zeit auf diese töffenden, ächzenden und stinkenden Dinger verwendete.'" Nerén (1937), S. 104, zitiert aus der msschr. Übersetzung in: Archive der Daimler AG, Benz Bio 16.

276 Fernfahrt (1933).

277 Benz (1925), S. 78.

278 Siebertz (1950), S. 84 f.

279 Neue Badische Landeszeitung, 4. Juni 1886, zitiert nach Benz (1925), S. 78.

280 Neue Badische Landeszeitung vom 3. Juli 1886, zitiert nach Benz (1925), S. 79.

281 Zitiert nach: Siebertz (1950), S. 87.

282 Dörrer (1934).

283 Nerén (1937), S. 103, zitiert nach der msschr. Übersetzung in: Archive der Daimler AG, Benz Bio 16.

284 Nerén (1937), S. 104, zitiert nach der msschr. Übersetzung in: Archive der Daimler AG, Benz Bio 16.

285 kn. (1933).

286 Die „Cinquantenaire" fand im Sommer 1887 statt. Dort wurden dem Publikum neben allen möglichen Attraktionen auch neue industrielle Entwicklungen dargeboten. Siehe das Periodikum Le Cinquantenaire (1887).

287 Benz (1925), S. 92.

288 DaimlerChrysler (2000), Jahre 1887 und 1888. Insgesamt kann die Geschäftsbeziehung zu É. Roger nicht sehr befriedigend gewesen sein, denn in einer französischen Automobilgeschichte von 1907 ist zu lesen: „Die Erfindung von Carl Benz, obwohl von hohem Wert, genoss nur ein mittelmäßiges Ansehen ... Herr É. Roger, Konzessionär der deutschen Marke, stellte nach den Plänen des Erfinders die Wagen her, die den Namen ‚Benz-Roger' erhielten. Einige nahmen an den großen Erprobungen von 1894 und 1895 teil und verhielten sich dort so, dass man größte Hoffnungen auf ein sinnreiches Modell setzen konnte, dem man kaum seine Komplexität vorwerfen konnte, die in einer Epoche, wo die Einfachheit noch kaum an der Tagesordnung war, sehr gut entschuldbar war. Böse Zungen versichern, dass der zufällige Brand seiner Geschäftsräume in der Rue des Dames das beste Geschäft von M. Roger war ...", Souvestre (1907), S. 211 (Übersetzung Leisner).

289 Benz (1925), S. 94.

290 Siebertz (1950), S. 89, Anm. 26, schreibt, dass vorher schon ein zweites Modell fertiggestellt worden war, mit dem Carl Benz nicht zufrieden war, so dass er es gar nicht in Betrieb nahm.

291 Siebertz (1950), S. 85.

292 Das Patent für die neue Getriebekonstruktion von Carl Benz trägt das Datum des 8. April 1887. Damit konnte er mit dem Steuerhebel das „Fahrzeug sofort aus einer raschen Gangart in eine langsamere oder umgekehrt versetzen" und damit größere Steigungen überwinden. Benz (1925), S. 83. Im Jahr 1887 erhielt Carl Benz insgesamt drei Reichspatente, die den Vergaser, die Zündung, die zweite Übersetzung und Verbesserung der Bremsvorrichtung und eine Bandbremsen-Kupplung betreffen (DRP 43638 vom 8. April 1887; 43826 vom 8. April 1887; 42819 vom 12. September 1887), weitere Patente erhielt er in Amerika, England und Frankreich. Sie alle zeigen, wie intensiv er sich in der Zeit zwischen 1887 und 1888 mit der Verbesserung seiner Erfindung beschäftigte.

293 Siebertz (1950), S. 87 f.

294 Schreiben des Großherzoglichen Bezirksamtes Mannheim vom 8. Juni 1888. In: Archive der Daimler AG, Benz Bio 16.

295 Schreiben des Großherzoglichen Bezirksamtes Mannheim vom 1. August 1888 und vom 20. September 1888. Die Erlaubnis vom 1. August 1888 wurde am 14. September 1890 noch einmal wiederholt. Erst am 30. November 1893 kam die Nachricht vom Ministerium des Innern in Karlsruhe, dass vom 1. Januar bis 31. Dezember 1894 versuchsweise das Befahren öffentlicher Straßen und Wege des Großherzogtums mit dem Patenmotorwagen erlaubt sei. Diese Genehmigung wurde am 20. Dezember 1895 auf unbestimmte Zeit verlängert. Originale vorhanden in Archive der Daimler AG, Benz Bio 16.

296 Die beiden jüngsten Söhne der Familie Ringer, Herrmann August und Julius Oskar, sind im Jahr 1880 den älteren Geschwistern nachgezogen, die schon seit Langem in Amerika lebten. Emilie (geborene Ringer) und ihr Mann Gustav Rümelin hatten in Milwaukee ebenso wie Karl Ringer in Philadelphia geachtete gesellschaftliche Stellungen errungen. Zur Auswanderung siehe: Baden, Germany Emigration Index, 1866–1911 Auswanderungsakten Baden, Deutschland 1866–1911, Info: Hermann August Ringer http://www.ancestry.de (zuletzt besucht 16.2.2010).

297 Bertha Benz erwähnte diesen Unfall in einem Interview 1936 und fügte hinzu: „Man kann übrigens die kleine Beschädigung heute noch im Deutschen Museum an dem alten Wagen sehen. Sie ist nie ausgebessert worden", vgl. Autofahrerin (1936).

298 Hier und im Folgenden: kn. (1933).

299 Benz (1925), S. 92.

300 Elis (2010), S. 180; Möser (2002), S. 28, stellt sich in seiner Geschichte des Automobils sogar die Frage, ob es diese Fernfahrt überhaupt gegeben habe. Tatsächlich lässt sie sich nicht über zeitnahe Quellen er-

schließen. Zu vermuten wäre, dass wenigstens im Pforzheimer Beobachter vom August 1888 ein Bericht zu lesen war. Leider findet sich von diesem Jahrgang aber weder im Pforzheimer Stadtarchiv noch in einer anderen Bibliothek ein Exemplar und es hat sich anscheinend auch anderswo kein Zeitungsausschnitt erhalten. Ich danke Herrn Olaf Schulze für diesen Hinweis.

301 Liebieg/Rahner (1938), S. 99; darin wird Bertha Benz allerdings fälschlicherweise als Fahrerin eines „Benz-Viktoria" benannt, also eines Wagenmodells, das bei ihrer Fahrt noch gar nicht existierte. Außerdem findet die Fernfahrt – anders als in der Publikation von 1938 – in den originalen handschriftlichen Reiseaufzeichnungen, die Theodor von Liebieg seinem Freund und Mitfahrer Franz Stransky Weihnachten 1894 verehrte, keinerlei Erwähnung, vgl. Benzreise (1894), S. 26 und S. 56f. Für die Übersendung der digitalisierten Kopie der Benzreise von 1894 danke ich Herrn Rabus von den Archiven der Daimler AG besonders herzlich.

302 Vgl. Siebertz (1950), S. 96, Anm. 28. In der Zeitschrift „Der Motorwagen" vom 15. April 1900 (Heft VII, S. 104) wird diese Fernfahrt für den 13. Mai angekündigt. Die Route führte von Mannheim über Hockenheim und Bruchsal nach Pforzheim und zurück über Grötzingen und Wiesenthal. In der Ausgabe vom 15. Mai (Heft IX, S. 134) derselben Zeitschrift wird dann berichtet, dass die Fahrt programmgemäß stattfand. Fünfzehn Wagen nahmen daran teil und Richard Benz gewann in der leichten Wagenklasse der Voiturettes den ersten Preis. Erwähnt wird diese Fahrt auch in Braunbeck's Sportlexikon (Braunbeck [1910], S. 71), wo auch die Benz-Voiturette allerdings mit Klara Benz am Steuer abgebildet ist. Ich danke Frau Sachsen-Coburg in der Vereinsbibliothek des ADAC in München für diese Recherche.

303 Benz (1925), S. 88–91.

304 Diese Ausstellung wurde anlässlich des 40-jährigen Bestehens des Allgemeinen Gewerbevereins in München veranstaltet. Das Ausstellungsgebäude bestand aus einer aufwändigen Holzkonstruktion, die den Anschein „steinerner Architektur" erweckte und deren Eingänge als römische Triumphpforten ausgestaltet waren. Hlady (2005), S. 17.

305 Siebertz (1950), S. 92f. Siebertz bezieht sich in seiner Schilderung auf ein ausführliches Interview, das Bertha Benz und ihre beiden Söhne fünfzig Jahre nach der Fahrt dem Pforzheimer Anzeiger gegeben haben. Letzteres wird hier zitiert als: Schees (1938).

306 Schees (1938). Im selben Artikel heißt es dann weiter unten, dass die Mutter von Bertha Benz verreist war und den Pferdeersatz erst später zu Gesicht bekam. Diese Begründung ist auch schon in einem Interview von 1936 zu lesen, in: Autofahrerin (1936); vgl. auch Siebertz (1950), S. 92f.

307 Unter den Archivalien im Dr.-Carl-Benz-Museum in Ladenburg ist ein Brief von Theo Lutz aus Pforzheim erhalten, dem Sohn von Helene Hoheisen und Großneffen von Bertha Benz, der am 8. Dezember 1913 geboren wurde. Er erinnert sich darin: „Helene hat nie vergessen, dass Bertha, ihre Tante extra wg. ihr diese beschwerliche, aber doch so wichtige Fahrt mit ihren beiden Buben gewagt hat".
Eine weitere Begründung für die Fernfahrt lautet, dass Bertha Benz so gern den Pflaumenkuchen der Mutter ihrer Freundin Emma Bürkle, geborene Bilfinger, aß und deshalb nach Pforzheim reiste. Werbeblatt der Firma „Sägewerk Würmtal", in: Archive der Daimler AG, Benz-Bio 20/2. Letzteres lässt sich allerdings kaum noch belegen. In den Schülerinnenverzeichnissen der Höheren Töchterschule in Pforzheim ist nur in der Klasse unter Bertha Ringer eine Schülerin mit dem Namen Marie Bilfinger verzeichnet. Allerdings wird in dem Zeitungsartikel von 1938 vermerkt, dass zwischen Carl Benz, als er bei der Firma Benckiser in Pforzheim arbeitete, und seinem Chef Bilfinger „ein kollegiales Verhältnis bestand"; Schees (1938).

308 Siebertz (1950), S. 93.

309 Schees (1938).

310 Gemeint ist die Westliche-Karl-Friedrich-Straße, da sie über Brötzingen in die Stadt kamen.

311 Schees (1938).

312 Benz (1925), S. 91.

313 Schees (1938); vgl. auch Siebertz (1950), S. 92 f.

314 Schees (1938).

315 Fernfahrt (1933).

316 Autofahrerin (1936). Die dritte „Übersetzung" wurde tatsächlich nicht gleich in das nächste Modell eingebaut, sondern erst nachdem vier weitere Modelle mit jeweils stärkeren Motoren entwickelt worden waren, siehe Kissel (1939), S. 4.

317 Schildberger (1956).

318 Eigene Abschrift: Interview Bertha Benz zur Enthüllung der Gedenktafel in Ladenburg [1933], vorhanden in Archive der Daimler AG (Tondokumente aus dem Deutschen Rundfunkarchiv).

319 Kissel (1939), S. 3.

320 Siebertz (1950), S. 92.

321 Der Text lautete: „Vollständiger Ersatz für Wagen mit Pferden! Erspart den Kutscher, die teure Ausstattung, Wartung und Unterhalt der Pferde! Immer sogleich betriebsbereit! Bequem! Absolut gefahrlos! Lenken, Halten und Bremsen leichter und sicherer als bei gewöhnlichem Fuhrwerk! Keine besondere Bedienung nötig! Sehr geringe Betriebskosten!" Siebertz (1950), S. 100.

322 Benz (1925), S. 93.

323 Siebertz (1950), S. 90, nennt: Münchener Fremdenblatt vom 13. September 1888; Münchener Neueste Nachrichten vom 16., 18. und 22. September 1888; Münchener Tageblatt vom 17., 18. und 24. September 1888 und Bayrischer Kurier vom 18. September 1888.

324 Zitiert nach: Benz (1925), S. 93.

325 Kruk/Lingnau (1986), S. 16; Diplome und Medaillen erhielten insgesamt 136 Aussteller, vgl. http://www.dhm.de/magazine/medaillen/medaillen/31arbeitsmaschinenausstellung.htm (zuletzt besucht 10.10.2010).

326 In der „Lebensfahrt" wird darauf hingewiesen, dass sein Standmotor als einer der beiden interessantesten Maschinen der Ausstellung hervorgehoben wurde, welche das herkömmliche Viertaktverfahren verlassen und neue Bahnen eröffnet haben. Siehe auch Schröter (1888).

327 Leipziger Illustrierte Zeitung vom 1. Dezember 1888: Darin hieß es, dass die Rundfahrten in München bewiesen hätten, „dass diese Konstruktion geeignet ist, in vielen Fällen die kostspielige Zugkraft der Pferde vorteilhaft zu ersetzen". Zitiert nach Siebertz (1950), S. 98.

328 Schildberger (1956).

329 Siebertz (1950), S. 88 f.

330 Siebertz (1950), S. 92; Benz (1925), S. 107.

331 Das Foto, das teilweise durch Flecken gelöscht ist, befindet sich in: Archive der Daimler AG, Carl Benz Geschichte, Ordner „Verschiedene Erinnerungen". Seine Datierung ergibt sich aus dem mutmaßlichen Alter der beiden Töchter und der Tatsache, dass das jüngste Kind von Carl und Bertha Benz, die am 16. März 1890 geborene Ellen, nicht mit auf dem Bild erscheint.

332 Liebieg/Rahner (1938), S. 52.

333 Schon in der „Lebensfahrt" werden die frühesten Zeitungsberichte über die ersten Fahrten von Motorwagen in Mannheim und Stuttgart einander gegenübergestellt. Carl Benz muss also solche Artikel gesammelt haben. Zudem hat er sich sicher durch das Studium von Fachliteratur über alles, was sich im Bereich des Motoren- und Fahrzeugbaus tat, genauestens informiert. Benz (1925), S. 133.

334 Vgl. Benz (1925), S. 133 ff.

335 Dingler, Bd. 270, Stuttgart 1888, S. 61 und 100.

336 Dingler, Bd. 272, Stuttgart 1889, S. 49.

337 Benz (1925), S. 133.

338 Siebertz (1950), S. 111.

339 Vgl. dazu Siebertz (1950), S. 88.

340 Benz (1925), S. 94.

341 Im Jahr 1888; Siebertz (1950), S. 122.

342 Laut Doerschlag Dienst (1943) hat Eugen Benz nach der Lehre seinen Militärdienst abgeleistet, studierte dann an der Technischen Hoch-

schule in Darmstadt, übersiedelte 1896 für einige Zeit in die Schweiz, wo er im Bootsmotorenbau arbeitete, und wurde technischer Direktor in der väterlichen Firma. Es gibt allerdings keinen Beleg für ein Studium von Eugen Benz in Darmstadt: Sein Name befindet sich nicht in den einschlägigen Verzeichnissen (Adressen-Verzeichnis der ehemaligen Studierenden der höheren Gewerbeschule, der Technischen Schule sowie der polytechnischen bzw. technischen Hochschule zu Darmstadt, Darmstadt 1885; Matrikelverzeichnis der Studierenden der Technischen Hochschule Darmstadt WS 1884/85 bis WS 1890/91; Personalverzeichnisse der Großherzoglichen Hessischen Technischen Hochschule zu Darmstadt WS 1896/97 bis WS1904/05; Akten der Diplomprüfungskommission – enthält alle Diplomvor- und Hauptprüfungsakten der Technischen Hochschule Darmstadt ab 1889). Auch in der Melderegistratur der Stadt Darmstadt im Stadtarchiv ist sein Name nicht aufzufinden. Ich danke Frau Irmgard Rebel vom Universitätsarchiv der Technischen Universität Darmstadt für diese Nachforschungen.

343 Schildberger (1956), S. 13.

344 Benz (1925), S. 107.

345 Eigenbrodt (1925).

346 Siebertz (1950), S. 111 f.

347 Émile Levassor arbeitete in einem Sägewerk, als er René Panhard kennenlernte. Ihr erster Wagen namens Panhard & Levassor wurde 1890 fertiggestellt. Als Automobilentwickler sorgten sie für einige Neuerungen. Unter anderem kombinierten sie als erste den Frontmotor mit dem Heckantrieb. http://de.academic.ru/dic.nsf/dewiki/391229 (zuletzt besucht 20.10.2010).

348 Benz (1925), S. 115; Siebertz (1950), S. 112; Schildberger (1956), S. 14f.

349 Hier und im Folgenden Siebertz (1950), S. 116.

350 Siebertz (1950), S. 113, zitiert den entsprechenden Eintrag im Gesellschaftsregister des Mannheimer Amtsgerichts, siehe auch Benz (1925), S. 113; Max Rose blieb dem gemeinsamen Werk offensichtlich weiterhin verbunden, denn man trifft ihn später im Aufsichtsrat der Automobilwerke wieder.

351 Benz (1925), S. 115f.

352 Siebertz (1950), S. 117.

353 Siebertz (1950), S. 117f.

354 Patentschrift vom 23. Juni 1891, bewilligt am 29. Februar 1892, DRP 61353, siehe Siebertz (1950), S. 120f.

355 Trippmacher (1939).

356 Diese Erweiterung ergibt sich aus dem Vergleich der Vogelschauaufnahme (siehe Anm. 269) mit dem Foto, das Theodor von Liebieg 1894

in seinen Reisebericht einklebte (Benzreise [1894], S. 21) und dem bei Seidel (2007), S. 41, abgebildeten Briefkopf mit einem späteren Vogelschaubild der Fabrik.

357 Schildberger (1956), S. 2.

358 Deutsches Reichspatent Nr. 73515 vom 28. Februar 1893, siehe Benz (1925), S. 101. Diese Lenkvorrichtung wird auch heute noch im Automobilbau eingesetzt!

359 Foto „Arbeiter 1894", in: Archive der Daimler AG, Daimler Multimedia-Archiv, Datenbank M@rs (http://archives.daimler.com), Archivnummer 31191.

360 Ein Foto des Gesellenstücks von Richard Benz befindet sich in Archive der Daimler AG, Carl Benz, Ordner IV. Das Werkstück selbst wird noch heute im Dr.-Carl-Benz-Museum in Ladenburg aufbewahrt. Richard Benz studierte nach der Lehre an der Technischen Hochschule in München und trat dann in die väterliche Firma ein, vgl. Benz (1955). Wie bei Eugen Benz konnte auch über diese Studienzeit bisher kein Nachweis erbracht werden. In den Aktenunterlagen zu den Studierenden im historischen Archiv der Technischen Universität München ist sein Name nicht vorhanden (telefonische Auskunft vom 13.9.2010). Diese Akten sind nicht vollständig, doch erscheint der Name Richard Benz auch nicht in den gedruckten Studentenverzeichnissen, vgl. Personalstand (1884–1899), darin erscheint vom WS 1895/96 bis SS 1899 nur ein Leo Benz. Ich danke Herrn Dipl. Ing. Karl Hofmann dafür, dass er für mich diese Information ermittelt hat.

361 Foto „Arbeiter 1897", in: Archive der Daimler AG, Multimedia-Archiv, Datenbank M@rs (http://archives.daimler.com) Archivnummer C 22842.

362 Siehe oben Anm. 358.

363 Laut den Erinnerungen von Meister Ignaz Axtmann wurden schon im März 1891 die vorhandenen Dreirad-Motorwagen in Vierrad-Wagen umgebaut. Zitiert nach Siebertz (1950), S. 126, Anm. 42. Freiherr von Liebieg kaufte zum Weihnachtsfest 1892/93 einen der frühen Benz-Viktorias mit der Fabriknummer 76. Der Wagen befindet sich heute im Technischen Nationalmuseum in Prag. Siehe dazu http://www.meinevorfahren.de/liebieg_benz_victoria.htm (zuletzt besucht 21.10.2010), siehe auch Siebertz (1950), S. 126.

364 Siebertz (1950), S. 157.

365 Vgl. die Aussage von Matthias Bender in: Zeitgenossen von Carl Benz (1933).

366 Vgl. Siebertz (1950), S. 128f.

367 Wiederabgedruckt in: Mannheimer Tageblatt, Ostern 1933, Carl-Benz-Beilage S. 2, vorhanden in Archive der Daimler AG, Benz Bio 30/3.

368 Vorhanden in Archive der Daimler AG, Carl Benz, Ordner, Verschiedene Erinnerungen.
369 Unger (1967).
370 Vgl. dazu die Aussagen bei Rother (1998).
371 Diese Zahl wurde für das Jahr 1888 vom Statistischen Amt in Berlin ermittelt. Vgl. Lohnbewegung (1899).
372 Vgl. allgemein dazu Haubner (1998).
373 Marschner (1985).
374 Liebieg/Rahner (1938).
375 Hier und im Folgenden Liebieg/Rahner (1938), Aufstellung im Anhang: „Unsere Fahrt von Reichenberg nach Gondorf".
376 Benzreise (1894), S. 70.
377 Liebieg/Rahner (1938), S. 22.
378 Liebieg/Rahner (1938), S. 53 f.
379 Benzreise (1894), S. 21 f.
380 Siebertz (1950), S. 289, erzählt die Anekdote, dass ein neuer Arbeiter Carl Benz anfangs mit „Gude Morche, Herr Babbe" grüßte, weil die Arbeiter ihren Chef untereinander so titulierten; eine Anrede, die Carl Benz tagelang irritierte, bis er schließlich den Grund herausbekam.
381 Benzreise (1894), S. 21.
382 Benz (1925), S. 140 f.
383 Benzreise (1894), S. 23.
384 Benzreise (1894), S. 53.
385 Benzreise (1894), S. 54.
386 Benzreise (1894), S. 56 f.
387 Im gedruckten Reisebericht von 1938 sind an dieser Stelle zwei Bilder zu sehen (Liebieg/Rahner [1938], S. 98). Auf dem zweiten Bild, ebenfalls mit zwei „Viktorias", stehen die beiden Wagen hintereinander vor einem Haus, auf dessen Giebel der Schriftzug „Pension/Restauration zur Stiftsmühle" zu lesen ist. Es handelt sich um die Neuburger Stiftsmühle bei Heidelberg, ein bekanntes zeitgenössisches Ausflugslokal (vgl. historische Postkarte http://www.ansichtskarten-center.de/webshop/shop/ProdukteBilder/10097/AK_10047063_kl_1.jpg zuletzt besucht 1.11.2010), so dass dieses Bild von einem anderen Zusammentreffen stammen muss.
388 Liebieg/Rahner (1938), S. 98.
389 Siebertz (1950), S. 144 f., zu den Probefahrten.
390 Liebieg/Rahner (1938), S. 98.
391 Liebieg/Rahner (1938), S. 98 ff.
392 Laut Siebertz (1950), S. 189 Anm. 67, hat Bertha Benz ihr Wort gehalten. Allerdings kam sie erst im Jahre 1934 in Begleitung ihres Sohnes und ihres Arztes nach Reichenberg, um den ebenfalls schon bejahrten Baron zu besuchen.

393 http://www.meinevorfahren.de/liebieg_benz_victoria.htm (zuletzt besucht 18.11.2010).
394 Benz (1925), S. 109.
395 Benzreise (1894), S. 58.
396 Benzreise (1894), S. 59 (mit kolorierter Zeichnung); Liebieg/Rahner (1938), S. 101 f.
397 Siebertz (1950), S. 128.
398 Siebertz (1950), S. 139. Aus der Kleyerschen Fabrik entwickelten sich damals die Adler-Werke.
399 Siebertz (1950), S. 129.
400 Benz (1925) S. 132. Bestätigt wird diese Aussage von Baurat Nallinger, in: Zeitgenossen von Carl Benz (1933).
401 Siebertz (1950), S. 215; Haubner (2001), S. 36. Zwei Jahre später wurde übrigens die erste „Deutsche Automobilausstellung" in Berlin gezeigt.
402 Vgl. zu diesen Verbesserungen Siebertz (1950), S. 115–148.
403 Vgl. Zeitgenossen von Carl Benz (1933); Erinnerungen (1933).
404 Siebertz (1950), S. 290 f.
405 Siehe oben; Siebertz (1950), S. 149 ff., nennt die Namen Ignaz Axtmann, Matthias Bender, Franz Lipfert, Jean Pfanz, Jakob Schmidt, Oswald Spittler, Fritz Held, Fritz Erle und Hans Thum, den Carl Benz besonders gern hatte.
406 Souvestre (1907), S. 211.
407 Hier und im Folgenden Möser (2002), S. 31.
408 Vgl. das Kapitel: Dampf, Benzin oder Elektrizität. Die Konkurrenz der Systeme, in: Möser (2002), S. 52–63.
409 Vgl. die Artikelserie „Voitures sans chevaux", in: Petit Journal (1894), hier: Le Petit Journal, Nr. 11348 vom 20. Januar 1894; Nr. 11528 vom 19. Juli 1894 bis Nr. 11534 vom 26. Juli 1894, sowie „Le victoire du pétrol", Nr. 11535 vom 26. Juli 1894.
410 Petit Journal (1894), Nr. 11533 vom 24. Juli 1894.
411 Benzvertrieb (2008). Das Rennen fand am 14. Juni 1895 statt.
412 Benzvertrieb (2008).
413 Benz (1925), S. 39.
414 Mannheim und seine Bauten (1906), S. 651.
415 Diese Zahlen stammen aus „Mannheim und seine Bauten", 1906, S. 651 ff.; in dem Kapitel über die industriellen Anlagen der Stadt wird die Fabrik von Carl Benz nicht einmal erwähnt.
416 Wolf-Holzäpfel (2003), S. 16. Ich danke Herrn Harald Bauer für diesen Hinweis.
417 Trippmacher (1944).
418 Sie starb am 21. Juni 1914.
419 Der Roman erschien erstmals 1889. Vgl. hier und im Folgenden Hamann (2005).

420 Richter war schon seit 1876 Mitglied der „Internationalen Liga des Friedens und der Freiheit" gewesen und hatte als einziger deutscher Teilnehmer den ersten Weltfriedenskongress besucht, der 1889 in Paris zusammengetreten war. Vgl. Richter (1919).

421 Suttner (2008), S. 4.

422 Eigene Abschrift: Interview Bertha Benz zur Enthüllung der Gedenktafel in Ladenburg [1933], vorhanden in Archive der Daimler AG (Tondokumente aus dem Deutschen Rundfunkarchiv).

423 Eigene Abschrift: Interview Bertha Benz 90. Geburtstag (1939), vorhanden in Archive der Daimler AG (Tondokumente aus dem Deutschen Rundfunkarchiv).

424 Siebertz (1950), S. 152.

425 Brief von Bertha Benz an Dr. Stransky von 1925 [kurz vor dem Jahreswechsel]; eingeheftet am Ende von: Benzreise (1894).

426 Zeitungsfoto in: Geburtstag (1939).

427 Foto auf der Rückseite beschriftet mit: „Sonntagsausfahrt im 1894 bei Worms a/Rh. 1 Wagen Aug. Funk Mhm. 2 Wagen Carl Benz u. Frau 3 Wagen Fritz Held Mhm. u. Philipp Reiß Mhm." (die Datierungen auf den Fotos in den Ordnern des Stuttgarter Archives sind nicht immer vertrauenswürdig), in: Archive der Daimler AG, Carl Benz, Geschichte, Ordner IV; sowie in: Multimedia-Archiv, Datenbank M@rs (http://archives.daimler.com) Archivnummer C36133; vgl. auch das Foto mit Klara Benz auf einen der „ersten mit Pneumatikreifen montierten Benzwagen" auf einer Fahrt an der Bergstraße. Carl Benz folgt mit seiner Frau und seiner Tochter Ellen in einem Velo (laut Siebertz, S. 140, fuhren schon 1896 die ersten mit solchen Reifen ausgestatteten Wagen im Rennen Paris–Marseille–Paris erfolgreich mit), in: Archive der Daimler AG, Carl Benz, Geschichte, Ordner IV.

428 Das erste Warenhaus in Mannheim wurde im Jahr 1900 von Alfred Kander eröffnet. Ihm folgten wenig später die großen Warenhäuser von Schmoller und Wronker mit ihren imposanten Glasfassaden und einem umfassenden Sortiment an Stoffen und Bekleidungsstücken. Nieß (2007), S. 544 f.

429 Siebertz (1950), S. 146 f.

430 Eine Abbildung der vergrößerten Fabrik auf dem Briefkopf der Firma von 1899 befindet sich in Mercedes-Benz AG (1994), S. 13 (zum Vergleich siehe oben, Anm. 269 u. 270).

431 Siebertz (1950), hier und im Folgenden vgl. S. 173 ff.

432 Siebertz (1950), S. 174.

433 Das Todesdatum ist der 4. Juni 1900 in Mannheim, siehe Mercedes-Benz AG (1994), S. 282.

434 Siebertz (1950), S. 175 Anm. 27.

435 Siebertz (1950), S. 175 f., siehe auch Stadtarchiv Mannheim, Aufsichtsrat Copir-Buch Nr. 1, Benz u. Co. AG mit Beginn am 1. August 1899, Exzerpt aus den Einträgen S. 1: „Brief an Brecht von Max Rose" vom 8.1.1899: Prokurist Eugen Benz zeichnet gemeinsamt mit Jos. Brecht; Brecht erhält ein Gehalt von jährlich 4200 Mark und hat einen Vertrag auf fünf Jahre. S. 5: Brief an Eugen Benz von Max Rose; der Vertrag nennt als Aufgabe „Überwachung des technischen Büros und Vertretung der Direktion"; das Gehalt beträgt jährlich 3600 Mark, der Vertrag läuft ebenfalls über 5 Jahre.

436 Mercedes-Benz AG (1994), S. 280: Gründung am 15. April 1899, Eugen Benz war Mitbegründer und bis 1910 erster Präsident.

437 Der Motorwagen, Heft VII, II. Jg., 15. April 1900, S. 104.

438 Der Motorwagen, Heft IX, III. Jg., 15. Mai 1900, S. 134.

439 Es befindet sich weder in den Archiven der Daimler AG in Stuttgart noch in der ADAC-Bibliothek in München. Ich danke Herrn Rabus und Frau Sachsen-Coburg für diese Information.

440 Vgl. hier und im Folgenden Braunbeck (1925).

441 Die ältesten historischen Schnauferlbücher werden heute im Clubarchiv im Meilenwerk in Berlin aufbewahrt.

442 Stadtarchiv Mannheim, Nachlass Eßlinger und Rose, Nr. 13, Brief des Bürgermeisters an Max Rose vom 22. Juli 1899. Siebertz (1950), S. 177, berichtet, dass im Laufe des Jahres 1900 ein Gelände auf dem Luzenberg mit 311.180 qm für 202.369,51 Mark angekauft wurde.

443 Kruk/Lingnau (1986), S. 65.

444 Kruk/Lingnau (1986), S. 65.

445 Geschäftsbericht 1900/1901, zitiert nach Siebertz (1950), S. 178.

446 Siehe hier und im Folgenden: Bericht (1904).

447 HP = Horsepower. Bis etwa 1930 wurden Autotypen mit zwei Zahlen klassifiziert. Die erste Zahl waren Steuer-PS, eine reine Hubraumangabe, die nichts mit der Leistung zu tun hatte. Ein Steuer-PS waren 250 ccm Motorhubraum. Die zweite Zahl bezeichnete die auf dem Bremsprüfstand gemessene Leistung. Wenn eine dritte Zahl dazu kam, gab sie die kurzfristige Kompressorleistung an. Erklärung nach Möser (2002), S. 43.

448 Laut Siebertz (1950), S. 129, handelte es sich um einen französischen Ingenieur aus den Renault-Werken, der von Ganß eingestellt wurde.

449 Stadtarchiv Mannheim, Nachlass Eßlinger und Rose, Nr. 13, Zg. 28/2007 / Nr. 13. Laut Mercedes-Benz AG (1994), S. 45, schied Carl Benz mit Wirkung vom 24.1.1903 aus der Firma aus.

450 Mathilde Benz besuchte offensichtlich im Jahr 1899, also mit 17 Jahren, die Tanzstunde. In der Familie hat sich ein kleines silbernes Medaillon in Buchform an einer Silberkette erhalten, dessen Außenseite die Aufschrift „MB" und eine hellblaue Blume zeigt. Die Innen-

seite ist mit „Tanzstunde 1899" beschriftet. Für diesen Hinweis danke ich der Urenkelin von Bertha Benz, Renate Roscher, geborene Volk (E-Mail mit Foto vom 26.4.2010).

451 Brief von H. Hirsch, Direktion der „Rhenus Aktiengesellschaft für Schiffahrt und Spedition Basel", vom 12. Dezember 1936 an Herrn Direktor F. Muff, Mercedes-Benz Automobil A.-G. Zürich, in: Archive der Daimler AG, Benz Bio 12–15.

452 1 Cylinder: 25 verkauft, davon: 3 fertiggestellt, 1 abgeliefert, 21 annulliert; 2 Cylinder: 83 verkauft, davon 19 abgeliefert, 38 annulliert, 26 sind noch zu liefern; 4 Cylinder: 62 verkauft, davon 31 abgeliefert, 4 annulliert, 14 sind noch zu liefern; 35 PS Wagen: 22 verkauft, davon 5 geliefert, 3 annulliert, 14 sind noch zu liefern.

453 Mercedes-Benz AG (1994), S. 283. Julius Ganß starb am 12.6.1905 in Marienbad.

454 Anscheinend auf Wunsch von Max Rose, der sich um die fallenden Kurse der Benzaktien Sorgen machte. Siehe Besuch bei Eugen Benz (1956), S. 2.

455 Stadtarchiv Mannheim, Nachlass Eßlinger und Rose, Nr. 14, Zg. 28/2007 / Nr. 14, Schreiben vom 15. November 1907.

456 Stadtarchiv Mannheim, Nachlass Eßlinger und Rose, Nr. 13, Zg. 28/2007 / Nr. 13, Schreiben vom 24. Juni 1903.

457 Die genaue Adresse war Nikolai Weg Nr. 8. Das Haus, das heute nicht mehr existiert, wurde von Malermeister Carl Friedrich Mahr vermietet. Eine Kopie der polizeilichen Anmeldung hat Herr Harald Bauer den Archiven der Daimler AG zur Verfügung gestellt. Sie befindet sich im Ordner „Benz Bio 17". In der Anmeldung steht als Schlussbemerkung als Tag der Abmeldung der „25.3.1904 Ladenburg".

458 Ich beziehe mich auf Herrn Harald Bauer in Darmstadt, der seine Nachforschungen zu der Zeit der Familie Benz in Darmstadt in einem Vortrag – gehalten am 16. Mai 2009 aus Anlass des Jahrestreffens der MBIG (Mercedes-Benz Interessengemeinschaft) in Darmstadt – zusammengefasst hat. Die Veröffentlichung in der Vereinszeitschrift der IG ist geplant (http://www.mbig.de/). Ich danke ihm für seine Anregungen und Hinweise.

459 Stadtarchiv Mannheim, Nachlass Eßlinger und Rose, Schreiben von Dr. J. Rosenfeld, Rechtsanwalt, an Max Rose vom 8. Februar 1904: Darin heißt es, dass Carl Benz bei Rosenfeld war und über das Unternehmen gesprochen hat. Rosenfeld sei ermächtigt, Herrn Rose zu berichten. Er sei der Rechtsbeistand der ganzen Familie Benz.

460 Vgl. Siebertz (1950), S. 163: Der erste Rennwagen, der schon 70 Stundenkilometer lief, wurde in Mannheim 1899 gebaut.

461 Siehe dazu weiter unten.

462 Ich danke Frau Jutta Benz für den Hinweis auf die Brandwunde und das Internat in Luxemburg, siehe Leisner (25.10.2009), und Frau Marga Grimm über Herrn Dr. Werner Grimm für die Information, dass Ellen Benz manchmal Schwächeanfälle hatte, siehe Leisner (26.5.2010).

463 Für diesen Hinweis danke ich Herrn Dr. Werner Grimm, siehe Leisner (29.4.2010).

464 Zitiert nach Siebertz (1950), S. 183.

465 Siebertz (1950), S. 183.

466 Im Grundbuch von Ladenburg findet sich der Eintrag vom 17. Juni 1898 über von Carl Benz erworbenes Ackerland, Lagebuch Nr. 4069, mit einer Größe von 29 Ar und 55 qm. Darauf folgten weitere Ankäufe in derselben Gemarkung, ein 12. und 13. Grundstück kaufte Carl Benz noch am 1. und 4. Dezember 1903. Damit gehörte ihm der gesamte Bereich zwischen Bahnlinie, Ilvesheimer Straße und Waldstadter Straße. Mercedes-Benz AG (1994), S. 44; Seidel (2007), S. 80.

467 Mercedes-Benz AG (1994), S. 45.

468 Automobil-Welt (1903), Nr. 41, S. 1144.

469 Siebertz (1950), S. 183.

470 Siebertz (1950) S. 183; Mercedes-Benz AG (1994), S. 283.

471 Stadtarchiv Mannheim, Nachlass Eßlinger und Rose, Bericht an den Aufsichtsrat vom 23. Juni 1904 und Notiz über Barbarous Abfindung vom 9. März 1904, der zum 9. April mit einer Entschädigung von 6400 Mark das Werk verließ.

472 „Überhaupt liebt ‚Mutter Benz' Leben und Betrieb. Sie sagt: sie wäre selbst lieber in Mannheim wohnen geblieben.", zitiert aus Autofahrerin (1936).

473 http://media.daimler.com/dcmedia/0-921-1091285-49-816589-1-0-0-816651-0-0-11702-614318-0-1-0-0-0-0-0.html (zuletzt besucht: 23.11.2010).

474 Brief von Max Rose an Carl Benz aus dem Ostseebad Rauschen vom 6. 8.1904. Dr. Carl-Benz-Museum, Ladenburg, Ordner mit Archivalien.

475 Brief von Carl Benz an Max Rose vom 22.8.1904, in: Stadtarchiv Mannheim, Nachlass Eßlinger und Rose.

476 Mercedes-Benz AG (1994), S. 49.

477 Kaufvertrag, Kopie in: Archive der Daimler AG, Benz Bio 17. Acht Tage später wurde Bertha Benz in der Bescheinigung des Grundbucheintrags als Eigentümerin festgeschrieben. Im Kaufvertrag und in einem Notarvertrag vom 11. September 1908, der wegen einer Veränderung des Grundstücks ausgestellt wurde, wird sie dann mit der Bezeichnung „Fabrikant Carl Benz Ehefrau Bertha geb. Ringer dahier" als Eigentümerin aufgeführt. Da sie aber damals als Ehefrau Verträge nicht allein unterzeichnen durfte, musste Carl Benz mitunterschrei-

ben, damit die Verträge rechtskräftig wurden! Archive der Daimler AG, Carl Benz, Dokumente, Ordner II.

478 Vgl. den abfotografierten Plan des Hauses von 1877, in: Archive der Daimler AG, weiße Kiste: „Dokumente der Familie Benz u. a. Pläne Wohnhaus Ladenburg …" 1906–1910.

479 Dass der Name Benz in Mannheim lange Zeit keinen wirklich guten Klang hatte, zeigt ein Bericht mit dem Titel „Menschliches um Carl Benz" [o. J., wahrscheinlich 1986], S. 8: Darin erinnert sich die Frau des Gastwirts Ferdinand Schmitt, der gegenüber der Fabrik die Wirtschaft „Zum Automobil" besaß, dass sie ihre Söhne nicht zu Benz, sondern zur Firma Lanz in die Lehre gab. Der Grund war, dass man bei „dem Benz" nie gewusst habe, „ob er umme macht oder nit". In demselben Artikel wird auch erwähnt, dass Carl Benz nicht zu jenem Kreis gehörte, der im Juni 1907 zur „Hof-Tafel" im Mannheimer Schloss eingeladen wurde, obwohl dort alles versammelt war, was in der Stadt Rang und Namen hatte. Dazu passt auch, dass seine Fabrik nicht in dem Buch „Mannheim und seine Bauten" von 1906 erscheint, in dem die wichtigsten Fabrikbauten der Stadt aufgeführt sind, vgl. Mannheim und seine Bauten (1906).

480 Plan vom 22. März 1906, siehe Anm. 478.

481 Bertha Benz erhielt schon am 10. November 1906 eine Rechnung über Stuckarbeiten in ihrem Haus. Vgl. Dr. Carl-Benz-Museum Ladenburg, Ordner mit Archivalien. Wie auf dem historischen Foto bei Seidel (2007), S. 80, abgebildet, wurde der vorliegende Bauplan tatsächlich ausgeführt. Das Foto darunter zeigt dann einen späteren Zustand, bei dem das Dach über den Balkon ausgedehnt worden ist.

482 Insgesamt werden noch heute weitere Möbelstücke aus dieser Villa im Dr.-Carl-Benz-Museum in Ladenburg benutzt und bewahrt.

483 Ich danke dem Urenkel Herrn Dr. Werner Grimm für diese Information (Telefongespräch vom 29.10.2010).

484 Volk [ca. 1908], S. 5.

485 Hier und im Folgenden Volk [ca. 1908], S. 24, 31, 36, 39.

486 Dieser Marmorkopf hat sich im Besitz der Urenkelin Renate Roscher erhalten. E-Mail von Heiner Roscher vom 26. April 2010.

487 Autofahrerin (1936).

488 Vgl. zur Herkomer-Konkurrenz Oelwein (2005).

489 Ich danke Herrn Dr. Werner Grimm, dass er mir diese Erinnerung seiner Mutter Marga Grimm, geborene Volk, mitteilte; aufgeschrieben in Leisner (26.5.2010).

490 Diese Fahrt war anlässlich der internationalen Motorwagenausstellung in Berlin veranstaltet worden. Ein Erinnerungsblatt daran hängt im Dr.-Carl-Benz-Museum in Ladenburg.

491 Vgl. Siebertz (1950), S. 221.

492 Automobil-Welt, 1903, Nr. 47, S. 1144.

493 Vgl. die drei Fotos „Besuch Prinz Heinrich 1907“ in: Archive der Daimler AG, Ordner, Carl Benz, Verschiedene Erinnerungen; sowie ein weiteres Foto, ebd., Ordner, Carl Benz Fotos; siehe auch Siebertz (1950), S. 227.

494 Siebertz (1950), S. 154.

495 Geschehen am Sonntag, den 16 September, 1906. Erst drei Jahre später wurde die reichsweite Straßenverkehrsordnung eingeführt, die das Rechtsfahren vorschrieb; siehe dazu Möser (2002), S. 93. Ein Foto von diesem Unfall befindet sich in: Archive der Daimler AG, Benz Bio 23. Ich danke Herrn Dr. Karl-H. Kraft vom heimatkundlichen Arbeitskreis Möckmühl für die Überlassung der – einem Bericht in der Ladenburger Zeitung nachempfundenen – Beschreibung von Hildegard Kneis, Stadtarchiv Ladenburg, aus der hier zitiert wird.

496 http://www.jezza.de/index.php?option=com_content&task=view&id=59&Itemid=10 (zuletzt besucht 21.9.2010), siehe auch Siebertz (1950), S. 230.

497 Das Todesjahr steht auf der Rückseite eines Fotos mit der Beschriftung: „Großmutter Auguste Ringer geb. Kollmar Pforzheim, geb. 1822 gest. 1908“, in Archive der Daimler AG, Benz Bio 24/2.

498 Vgl. Adreßbuch der Stadt Pforzheim (1859–1925): hier diejenigen von 1893, 1895, 1897, 1898, 1902, 1907, 1908: Jeweils mit dem Eintrag „Ringer, Carl Fr., Zimmermeister, Wwe.“

499 Brief von Auguste Ringer an Bertha Benz vom 15. März 1905, Dr.-Carl-Benz-Museum, Ladenburg, Ordner mit Archivalien.

500 Ich danke Frau Angelika Marvin, Kalifornien, für diesen Hinweis. Sie ist die Ehefrau eines Urenkels von Emilie Rümelin geb. Ringer (E-Mail vom 5. November 2009).

501 Vgl. z. B. die Fotos bei Seidel (2007), S. 63 und 68, von Ausflügen der Familie zur Strahlenburg bei Schriesheim und nach Weinheim; siehe auch die Abbildung hier auf S. 179.

502 Brief von Auguste Ringer an Bertha Benz vom 18. Februar (Jahreszahl nicht lesbar), in: Dr.-Carl-Benz-Museum, Ladenburg, Ordner mit Archivalien.

503 Freundlicher Hinweis von Dr. Werner Grimm, Telefongespräch vom 29. April 2010.

504 Der Ehemann von Ellen Benz, Heinrich Perron, wurde am 28. Mai 1881 in Frankenthal geboren (vgl. den Stammbaum der Familie Benz. Familienforschung Pro Heraldica, in: Archive der Daimler AG, Benz Bio 25). Er war damit zwar knapp zehn Jahre älter als seine junge Frau, doch ist es sehr unwahrscheinlich, dass er 1899 als Achtzehnjähriger schon Aktionär und Mitglied des Aufsichtsrates der Firma Benz & Cie wurde. Bei dem letzteren muss es sich also um seinen Vater handeln.

505 Archive der Daimler AG, Benz Bio 23.

506 Ich danke der Urenkelin Frau Jutta Benz für diesen Hinweis, siehe: Leisner (25.10.2009).

507 Siebertz (1950), S. 185.

508 Siebertz (1950), S. 235.

509 Sauggasmotoren, von den Müllern oft wegen ihrer schwierigen Handhabung als „Saugasmotor" verballhornt, bildeten eine sehr billige Antriebskraft für Mühlen. Ihre Saugwirkung musste allerdings beim noch kalten Motor durch schweißtreibendes Ankurbeln in Gang gesetzt werden, dazu musste der Motor stets gut gekühlt werden. http://www.deutsche-muehlen.de/muehlenkunde/lexikon/r-u.htm; http://media.daimler.comdcmedia/0-921-1091285-49-816589-1-0-0-816651-0-0-11702-614318-0-1-0-0-0-0-0.html (beide zuletzt besucht 21.11.2011).

510 Insgesamt wurden etwa 350 Fahrzeuge bei C. Benz Söhne hergestellt. Diese waren sehr zuverlässig und wurden besonders in England gern als Taxen eingesetzt. Nachdem die Firma 1923 das letzte Fahrzeug hergestellt hatte, wurden im Folgejahr noch einmal zwei 8/25 PS-Fahrzeuge montiert, die Carl Benz als Privat- bzw. Geschäftswagen benutzte. Sie existieren heute noch. http://www.mercedes-benz.de/content/germany/mpc/mpc_germany_website/de/home_mpc/passengercars/home/passengercars_world/legend_and_history/personage/karl_benz.0006.html (zuletzt besucht 21.11.2010).

511 Diese Vermutung wird gestützt durch zwei gerahmte Fotos im Dr.-Carl-Benz-Museum, Ladenburg, mit der Beschriftung: „Zur Erinnerung an die Prinz-Heinrich-Fahrt 1908. Herr Richard Benz auf Benz mit Continental-Gleitschutz" und „Prinz-Heinrich-Fahrt 1909. Herr Richard Benz auf Benz Söhne mit Continental-Gleitschutz".

512 Zitiert nach Seidel (2007), S. 102, vgl. dazu auch Siebertz (1950), S. 204, Anm. 142.

513 Siehe Zeitungsanzeige (ohne Jahr) vom „Norddeutschen Automobilhaus G.m.b.H. in Berlin" mit den Köpfen der drei Besitzer von C. Benz Söhne, in: Dr. Carl Benz Museum, Ladenburg, Ordner mit Archivalien.

514 Mercedes-Benz AG (1994), S. 49.

515 Benz (1925), S. 144.

516 Brief von Herrn Fries an Carl Benz vom 26. März 1905, in: Dr. Carl Benz Museum, Ladenburg, Ordner mit Archivalien.

517 Sie war die erste Frau, die diesen Preis erhielt.

518 Suttner (1909), S. 15.

519 Sie ging an Julia Lanz, die Gattin des Landmaschinenfabrikanten Heinrich Lanz, die nach dem Tod ihres Mannes seinen Einsatz für die Arbeiter seiner Fabrik fortsetzte und nicht nur eine Stiftung, sondern

auch ein Krankenhaus errichtete. http://www.mannheim.de/tourismus-entdecken/chronik-stadt-mannheim-meilensteine-20-jahrhundert (zuletzt besucht 29.9.2010).

520 Ich danke der Urenkelin Frau Jutta Benz für diese Information, siehe Leisner (25.10.2009).

521 http://www.stahlgewitter.com/17_12_25.htm (zuletzt besucht 28.9.2010).

522 Stammbaum der Familie Benz, Pro Heraldica, Familienforschung Benz, in: Archive der Daimler AG, Benz Bio 25.

523 Ich danke Herrn Dr. Werner Grimm für diese Informationen, siehe: Leisner (26.5.2010).

524 Archive der Daimler AG, Carl Benz, Geschichte, Ordner IV.

525 Msschr. Brief von Dr. Ing. h.c. Carl Benz an das Mieteinigungsamt Ladenburg vom 27. April 1921 mit handschr. Nachtrag von Carl Benz, in: Archive der Daimler AG, Carl Benz, Geschichte, Ordner IV.

526 Die Urenkelin Frau Jutta Benz erinnert sich: „Die obere Etage war damals vermietet. Ganz oben haben die ‚Hausgeister' gewohnt. Das waren Arbeiter bei Benz und Söhne (es war Herr Bretzel und Familie). Der Rest war Speicher", siehe Leisner (25.10.2009).

527 Heinrich Unger war an Tuberkulose erkrankt und starb am 10. November 1922. Freundlicher Hinweis von Herrn Dr. Werner Grimm (Telefongespräch vom 29.11.2010); vgl. auch Stammbaum der Familie Benz, Pro Heraldica, Familienforschung Benz, in: Archive der Daimler AG, Benz Bio 25.

528 Hier und im Folgenden Kruk/Lingnau (1986), S. 79 f. und 107 ff.

529 Hdschr. Brief von Bertha Benz an ihre Tochter in Überlingen vom 5. Mai [1924], in: Archive der Daimler AG, Benz Bio 24.

530 Archive der Daimler AG, Protokolle des Interessengemeinschafts-Ausschuss bzw. -arbeitsausschuss, Sitzungen Nr. 1 vom 8. Mai 1924 – 31. März 1926, S. 2.

531 Urkunde vom 2. September 1899, in: Archive der Daimler AG, Carl Benz, Ordner IV.

532 Urkunde von 1905, in: Dr.-Carl-Benz-Museum, Ladenburg.

533 Gezeichnete Urkunde von 1905, in: Dr.-Carl-Benz-Museum, Ladenburg.

534 Die Ehrenmitgliedschaft ist mit dem 3. März 1908 datiert. Carl Benz dankte dem Verein in einem handschriftlichen Brief vom 13. März und bekam am 16. März die Bestätigung, dass er dem Verein beigetreten ist. Dr.-Carl-Benz-Museum, Ladenburg, Ordner mit Archivalien.

535 Urkunde vom 9. September 1909, Archive der Daimler AG, Carl Benz, Ordner IV.

536 „Und dann erzählt uns Frau Benz von den vielen Ehrungen, die Carl Benz zuteil geworden sind … Doch keine habe ihn so sehr gefreut,

keine habe ihn so sehr mit Stolz erfüllt, wie die E r n e n n u n g zum E h r e n d o k t o r ...", vgl. Pappel (1939); Urkunde der „Großherzoglichen Technischen Hochschule Fridericiana zu Karlsruhe" vom 4. Dezember 1914, in: Archive der Daimler AG, Carl Benz, Ordner IV.

537 http://www.baden-baden.mercedes-benz.de/content/germany/retailer-7/niederlassung_baden-baden/de/home/trucks/home/about_us/company/chronik_t17/grosse_traditon/internationales_automobilturnier.html (zuletzt besucht 23.11.2010); vgl. auch das Foto „Automobilturnier Baden-Baden 15. Juli 1923", in: Archive der Daimler AG, Ordner Carl Benz, Fotos.

538 Vgl. das am Schluss eingeheftete „Festprogramm zum 25jährigen Jubiläum des Allgemeinen Schnauferl=Clubs im Rahmen der Deutschen Verkehrsausstellung vom 11. bis 13. Juli 1925", in: Braunbeck (1925).

539 Unter den Archivalien im Dr.-Carl-Benz-Museum befindet sich ein Brief des Museumsdirektors von Miller vom 6. Juli 1925, in dem er Carl Benz persönlich mitteilt, dass das Museum „aus leicht ersichtlichen Gründen irgendwelche Museums-Gegenstände grundsätzlich" nicht ausleihen kann, jedoch „mit Rücksicht darauf, daß der hochgeschätzte und verdienstvolle Erfinder und Erbauer seinen Wagen selbst vorführt, ausnahmsweise" das Auto für die Korsofahrt zur Verfügung stellt.

540 So beginnt der Bericht im Mercedes-Benz Nachrichtenblatt Nr. 13 (1925).

541 ADAC-Motorwelt (1925), Heft 7, München, Juli, S. 3.

542 Vgl. die zwei Fotos „Korso München 1925, Karl Benz und sein Sohn Eugen", in: Archive der Daimler AG, Benz Bio 11. Dort auch weitere Bilder vom Münchener Aufenthalt. Auf diesen Bildern sind die beiden Wagen falsch mit 1891 und 1892 datiert.

543 Fotos befinden sich in: Archive der Daimler AG, Benz Bio 11; sowie ebd., Carl Benz, Geschichte, Ordner IV.

544 Neben den zahlreichen Fotos von diesem Ereignis gibt es in den Archiven der Daimler AG auch einen kurzen Film, der Carl Benz und seine Frau vor einer Limousine auf der Theresienwiese im Gespräch mit Besuchern zeigt. In: Archive der Daimler AG, „Clip_Bertha_Benz_1925_München".

545 Handschriftlicher Brief von Carl Benz an das Präsidium des Schnauferlclubs Berlin vom 19. Juli 1925, abgedruckt in: Einladung und Programm zum Schnauferltreffen 3.6.1978 in Schwetzingen. Kopie vorhanden in: Archive der Daimler AG, Benz Bio 32.

546 Elisabeth Trippmacher erzählte 1939 aus ihrer Erinnerung über Carl Benz: Wie „tief konnte er sich über die Ehrungen, die den Weg am Abend seines Lebens zu ihm fanden, freuen und wiederholt sagte er uns: ‚S p ä t a b e r d o c h ... !'" Trippmacher (1939).

547 Verlagsvertrag von Karl Volk in Überlingen unterschrieben am 24. Januar 1925, in: Archive der Daimler AG Benz Bio 24; Karl Volk hatte nicht nur durch das kleine Reisebuch von 1908, sondern auch durch sein „Geologisches Wanderbuch" (Volk [1915]) Erfahrung mit der Buchpublikation. Aus dem Vertrag geht außerdem hervor, dass Karl Volk damals an einer Geschichte des Automobils schrieb, die allerdings nie veröffentlicht wurde. Laut Vertrag sollte er es jedenfalls übernehmen, in diesem Werk „die Abschnitte über Karl Benz so zu gestalten, dass sie möglichst wenig konkurrierend, sondern vielmehr fördernd für den Absatz der Lebenserinnerungen wirken."

548 Brief von Bertha Benz an Thild Volk, ohne Datum, in: Archive der Daimler AG, Benz Bio 24.

549 Brief und Umschlag mit der Adresse „Mme E. Ruemelin, 809 N Sheridan, Tacoma, Wash." Poststempel Tacoma 1926 (digitalisiert), in: Archive der Daimler AG, CD mit Archivalien aus dem Besitz von Herrn A. Richter.

550 Brief von Emilie Rümelin an Bertha Benz vom 12. Oktober 1926 (digitalisiert), in: Archive der Daimler AG, CD mit Archivalien aus dem Besitz von Herrn A. Richter, S. 155.

551 Das Buch verkaufte sich in den folgenden Jahren immer schlechter. 1932 sollte die Restauflage in einer billigen Ausgabe in Pappdeckeln verramscht werden, was Karl Volk allerdings nicht zuließ. Nach 1933 gab es dann noch eine von Thild Volk verantwortete Neuauflage. Vgl. den Verlagsbriefwechsel in Archive der Daimler AG, Benz Bio 24.

552 8. Juli 1926 Ehrenmitgliedschaft im Liederkranz Ladenburg; 20. November 1926 Ehrenmitgliedschaft der Freiwilligen Feuerwehr Ladenburg, beide Urkunden in: Archive der Daimler AG, Carl Benz, Geschichte, Ordner IV; 26. November 1926 Ehrenbürger der Stadt Ladenburg, Erwähnung im Nachruf, der ausgestellt ist im Dr.-Carl-Benz-Museum, Ladenburg; 1927 Ehrenmitgliedschaft im Athletik-Sportverein Ladenburg, Urkunde, in: Archive der Daimler AG, Carl Benz, Geschichte, Ordner IV; 29. November 1928 Ehrenmitgliedschaft Gewerbeverein Ladenburg, Urkunde in: Archive der Daimler AG, Carl Benz, Geschichte, Ordner IV.

553 Urkunde, in: Archive der Daimler AG, Carl Benz, Geschichte, Ordner IV.

554 Elisabeth Trippmacher berichtete dazu, dass Carl Benz am Abend des Besuchs sagte: „So war auch ich, als ich jung war – alle Hindernisse im Sturm genommen." Trippmacher (1929).

555 Foto „Dr. Carl Benz mit Familie und Freunden vor seiner Villa in Ladenburg", in: Archive der Daimler AG, Benz Bio 17.

556 Vgl. dazu den ausführlichen Bericht unter http://akakraft.sbaron.de/wiki/index.php/Chronik_25-44 (zuletzt besucht 23.11.2010).

557 Foto: Carl Benz sitzend mit Stock vor der Freitreppe der Ladenburger Villa 1928/29, in: Archive der Daimler AG, Carl Benz, Ordner, Fotos; vgl. auch Porträtfoto Carl Benz um 1928/29, in: Archive der Daimler AG, Carl Benz, Geschichte, Ordner IV.

558 Vgl. Huldigungsfahrt (1929); es gibt dazu auch einen Anstecker: „Dr. Carl Benz Huldigungsfahrt Ostern 1929 Rheinischer Automobilclub Mannheim", Foto in: Archive der Daimler AG., Ordner, Carl Benz, Geschichte IV.

559 Foto: „Karl Benz – Aufbahrung in seinem Haus in Ladenburg am 7.4.1929" (Foto-Nr. H 1611, unter der selben Foto-Nr. befindet sich auch ein Bild mit geschlossenem Sarg), vorhanden in: Archive der Daimler AG, Benz Bio 10 (Foto mit geschlossenen Sarg ist auch vorhanden in: ebd., Carl Benz, Geschichte, Ordner IV).

560 Anscheinend war dieser noch in seiner Ausbildung befindliche Geistliche gerade als Aushilfe in Ladenburg anwesend. Laut dem Bestattungsbuch der Evangelischen Kirchengemeinde in Ladenburg hat er wenigstens einen Monat lang in der Stadt gearbeitet, da er schon vorher am 3., 4. und 5. März sowie am 5., 7.,11. und 12. April als Geistlicher bei Bestattungen verzeichnet ist. Ich danke der evangelischen Kirchengemeinde für diese Auskunft.

561 Benz Begräbnis (1929).

562 Kondolenzschreiben „Der Reichspräsident, Berlin, den 4. April 1929", in: Archive der Daimler AG, Carl Benz, Geschichte, Ordner IV.

563 Ella, die Tochter von Klara Unger, heiratete am 28. Juni 1926 in Frankenthal den Ingenieur Wilhelm Schreiber und brachte am 6. Oktober 1927 ihren ersten Sohn Heinrich zur Welt. Vgl. den Stammbaum der Familie Benz, in: Archive der Daimler AG, Benz Bio 25.

564 Vgl. dazu die unbeschrifteten Fotos dieses Zimmers, in: Archive der Daimler AG, Carl Benz, Geschichte, Ordner IV.

565 Foto „Berta Benz, 90. Geburtstag. 3.5.1939 in Ladenburg", in: Benz Bio 20/2. Siehe Abbildung auf S. 248.

566 Christ (1942).

567 Ich danke Herrn Dr. Werner Grimm für diese mündliche Information, siehe: Leisner (29.4.2010).

568 Am 23. November 1928; die Informationen zu Mannheims Geschichte hier und im Folgenden sind den Angaben entnommen, die unter http://chronikstar.mannheim.de/index.php unter den Suchbegriffen „1929", „1930", „1931", „1932", „1933" zu finden sind (zuletzt besucht 15.10.2010).

569 DaimlerChrysler (2000), siehe die Jahre 1930 bis 1932.

570 Kruk/Lingnau (1986), S. 133.

571 http://chronikstar.mannheim.de/index.php, Suchbegriff: 1933.

572 In einem Zeitungsbericht anlässlich der Mannheimer Benzwoche von 1933 steht allerdings über Bertha Benz zu lesen: „Mit einer grenzenlosen Verehrung sprach diese Frau von dem Führer Deutschlands … ‚Wissen Sie, ich denke jetzt wie eine Mutter für ihren Sohn! Weshalb soll dieser große Mann, der in den letzten Monaten und Jahren so viel geleistet hat, nicht auch seine Osterfeier haben, s e i n e E r h o l u n g. Ich hätte mich außerordentlich gefreut, wenn Herr Hitler nach Mannheim oder gar nach Ladenburg gekommen wäre, aber ich wünsche ihm Ruhe, daß er nachher seine Kraft wieder im Dienst am ganzen Volke einsetzen kann!'", aus: Unterredung (1933).

573 Vgl. http://chronikstar.mannheim.de/index.php, Suchbegriff 1929.

574 Gedruckte Einladung zur Enthüllungsfeier, in: Archive der Daimler AG, Benz Bio 30.

575 Plan der Aufstellung bei der Enthüllungsfeier, in: Archive der Daimler AG, Benz Bio 29.

576 Benzfeiertage (1933).

577 Kissel (1933), S. 3f.

578 Bis dahin war Carl Benz der einzige Ehrenbürger Ladenburgs gewesen. An diesem Tag wurde nicht nur Bertha Benz auf diese Weise geehrt, sondern auch „der greise Herr Reichspräsident von Hindenburg" und „der Volkskanzler und Führer der Nation Adolf Hitler", siehe Benzfeiertage (1933).

579 Eigene Übertragung der mp3-Datei mit der Rundfunkansprache von Bertha Benz aus Anlass der Enthüllung der Gedenktafel an ihrem Wohnhaus am 14. März 1933, vorhanden in: Archive der Daimler AG (erhalten im Deutschen Rundfunkarchiv).

580 Benz (1933).

581 Denkmal (1933).

582 Schnauferlbuch (1921–1967), Vorblatt zu den Unterschriften vom 16. April 1933. Ich danke Herrn Florian Geysenheimer vom Schnauferlclub Berlin für die Übersendung von Fotos aus diesem Schnauferlbuch.

583 Mschr. Abschrift eines hschr. Briefes von Bertha Benz an Wilhelm Kissel vom 28. Dezember 1933, in: Archive der Daimler AG, Akte Kissel, Personal, Soziales; ein weiterer handschriftlicher Dankesbrief an Generaldirektor Kissel ist mit dem Eingangstempel 12. Mai 1934 erhalten und ebenfalls mit „Mit deutschem Gruß Heil Hitler! Frau Bertha Benz" unterschrieben, in: Archive der Daimler AG, Benz Bio 20/1.

584 Schreiben von Wilhelm Kissel an Abteilungsleiter Carl Werner in Mannheim vom 22. September 1933, in: Archive der Daimler AG, Akte Kissel, Personal, Soziales 13.29.

585 Mutter Benz (1934).

586 Schreiben von Wilhelm Kissel an den Präsidenten der Industrie- und Handelskammer Karlsruhe vom 18. Juli 1935, in: Archive der Daimler AG, Akte Kissel, Personal, Soziales.

587 Schreiben von Kissel an Bertha Benz vom 3. Mai 1936, in: Archive der Daimler AG, Akte Kissel, Personal, Soziales.

588 Schreiben von Carl Werner an Wilhelm Kissel vom 7. Januar 1939, in: Archive der Daimler AG, Akte Kissel, Personal, Soziales.

589 Gedruckte Einladung zur „Ehrung von Frau Bertha Benz anläßlich ihres 90. Geburtstages am 3. Mai 1939 in Ladenburg", in: Archive der Daimler AG, Benz Bio 20/2. Dort sind weitere Unterlagen zu dieser Feier vorhanden, unter anderem auch die gedruckte Rede zu ihrem Geburtstag (Kissel [1939]).

590 mp3-Datei: „Stuttgarter Reichssender, Interview zum 90. Geburtstag von Bertha Benz in Ladenburg", vorhanden in: Archive der Daimler AG (aus dem Deutschen Rundfunkarchiv).

591 Vgl. Ehrentag a (1939) und Ehrentag b (1939).

592 Hschr. Brief von Bertha Benz und Klara Unger an Thild Volk von 1942, im Besitz des Urenkels Dr. Werner Grimm, Überlingen. Ich danke ihm, dass er mir diesen Brief zugänglich gemacht hat.

593 Die Zahl der Toten dieser Nacht betrug 414 Personen, die der Verletzten 2279, vgl. http://chronikstar.mannheim.de/index.php, Suchbegriff Luftangriff.

594 Vgl. den Stammbaum der Familie Benz. Familienforschung Pro Heraldica, in: Archive der Daimler AG, Benz Bio 25.

595 Foto: „Feier des 93. Geburtstages von Frau Berta Benz am 3.5.1942 in Ladenburg. Rechts neben der Jubilarin Herr Direktor Werner"; Foto: „Feier des 93. Geburtstages von Frau Berta Benz am 3.5.1942 in Ladenburg. Frau Berta Benz mit ihren beiden Söhnen", beide in: Archive der Daimler AG, Benz Bio 20/3.

596 Informations-Unterlagen der Literarischen Abteilung der Daimler-Benz Aktiengesellschaft, Stuttgart-Untertürkheim 13. Mai 1944, an die Fachpresse im In- und Ausland versandt, in: Archive der Daimler AG, Benz Bio 20/3.

Quellen und Literatur

1. Quellen

„Archive der Daimler AG“ in Stuttgart
Benz Bio 10, 1929 – 1980, Carl Benz „Tod und Begräbnis“
Benz Bio 11, 1863–1929, Carl Benz „Fotos“
Benz Bio 12–15, 1860–1938, Carl Benz „Beruflicher Werdegang“
Benz Bio 14, 1875–1965, Carl Benz „Geschäftliche Beziehungen“
Benz Bio 15, Carl Benz „Notizen“
Benz Bio 16, 1886–1976 Carl Benz „Genehmigungen für Probe- und Ausfahrten/Presseberichte“
Benz Bio 17, 1870–1982 Carl Benz „Wohnungen in Mannheim“
Benz Bio 19/1 1921–1989 Carl Benz „Carl-Benz-Haus Ladenburg“
Benz Bio 20/1, 1849–1944, Bertha Benz „Biographisches“
Benz Bio 20/2, Bertha Benz „1849–1944, 90. Geburtstag“
Benz Bio 20/3, Bertha Benz „1849–1944, Geburtstage und Tod“
Benz Bio 22/3, 1900–1992, „Dokumentation Gedächtnisfahrt 1900“
Benz Bio 23, 1873–1973 „Söhne und Töchter“; darin: Daten-CD mit Archivalien „Familie Benz“
Benz Bio 24/1, „Nachlass Thild Volk“
Benz Bio 24/2, „Nachlass Thild Volk“
Benz Bio 25, „Familienforschung Benz“
Benz Bio 26, 1915–1980 „Zeitungsausschnitte u. verschiedene Manuskripte“
Benz Bio 28, 1906–1986 „Ehrungen“
Benz Bio 29, 1933–1986 „Denkmäler und Gedächtnisstätten“
Benz Bio 30/1–3, Ostern 1933 „Benz-Woche Mannheim“
Carl Benz, Dokumente, Ordner I
Carl Benz, Dokumente, Ordner II
Carl Benz, Geschichte, Ordner III „Velociped / Benzwagen 1887–1900“
Carl Benz, Geschichte, Ordner IV „Carl Benz – Bertha Benz – Eugen Benz – Benz und Söhne – Benz u.co. – Diplome – Urkunden“
Carl Benz, Ordner „Notizen“
Carl Benz, Ordner, Fotos
Ordner: Verschiedene Erinnerungen, Benz-Woche Ostern 1933 / Bekannte Personen auf Benzwagen / Werbefotos / Veröffentlichungen / Austellungen
Carl Benz, weiße Kiste mit Archivunterlagen: „Dokumente der Familie Benz u. a. Pläne Wohnhaus Ladenburg, Wanderbuch Johann Georg Benz, Diskussion zum Begriff Otto Motor, Mitarbeiter Benz u. Cie 1906–1910“
Akte: Kissel, Personal Soziales 13.29

Benzreise 1894 L. [iebig], T.[heodor] v.[on]: Benzreise 1894. Gebundenes, handgeschriebenes Buch mit zahlreichen Zeichnungen und Fotos. [Reichenberg 1894]. Original (Digitalisierte Kopie im Besitz der Verfasserin)

Ton- und Filmdokumente

Tondokumente aus dem Deutschen Rundfunkarchiv im Besitz der Archive der Daimler AG:

Ansprache Bertha Benz zur Einweihung Benz Denkmal

Ansprache Direktor Kissel zum 90. Geburtstag Bertha Benz

Interview Bertha Benz 90. Geburtstag

Interview Bertha Benz zur Enthüllung der Gedenktafel in Ladenburg

Interview Eugen und Bertha Benz

Videoclip (Bestand Archive Daimler AG)

Clip_Bertha_Benz _1925_ München (Mercedes-Benz, Classic Archive)

Dr. Carl-Benz-Museum Ladenburg

Mehrere Ordner mit Archivalien (Diese Archivalien werden zur Zeit mithilfe des Mannheimer Stadtarchives katalogisiert und neu geordnet, so dass hier leider keine genaueren Standortangaben gemacht werden können.)

Stadtarchiv Mannheim

Elektronische Bildersammlung

Ev. Kirchengemeinde Mannheim, Konvolut

Pfandbuch Mannheim, Band 63, Band 72 und Band 73

Polizeiliche Anmeldung in Mannheim (digitalisierte Anmeldebögen)

Aufsichtsrat Copir-Buch Nr. 1, Benz u. Co. AG, mit Beginn am 1. August 1899 (Zg. 28'2007/Nr. 12)

Nachlass Eßlinger und Rose, Nr. 13, Zg. 28/2007 / Nr. 13

Stadtarchiv Pforzheim

Bauakte „Untere Ispringer Str. 11“

Akte: Höhere Töchterschule

Akte: Geschichte der städt. Höheren Töchterschule zu Pforzheim / Festschrift zum 50. Jubiläum 1899

Pforzheimer Beobachter, Jg. 1869, 1870, 1871

Archiv des Allgemeinen Schnauferlclubs, Berlin, Meilenwerk

Schnauferlbuch, Band 2 vom 26. September 1921 bis zum Jahre 1967

2. Literatur

ADAC-Motorwelt (1925) ADAC-Motorwelt, Monatsschrift zum „ADAC-Sport“ dem offiziellen Organ des Allgemeinen Deutschen Automobil-Clubs e. V., München.

Adreßbuch der Stadt Pforzheim (1859–1925) Adreßbuch der Stadt Pforzheim. Einschl. der Stadtteile Brötzingen u. Dillweißenstein. Pforzheim: Riecker (1859–1925).

Ahn/Oehlschläger (1862) Praktischer Lehrgang zur schnellen und leichten Erlernung der Französischen Sprache. Erster Cursus. Köln (Dumont-Schauberg) 1862, 128. Auflage.

Autofahrerin (1936) „Die erste Autofahrerin der Welt erzählt. Besuch bei Frau Benz. Zur Automobil-Ausstellung vom 15.II. bis 1.III. 1936“, in: Berliner Hausfrau, Jg. Nr. 20, 13. Februar 1936.

Automobilbau (1933) 3 PS erobern die Welt. Anfang und Aufstieg des Automobilbaus. In: Mannheimer Tageblatt, Carl-Benz-Beilage Ostern 1933, vorhanden in: Archive der Daimler AG, Benz Bio 30/ 3.

Automobil-Welt (1903) Automobil-Welt: Illustrierte Zeitschrift f. d. Gesamtinteressen des Automobilwesens. Berlin : 1. 1903.

Barthel/ Lingnau (1986) Barthel, Manfred; Lingnau, Gerold: 100 Jahre Daimler-Benz. Die Technik. Mainz, v. Hase & Koehler 1986 (digitalisiert: http://www2.daimler.com/mediasite/ebooks/100_jahre/index.php?bn=100+Jahre+Daimler-Benz+-+Die+Technik&cp=6&dll=http%3a%2f%2fmedia.daimler.com%2fProjects%2fc2c%2fchannel%2fdocuments%2f1657704_100_Jahre_Daimler_Benz_Die_Technik.pdf, zuletzt besucht 30.11.2010).

Bayernspiegel Bayernspiegel. Zeitschrift der bayerischen Einigung und bayerischen Volksstiftung / Verein zur Pflege Bayerischen Heimat- und Staatsbewusstseins. München, Bayerische Einigung e. V., erschienen ab 1960.

Bechtel (1857) Bechtel, Johann Friedrich (Hrg.): Der Katechismus für die evang.-protest. Kirche im Grossherzogtum Baden. Karlsruhe 1857.

Benz (1925) Benz, Carl: Lebensfahrt eines deutschen Erfinders. Erinnerungen eines Achtzigjährigen. Leipzig: Koehler & Amelang 1925.

Benz (1933) Carl Benz. Sonderbeilage zur Weltfeier des Automobilismus in Mannheim. Ostern 1933. Mannheimer Tageblatt, vorhanden in: Archive der Daimler AG, Benz Bio 30/1–3.

Benz (1955) Schnauferl-Kaleidoskop: Richard Benz – 80 Jahre, in: Das Schnauferl Nr. 10, Oktober 1954. Zeitungsausschnitt vorhanden in: Archive der Daimler AG, Benz Bio 22.

Benz Begräbnis (1929) Carl Benz letzter Gang. Das Begräbnis des Schöpfers einer großen Industrie, in: Mannheimer Tageblatt, 8.3.1929, vorhanden in: Archive der Daimler AG, Benz Bio 10.

Benzfeiertage (1933) Mannheimer Benzfeiertage: Enthüllung einer Gedenktafel am Benz-Hause in Ladenburg, in: Mannheimer Tageblatt Ostern 1933, vorhanden in: Archive der Daimler AG, Benz Bio 20.

Benzreise (1894) L.[iebig], T.[heodor] v.[on]: Benzreise 1894. Gebundenes, handgeschriebenes Buch mit zahlreichen Zeichnungen und Fotos [Reichenberg 1894], vorhanden in: Archive der Daimler AG, Glasvitrine im Flur.

Benzvertrieb (2008) 1888: Start des Benz-Vertriebs im In- und Ausland, Stuttgart/Mannheim. Internetartikel auf: http://media.daimler.com/dcmedia/0-921-614822-49-1042532-1-0-0-0-0-0-11701-614318-0-1-0-0-0-0-0.html (zuletzt besucht 18.11.2010).

Bericht (1904) Vertraulicher Bericht an die Mitglieder des Aufsichtsrates vom 14. Sept. 1904, mschr., in: Stadtarchiv Mannheim, Nachlass Eßlinger und Rose, Nr. 13, Zg. 28/2007 / Nr. 13.

Besuch bei Eugen Benz (1956) „Besuch bei Eugen Benz am 13. April 1956", msschr. Manuskript, in: Archive der Daimler AG, Benz Bio 23.

Boch (2001) Boch, Rudolf (Hrg.): Geschichte und Zukunft der deutschen Automobilindustrie. Tagung im Rahmen der „Chemnitzer Begegnungen" 2000. Stuttgart 2001.

Braunbeck (1910) Braunbeck's Sportlexikon. Automobilismus. Motorbootwesen. Luftschiffahrt. Berlin 1910.

Braunbeck (1925) Braunbeck, Richard: Die Geschichte des „Allgemeinen Schnauferl-Clubs", in: Allgemeiner Schnauferl-Club. Gesellige Autler-Vereinigung unter dem Protektorat S. K.M. Prinz Ludwig Ferdinand v. Bayern. Festschrift 1900–1925 zur Feier seines fünfundzwanzigjährigen Bestehens. Juli 1925.

Campe (1804) Campe, Joachim Heinrich: Kleine Seelenlehre für Kinder: zur allgemeinen Schulencyklopädie gehörig. 6. verbesserte Auflage, Braunschweig 1804.

Christ (1942) Christ, August: Zum 93. Geburtstag unserer „Mutter Benz", in: [Infoblatt]. Allgemeiner Schnauferl-Club. Traditionslandesgruppe Baden-Saarpfalz-Hessen E. V., Mannheim, den 8. Juli 1942, vorhanden in: Archive Daimler AG, Carl Benz Geschichte, Ordner IV.

Czeike (1993) Czeike, Felix: Historisches Lexikon: Wien, Band 2. Wien 1993.

DaimlerChrysler (2000) DaimlerChrysler (Hrg.): Illustrierte Chronik der Daimler-Benz AG und ihrer Vorgängerfirmen 1883–1998. 3. Auflage, Stuttgart 2000 (Als e-book verfügbar unter: http://www2.daimler.com/mediasite/ebooks/die_chronik/index.php?bn=Daimler-Benz+-+Die+Chronik&cp=4&dll=http%3a%2f%2fmedia.daimler.com%2fProjects%2fc2c%2fchannel%2fdocuments%2f1671083_Die_Chronik_kleinere_Dateigr____e.pdf, zuletzt besucht 29.11.2010).

Denkmal (1933) Frau Benz und das Denkmal für ihren Mann, in: Motor Post Nr. 17 vom 29.4.1933, Zeitungsausschnitt vorhanden in: Archive der Daimler AG Benz Bio 30/3.

Der Motorwagen Der Motorwagen. Zeitschrift des mitteleuropäischen Motorwagen-Vereins. Hier: III. Jg., 1900.

Dingler Dingler, Joh. Gottfr.: Dinglers polytechnisches Journal (erschienen ab 1820). Die digitalisierte Zeitschrift kann bei der Sächsischen Landesbibliothek Dresden eingesehen werden: http://digital.slub-dresden.de/sammlungen/kollektionen/projekt-dinglers-polytechnisches-journal-3/nachTitel/?type=0&cHash=56de61b1fc.

Direktion (1863) Direktion (Hrg.): Programm der Höhern Töchterschule in Pforzheim. Pforzheim 1863, vorhanden in: Stadtarchiv Pforzheim, Höhere Töchterschule.

Doerschlag Dienst (1943) Der Doerschlag Dienst Nr. 3271 vom 30.4.1943, vorhanden in: Archive der Daimler AG, Benz Bio 23.

Dörrer (1934) Dörrer, Rochus: Zwei Deutsche Pioniere der Technik. Im Gespräch mit Frau Dr. Benz. Erinnerungen an den Erfinder, in: N. N., Jg. 1934, vor dem 16.3.1934, Original vorhanden in: Archive Daimler AG, Benz Bio 26.

Dörrer (1976) Der Dorfschulbub und der Autoerfinder, in: Sindelfinger Zeitung, Jg. 1976, 16.7.1976.

Dressler (1989) Dressler, Susanne: Der Österreichische Eisenbahnbau von den Anfängen bis zur Wirtschaftskrise des Jahres 1873, in: Gutka/Bruckmüller (1989), S. 74–86.

E. L. (1933) Frau Bertha Benz. Gattin und Helferin, in: Neue Badische Landes=Zeitung, Jg. 1933, Morgenausgabe Nr. 192, S. 8, 16.4.1933.

eh. (1933) Die Weltehrung für Carl Benz. Feierliche Enthüllung der Gedenktafel in Ladenburg, in: Deutsche Automobil Zeitung, Jg. 1933, Ausgabe 177/78, 16.4.1933.

Ehrentag a (1939) Der Ehrentag für „Mutter Benz“. Gratulanten aus dem ganzen Reich im festlichen Ladenburg/ Reichminister Ohnesorge, Staatsrat von Stauß, Innenminister Pilaumer und Bürgermeister Dr. Walli in der Villa Benz. Eigener Bericht des „Hakenkreuzbanner“, in: Hakenkreuzbanner Mannheim, Jg. 1939, 4.5., vorhanden in: Archive der Daimler AG, Benz Bio 20/2.

Ehrentag b (1939) Der Ehrentag für Frau Bertha Benz, in: Cottbuser Anzeiger, 5.5.1939, vorhanden in: Archive der Daimler AG, Benz Bio 20/2.

Eigenbrodt (1925) Eine Historische Erinnerung, Brief von Dr. Ing. Eigenbrodt, Oberingenieur Berlin, vom 12.11.1925, veröffentlicht in: Mercedes-Benz Nachrichtenblatt. Daimler Motoren Gesellschaft Stuttgart-Untertürkheim, Benz & Cie., Mannheim Rheinische Automobil und Motorfabrik A.G Nr. 7 vom 1.2.1925, S. 7.

Eintracht-Frohsinn (1975) Festschrift: „Jubiläum 125 Jahre 1975 MGV Eintracht-Frohsinn Pforzheim", Pforzheim 1975.

Elis (2010) Elis, Angela: Bertha Benz. Mein Traum ist länger als die Nacht. Wie Bertha Benz ihren Mann zu Weltruhm fuhr. Hamburg 2010.

Erinnerungen (1933) Erinnerungen an Carl Benz. Zur Denkmalsweihe in Mannheim. Zwei Weggenossen erzählen, in: Neue Badische Landeszeitung, Ostern 1933, Beilage, vorhanden in: Archive der Daimler AG, Benz Bio 30/3.

Erle/Ostwald (1937) Erle, Fritz; Ostwald, Wa.: Ein Bahnbrecher der Kraftfahrt, in: Rundschau Technischer Arbeit, Jg. 1937, Ausgabe 8, 24. 2. 1937, S. 5.

Fees (1899) Fees, Ph.: Geschichte der Städtischen Höheren Töchterschule zu Pforzheim. Festschrift zur Feier des 50jährigen Bestehens der Anstalt. 1849–1899. Pforzheim 1899. In: Stadtarchiv Pforzheim, Akte: Geschichte der städt. Höheren Töchterschule zu Pforzheim/Festschrift zum 50. Jubiläum 1899.

Fernfahrt (1933) Die Fernfahrt nach Pforzheim. Ausgeführt von Frau Benz und ihren Söhnen, in: Neue Badische Landes=Zeitung, Jg. 1933, Sonntag 16.4. 1933, vorhanden in: Archive der Daimler AG, Benz Bio 30/3.

Festschrift (1928) Festschrift zum vierzigjährigen Bestehen des Vereins Deutscher Fahrrad-Industrieller e.V. 1888–1928, Berlin: Selbstverlag 1928.

Franke (1859) Franke, E.: Die Chemie der Küche für Töchterschulen, sowie zum Selbstunterrichte. Eisleben 1859.

Geburtstag (1939) „Berta Benz – zum 90. Geburtstag. Eine Huldigung an die Gattin des großen Erfinders." Zeitungsartikel [Herkunft unbekannt], vorhanden in: Archive der Daimler AG, Benz Bio 20/2.

Grimm Wörterbuch (1877) Grimm, Jakob; Grimm, Wilhelm: Deutsches Wörterbuch. Hrg. von der Berlin-Brandenburgischen Akademie der Wissenschaften und der Akademie der Wissenschaften zu Göttingen. Band 10. Basel 1877.

Gundler/Engelskirchen (2005) Gundler, Bettina; Engelskirchen, Lutz: Unterwegs und mobil. Verkehrswelten im Museum. München 2005.

Gutka/Bruckmüller (1989) Gutka, Karl; Bruckmüller, Ernst: Verkehrswege und Eisenbahnen, Wien 1989.

Hamann (2005) Hamann, Brigitte: Festrede. Bertha von Suttner. A Life for Peace, in: Bundesministerium für auswärtige Angelegenheiten. Kulturpolitische Sektion: Bertha von Suttner. Ein Leben für den Frieden 12 / 2005, S. 23–31. http://www.oesterreich-bibliotheken.at/img/Publikation-BvS1601.pdf (zuletzt besucht 8.7.2010).

Haubner (1998) Haubner, Barbara: Nervenkitzel und Freizeitvergnügen. Automobilismus in Deutschland 1886–1914. Göttingen 1998.

Haubner (2001) Haubner, Barbara: Automobilismus im Kaiserreich. Auftakt zur Massenmotorisierung oder Freizeitvergnügen für Wohlhabende, in: Rudolf Boch (Hrg.), Geschichte und Zukunft der deutschen Automobilindustrie. Tagung im Rahmen der „Chemnitzer Begegnungen“ 2000. Stuttgart 2001, S. 23–41.

Hebel (1834) Hebel, Johann Peter: J. P. Hebels sämmtliche Werke. Bd. 1, Karlsruhe 1834.

Helm (1875) Helm, Clementine: Backfischchens Leiden und Freuden. Eine Erzählung für junge Mädchen. Leipzig 1863. (Digitale Ausgabe der 15. Auflg. von 1875: http://www.aleki.uni-koeln.de/ebib/text/helm_bluf.shtml, zuletzt besucht 22.2.10).

Hennl [o. J.] Hennl, Rainer: „Land der Tüftler und Erfinder“ – die technische Entwicklung Badens und Württembergs im Überblick. Arbeitskreis für Landeskunde/Landesgeschichte RP Karlsruhe1 (Digitalisat: http://www.schule-bw.de/unterricht/faecheruebergreifende_themen/landeskunde/modelle/epochen/technikgeschichte/text.pdf, zuletzt besucht 30.11.2010).

Hlady (2005) Hlady, Sylvia: Die Geschichte der denkmalgeschützten Messehallen auf der Theresienhöhe, in: Gundler/Engelskirchen (2005), S. 17.

Huldigungsfahrt (1929) Dr. Carl Benz Huldigungsfahrt. Ehrung des Greisen Erfinders. Kurz vor seinem Tod, in: Weser Zeitung vom 3.4.1929, Nr. 199, sowie mschr. Mskript, beides vorhanden in: Archive der Daimler AG, Benz Bio 32.

Jeismann (1987) Jeismann, Karl-Ernst [Hrg.]: Handbuch der deutschen Bildungsgeschichte, Bd. 3: 1800–1870: von der Neuordnung Deutschlands bis zur Gründung des Deutschen Reiches. München 1987.

Kimes (1986) Kimes, Beverly Rae: The Star and the Laurel. The centennial history of Daimler, Mercedes and Benz 1886–1986. Mercedes-Benz of North America. Montvale, New Jersey 1986 (digitalisiert: http://www2.daimler.com/mediasite/ebooks/star/index.php?bnThe+Star+and+the+Laurel=&cp=6&dll=http%3a%2f%2fmedia.daimler.com%2fProjects%2fc2c%2fchannel%2fdocuments%2f1733168_The_Star_and_the_Laurel.pdf&TS=1289568337827, zuletzt besucht 30.11.2010).

Kissel (1933) Kissel, Wilhelm: Ansprache anlässlich der Einweihung der Gedenktafel für Dr. Carl Benz an seinem Wohnhause in Ladenburg am Charfreitag, den 14. April 1933, gehalten von Wilhelm Kissel, Vorstandsmitglied der Daimler-Benz Aktiengesellschaft. Unveröffentlichtes Manuskript, 14. April 1933, Ladenburg, vorhanden in: Archive der Daimler AG, Benz Bio 30/3.

Kissel [1939] Kissel, Wilhelm: Bertha Benz neunzig Jahre alt. Gedruckte Rede zum 90. Geburtstag von Bertha Benz [1939], vorhanden in: Archive der Daimler AG, Benz Bio 20/2.

Klunzinger (1854) Klunzinger, Karl: Urkundliche Geschichte der vormaligen Cisterzienser-Abtei Maulbronn, Stuttgart 1854.

kn. (1933) kn.: „Mama Benz" erzählt. Eine Plauderstunde mit der Gefährtin und Helferin des großen Erfinders, in: Mannheimer Tageblatt, Ostern 1933, Carl-Benz-Beilage, vorhanden in: Archive der Daimler AG, Benz Bio 30/3.

Kruk/Lingnau (1986) Kruk, Max; Lingnau, Gerold: 100 Jahre Daimler-Benz. Das Unternehmen. Mainz 1986 (digitalisiert: http://www2.daimler.com/mediasite/ebooks/100_jahre_unternehmen/index.php?bn=100+Jahre+Daimler-Benz+-+Das+Unternehmen&cp=6&dll=http%3A%2F%2Fmedia.daimler.com%2FProjects%2Fc2c%2Fchannel%2Fdocuments%2F1733151_100_Jahre_Daimler_Benz_Das_Unternehmen.pdf&TS=1287221605540, zuletzt besucht 30.11.2011).

Le Cinquantenaire (1887) „Le Cinquantenaire. Organe de l'Exposition et des solennités du cinquantenaire des chemins de fer." Paris, Dimanche 26 Juin 1887 (digitalisiert unter: http://gallica.bnf.fr/ark:/12148/bpt6k5564652w.r=.langFR, zuletzt besucht 13.6.2010).

Lehmann (1859–1922) Adolph Lehmann's allgemeiner Wohnungs-Anzeiger: nebst Handels- u. Gewerbe-Adressbuch für d. k.k. Reichshaupt- u. Residenzstadt Wien u.Umgebung. Wien 1859–1922.

Leider wieder nur ein Mädchen [1942] „Leider wieder nur ein Mädchen". Zum 93. Geburtstag unserer „Mutter Benz". Artikel aus: Der Motorist. Nachrichten- und Informationsdienst für das deutsche Kraftfahrwesen, Jg. 17., H. 635, S. 1–3, vorhanden in: Archive der Daimler AG, Benz Bio 20/3.

Leisner (25.10.2009) Leisner, Barbara: Protokoll eines Interviews mit Jutta Benz und Wilfried Seidel am 25.10.2009 in Ladenburg, Worddatei im Besitz der Beteiligten.

Leisner (26.5.2010) Leisner, Barbara: Protokoll eines Telefongesprächs mit Dr. Werner Grimm in Tübingen vom 26.5.2010, Worddatei im Besitz der Beteiligten.

Leisner (29.4.2010) Leisner, Barbara: Protokoll eines Telefongesprächs mit Dr. Werner Grimm in Tübingen am 29.4.2010, Worddatei im Besitz der Beteiligten.

Lessing (1994) Lessing, Hans-Eberhard: Vor 150 Jahren wurde Carl Benz geboren. Er erfand das Motor-Velo mit Niederrad-Anmutung. Lokal, pedal, genial, global, in: DIE ZEIT, 25.11.1994, Nr. 48 (http://www.zeit.de/1994/48/Lokal-pedal-genial-global).

Liebfrauenkirche (2003) Gemeinde im Wandel der Zeit – 100 Jahre Liebfrauenkirche Mannheim. Festschrift 2003. Mannheim 2003.

Liebieg/Rahner (1938) Liebieg, Theodor von (Hrg.)/ Rahner, Paul (Bearb.): Der Autopionier auf Victoria von Carl Benz, Mannheim. Reichenberg 1938.

Lindemann (1986) Lindemann, Anna-Maria: Mannheim im Kaiserreich. Mannheim 1986.

Lohnbewegung (1899) Die Lohnbewegung in Berlin, in: Amtspresse Preußens, VIII. Jg., No. 66, Neueste Mittheilungen. Freitag, den 23. August 1889. Berlin 1889 (http://amtspresse.staatsbibliothek-berlin.de/vollanzeige.php?file=11614109%2F1889%2F1889-08-23.xml&s=2).

Lüben/Nacke (1882) Lüben, August; Nacke, Carl (Hrg.): Lesebuch für Bürgerschulen. Aus den Quellen verb. von H. Huth. 20. verm. Auflage, Leipzig 1882.

Mannheim und seine Bauten (1906) Badischer Architecten- und Ingenieur-Verein (Hrg.): Mannheim und seine Bauten. Mannheim 1906.

Marschner (1985) Marschner, Erhard: Liebieg von, Theodor, Freiherr, in: Neue Deutsche Biographie 14 (1985), S. 495–497 (Onlinefassung: http://www.deutsche-biographie.de/artikelNDB_n14-495-01.html, zuletzt besucht 18.8.2010).

Menschliches um Carl Benz [o. J., wahrscheinlich 1986] „Menschliches um Carl Benz“ [o. J., wahrscheinlich 1986]. Kopie eines Artikels aus unbekannter Quelle im Besitz der ‚Daimler und Benz Stiftung‘, Ladenburg.

Mercedes-Benz AG (1994) Mercedes-Benz AG (Hrg.): Benz & Cie. Zum 150. Geburtstag von Karl Benz. Stuttgart 1994.

Mercedes-Benz Nachrichtenblatt Nr. 13 (1925) Mercedes-Benz Nachrichtenblatt Nr. 13, Stuttgart-Untertürkheim, Oktober 1925, S. 1, vorhanden in: Archive der Daimler AG, Kasten Mercedes-Benz Nachrichtenblatt 1924–1925.

Möser (2002) Möser, Kurt: Geschichte des Autos. Frankfurt/New York 2002.

Mutter Benz [1934] Mutter Benz 85 Jahre alt. Huldigung in Ladenburg, Zeitungsartikel ohne weitere Angaben, vorhanden in: Archive der Daimler AG, Benz Bio 20/1.

Mutter Benz (1939) ‚Mutter Benz‘ wird 90 Jahre alt. Die Gattin des Autoerfinders feiert heute Geburtstag, in: Neue Mannheimer Zeitung, Mittagsausgabe, Mittwoch 3. Mai 1939, vorhanden in: Archive der Daimler AG, Benz Bio 20/2.

Näher (1884) Näher, Julius: Die Stadt Pforzheim und ihre Umgebung. Ein Beitrag zur Vaterlandskunde; mit 60 bildlichen Darstellungen in 8 Blättern. Pforzheim 1884.

Nerén (1937) Nerén, John: Automobilens historia. Stockholm 1937 (deutsche Übersetzungen der Abschnitte, die sich auf Carl Benz beziehen, befinden sich in: Archive der Daimler AG, Benz Bio 18).

Nieß (2007) Nieß, Ulrich [Hrg.]: Geschichte der Stadt Mannheim, Bd. 2: 1801–1914. Heidelberg [u. a.] 2007.

Nösselt (1836a) Nösselt, Friedrich: Lehrbuch der Weltgeschichte für Höhere Töchterschulen und zum Privatunterricht heranwachsender Mädchen,

Teil 1: Alte Geschichte. Vom Anfange der Geschichte bis zum Untergange des römischen Reichs, 476 nach Christus. Breslau 1836.

Nösselt (1836b) Nösselt, Friedrich: Lehrbuch der Weltgeschichte für Höhere Töchterschulen und zum Privatunterricht heranwachsender Mädchen, Teil 2: Mittlere Geschichte. Breslau 1836.

Oelwein (2005) Oelwein, Cornelia: Die Herkomer-Konkurrenz. Ein Motorsportereignis vor 100 Jahren, in: Bayernspiegel 2005, 4, S. 22–24.

Oeser (1841) Oeser, Chr.: Weltgeschichte für Töchterschulen und zum Privatunterricht. Mit besonderer Beziehung auf das weibliche Geschlecht, Bd. 1. Leipzig 1841.

Paletschek (1990) Paletschek, Sylvia: Frauen und Dissens. Frauen im Deutschkatholizismus und in den freien Gemeinden 1841–1852. Göttingen 1990.

Pappel (1939) Pappel, G.: Karlsruher Studenten besuchen Frau Benz, in: Der Führer, Karlsruhe vom 3.5.1939, Zeitungsausschnitt vorhanden in: Archive der Daimler AG, Benz Bio 20/2.

Personalstand (1884–1899) Personalstand der Königlich Bayerischen Technischen Hochschule zu München, Jahrgänge vom Sommer-Semester 1884 bis Sommersemester 1899.

Petit Journal (1894) Le Petit Journal (digitalisiert: http://gallica.bnf.fr/ark:/12148/bpt6k6132290, zuletzt besucht 18.11.2010).

Pfeiffer (1971) Pfeiffer, Marianne: Die Geschichte des Werkes Gebr. Benckiser, später Pitzmann & Pfeiffer; Eisengießerei und Maschinenfabrik in Pforzheim, in: Pforzheimer Geschichtsblätter, Folge 3, 1971.

Pflüger (1855) Pflüger, Johann G. F.: Geordnete Sammlung von Mustersätzen für den Unterricht in der deutschen Sprache: für gehobene Volksschulen, Bürger- und Töchterschulen, Realschulen, Seminarien etc. bestimmt. 2. verm. und verb. Aufl., Leipzig 1855.

Pflüger (1859) Pflüger, Johann G. F.: Programm der Höhern Töchterschule in Pforzheim. Pforzheim 1859, vorhanden in: Stadtarchiv Pforzheim, Höhere Töchterschule.

Pflüger (1860) Pflüger, Johann G. F.: Programm der Höhern Töchterschule in Pforzheim. Pforzheim 1860, vorhanden in: Stadtarchiv Pforzheim, Höhere Töchterschule.

Pflüger (1861) Pflüger, Johann G. F.: Programm der Höhern Töchterschule in Pforzheim. Pforzheim 1861, vorhanden in: Stadtarchiv Pforzheim, Höhere Töchterschule.

Pflüger (1862) Pflüger, Johann G. F.: Programm der Höhern Töchterschule in Pforzheim. Pforzheim 1862, vorhanden in: Stadtarchiv Pforzheim, Höhere Töchterschule.

Pflüger (1989) Pflüger, Johann G. F.: Geschichte der Stadt Pforzheim. Pforzheim 1862, ND Pforzheim 1989.

Pletsch (1882) Pletsch, Oscar: Hausmütterchen, 3. Aufl. 1882.

Polko (1872) Polko, Elise: Unsere Pilgerfahrt von der Kinderstube bis zum eigenen Heerd. 4. Aufl., Leipzig 1872.

Richter (1919) Grosch, G. (Hrg.): Deutsche Pazifisten: eine Sammlung von Vorkämpfern der Friedensbewegung in Deutschland. Teil. 1: Dr. Adolf Richter, Pforzheim. Stuttgart [1919].

Röll (1912–1923) Röll, Freiherr v.: Enzyklopädie des Eisenbahnwesens, 1912–1923, 2. neu bearb. Auflage, Neusatz und Faksimile: Berlin [2007].

Rother (1998) Rother, Amelie: Damenfahren, in: Salvisberg (1897).

Salvisberg (1897) Salvisberg, Paul (Hrg.): Der Radfahrsport in Bild und Wort. München 1897, ND 1998.

Samsreither (1883) Samsreither, J.V. & Sohn: Der Wohlanstand. Altona 1883.

Schees (1938) Die erste Kraftwagen-Fernfahrt der Welt. Vor fünfzig Jahren fuhr Frau Benz im Wagen ohne Pferde nach ihrer Vaterstadt Pforzheim, in: Pforzheimer Anzeiger vom 11.2.1938, Nr. 35, Zeitungsausschnitt vorhanden in: Stadtarchiv Pforzheim, Inv. Nr. 1993/986.

Schildberger (1956) „Unterredung zwischen Herrn Eugen Benz, Frau Klara Unger in Ladenburg und Herrn Dr. Schildberger, Hist. Archiv und Herrn Jean Pfanz." Unveröffentlichtes Manuskript, 22. Nov. 1956, vorhanden in: Archive der Daimler AG, Benz Bio 23.

Schluhbohm (2004) Schluhbohm, Jürgen: „Die Schwangeren sind der Lehranstalt halber da" – Das Entbindungshospital der Universität Göttingen, in: Die Entstehung der Geburtsklinik in Deutschland 1751–1850. Göttingen 2004, S. 33–62.

Schmidt (1936) Schmidt, Jacob: „Als wir die BENZINE bauten". Zeitungsartikel aus: Die Woche, Berlin 13. Mai 1936, vorhanden in: Archive der Daimler AG, Benz Bio 12–15.

Schnauferlbuch (1921–1967) Schnauferlbuch, Bd. 2 vom 26. September 1921 bis zum Jahre 1967, vorhanden in: Archiv des Allgemeinen Schnauferlclubs, Berlin (Meilenwerk).

Schröter (1888) Schröter, M.: Die Motoren der Kraft- und Arbeitsmaschinen-Ausstellung in München. Vorträge, geh. i. Polyt. Ver. in München am 29.Okt., 5. u. 19. Nov. 1888. München 1888.

Schulz (2000) Schulz, Günther: Die Angestellten seit dem 19. Jahrhundert. München 2000 (Enzyklopädie deutscher Geschichte; Bd. 54).

Schulze (2005) Schulze, Olaf: Also dann, um fünf am Leo. Geschichten und Anekdoten aus dem alten Pforzheim. Pforzheim 2005.

Seidel (2007) Seidel, Winfried A.: Carl Benz. Eine badische Geschichte. Weinheim 2007.

Siebertz (1943a) Siebertz, Paul: Karl Benz. Ein Pionier der Verkehrsmotorisierung. München 1943.

Siebertz (1943b) Siebertz, Paul: Zum 95. Geburtstag der Frau Berta Benz. Unveröffentlichtes Manuskript, Mai 1943, vorhanden in: Archive der Daimler AG, Benz Bio 20/3.

Siebertz (1950) Siebertz, Paul: Karl Benz. Ein Pionier der Motorisierung. 2., neubearb. Aufl., Stuttgart 1950.

Siorpaes (2009) Siorpaes, Jutta: Als die Welt in Bewegung geriet. Christian Reithmann und die Erfindung des Viertaktmotors, in: Blätter für Technikgeschichte 71, 2009, S. 203–214.

Souvestre (1907) Souvestre, Pierre: Histoire de l'automobile. Paris 1907.

Steiner-Welz (2004) Steiner-Welz, Sonja: Mannheim als Festungsstadt, Bd. 2: 1757–1763. Mannheim 2004.

Steiner-Welz [o. J.] Steiner-Welz, Sonja: 400 Jahre Stadt Mannheim, Bd. 4: Handwerk/Industrie/Mundart in Mannheim. 2. Aufl., Mannheim [o. J.].

Sturm-Godramstein (2001) Sturm-Godramstein, Heinz: Kinderwagen gestern und heute. Erw. und aktualisierte Neuaufl., Bad Vilbel 2001.

Suttner (1909) Suttner, Bertha von: Rüstung und Überrüstung. Berlin 1909.

Suttner (2008) Suttner, Bertha von: Die Waffen nieder! Berlin 2008.

Tagesneuigkeiten (30. Juni 1861) Tagesneuigkeiten. Baden. Pforzheim, 29. Juni, in: Pforzheimer Beobachter, Nr. 128, Sonntag 30. Juni 1861, vorhanden in: Stadtarchiv Pforzheim.

Tagesneuigkeiten. (5. Juli 1861) Tagesneuigkeiten. Baden. Pforzheim, 4. Juli, in: Pforzheimer Beobachter, Nr. 131, Donnerstag 5. Juli 1861, vorhanden in: Stadtarchiv Pforzheim.

Tagesneuigkeiten (6. Juli 1861) Tagesneuigkeiten. Baden. Pforzheim 5. Juli, in: Pforzheimer Beobachter, Nr. 132, Samstag 6. Juli 1861, vorhanden in: Stadtarchiv Pforzheim.

Teickner (1912) Teickner, Paul: Carl Benz. Erstveröffentlichung wahrscheinlich in: „Süddeutschen Touristen- u. Radfahrerzeitung. Illustrierte Blätter zur Hebung des Fremdenverkehrs in Süddeutschland. Offizielles Organ der Sektionen Mannheim-Ludwigshafen u. Offenbach a. M. des Odenwald-Clubs etc., mit Unterhaltungsbeilage." Jg. 1912. Wiederabgedruckt ohne Quellenangabe in: Steiner-Welz [o. J.], S. 201–208.

Timm (1999) Timm, Christoph: Ein Rundgang durch das alte Pforzheim. Pforzheim 1999.

Trippmacher (1929) Trippmacher, Elisabeth: Dr. Carl Benz 84 Jahre, in: Neue Mannheimer Zeitung vom 26.10.1927, Nr. 549.

Trippmacher (1939) Trippmacher, Elisabeth: Ein Freundesgruß zum Jubeltag. An Frau Bertha Benz, in: Neue Mannheimer Zeitung, Jg. 1939, Ausgabe Mittag-Ausgabe, 8.5. (Mittwoch).

Trippmacher (1944) Trippmacher, Elisabeth: Bertha Benz. Die Gattin des großen Erfinders. Geboren am 3. Mai 1849, gestorben am 5. Mai 1944, Zeitungsartikel in: Mannheimer Stadtblatt, Jg. Nr. 2, vorhanden in: Archive der Daimler AG, Benz Bio 20/1.

Trost (1971) Trost, Oskar: Wohnsitze der führenden Pforzheimer Industriellen in der ersten Hälfte des 19. Jahrhunderts, in: Pforzheimer Geschichtsblätter, Bd. 3. Pforzheim 1971.

Unger (1967) Erinnerungen von Frau Clara Unger, geb. Benz an automobilistische Jugenderlebnisse. Msschrift. Manuskript eines Gesprächs anlässlich ihres 90. Geburtstages, vorhanden in: Archive der Daimler AG, Benz Bio 23.

Unterredung (1933) Eine Unterredung mit der Lebensgefährtin des Erfinders, in: Mannheimer Tageblatt Ostern 1933, vorhanden in: Archive der Daimler AG Benz Bio 30/3.

Volk [ca. 1908] Volk, Karl G.: Dem Frühling entgegen. Tagebuchblätter von meiner Osterferien-Reise durch Ober-Italien (Mailand Garda-See Verona Venedig). Berlin [ca. 1908].

Volk (1915) Volk, Karl. G.: Geologisches Wanderbuch. Ein Weggenosse für fahrende Schüler und junge Naturfreunde. Leipzig 1915.

Walsh (1874) Walsh, John Henry: A Manual of Domestic Economy. 1874.

Weltausstellung (1885) Weltausstellung Antwerpen 1885. Officieller Katalog der deutschen Abtheilung.

Winkle [ca. 1965] „100 Jahre Brüder Winkle Altenstadt/Iller". Altenstadt o. J. [1965], Prospekt vorhanden in: Archive der Daimler AG, Benz Bio 14.

Wolf-Holzäpfel (2003) Wolf-Holzäpfel, Werner: Der Bau der Mannheimer Liebfrauenkirche 1901–1905 im Kontext der gesellschaftlichen und wirtschaftlichen Verhältnisse um 1900, in: Liebfrauenkirche (2003), S. 15–23.

Zeitgenossen von Carl Benz (1933) Zeitgenossen von Carl Benz, in: Mannheimer Tageblatt, Carl-Benz-Beilage Ostern 1933, vorhanden in: Archive der Daimler AG, Benz Bio 30/ 3.

Ziegler (1996) Ziegler, Dieter: Eisenbahnen und Staat im Zeitalter der Industrialisierung. Die Eisenbahnpolitik der deutschen Staaten im Vergleich. Stuttgart 1996.

Zumdick/Schlimmgen-Ehmke (2006) Zumdick, Maya; Schlimmgen-Ehmke, Katharina: Die Braut in Schwarz. Fotografische und textile Erinnerungen. Detmold 2006.

Bildnachweis

Daimler AG, Archive, Mercedes-Benz Classic: S. 49, 55, 57, 76, 77, 80, 108, 118, 129, 138, 140, 149, 151, 153, 166, 178, 179, 184, 188, 191, 201, 202, 211, 213, 228, 229, 230, 234, 239, 245, 248, 251.
Barbara Leisner: S. 11, 15, 22, 63.
Stadtarchiv Pforzheim: S. 38.
Archiv des Schnauferlclubs, Berlin (Foto: Florian Geisenheyner): S. 246.
zeno.org: S. 93, 117.